U0617280

普通高等教育新工科电子信息类课改系列教材

EDA 技术入门与提高

(第二版)

王行　熊寿葵　李衍　编著

西安电子科技大学出版社

内 容 简 介

本书通过大量实例系统地介绍了应用EDA技术进行FPGA/CPLD器件的数字电路系统仿真设计的方法和技巧。本书的主要内容包括 EDA 技术概述、可编程逻辑器件、Quartus Ⅱ 7.2 简介、图形输入设计方法、文本输入设计方法、VHDL 入门、常见逻辑单元的 VHDL 描述、有限状态机设计、VHDL 设计实例、设计中的常见问题及 FPGA/CPLD 器件的硬件连接等。

本书内容全面、叙述清晰，既可作为学习 EDA 技术应用的基础教材，也可作为电子类工程技术人员的参考书。

★ 本书配有电子教案，需要者可登录出版社网站，免费下载。

图书在版编目(CIP)数据

EDA 技术入门与提高 / 王行，熊寿葵，李衍编著. —2 版.
—西安：西安电子科技大学出版社，2009.4(2024.7 重印)
ISBN 978–7–5606–2215–6

Ⅰ. E⋯　　Ⅱ. ① 王⋯　② 熊⋯　③ 李⋯　Ⅲ. 电子电路—电路设计：计算机辅助设计—高等学校—教材　Ⅳ. TN702

中国版本图书馆 CIP 数据核字(2009)第 023096 号

策　　划　毛红兵
责任编辑　王　瑛　毛红兵
出版发行　西安电子科技大学出版社(西安市太白南路 2 号)
电　　话　(029)88202421　88201467　　　邮　　编　710071
网　　址　www.xduph.com　　　　　　　电子邮箱　xdupfxb001@163.com
经　　销　新华书店
印刷单位　陕西日报印务有限公司
版　　次　2009 年 4 月第 2 版　　2024 年 7 月第 8 次印刷
开　　本　787 毫米×1092 毫米　1/16　印 张　20
字　　数　467 千字
定　　价　54.00 元
ISBN 978–7–5606–2215–6
XDUP 2504002–8
如有印装问题可调换

西安电子科技大学出版社
高等学校电子与通信类专业教材
编审专家委员会名单

主　任：杨　震（南京邮电大学校长、教授）

副主任：张德民（重庆邮电大学通信与信息工程学院副院长、教授）

　　　　秦会斌（杭州电子科技大学电子信息学院院长、教授）

通信工程组

组　长：张德民（兼）

成　员：（成员按姓氏笔画排列）

　　　　王　晖（深圳大学信息工程学院副院长、教授）

　　　　巨永锋（长安大学信息工程学院副院长、教授）

　　　　成际镇（南京邮电大学通信与信息工程学院副院长、副教授）

　　　　刘顺兰（杭州电子科技大学通信工程学院副院长、教授）

　　　　李白萍（西安科技大学通信与信息工程学院副院长、教授）

　　　　张邦宁（解放军理工大学通信工程学院卫星系主任、教授）

　　　　张瑞林（浙江理工大学信息电子学院院长、教授）

　　　　张常年（北方工业大学信息工程学院院长、教授）

　　　　范九伦（西安邮电学院信息与控制系主任、教授）

　　　　姜　兴（桂林电子科技大学信息与通信学院副院长、教授）

　　　　姚远程（西南科技大学信息工程学院副院长、教授）

　　　　康　健（吉林大学通信工程学院副院长、教授）

　　　　葛利嘉（中国人民解放军重庆通信学院军事信息工程系主任、教授）

电子信息工程组

组　长：秦会斌（兼）

成　员：（成员按姓氏笔画排列）

　　　　王　荣（解放军理工大学通信工程学院电信工程系主任、教授）

　　　　朱宁一（解放军理工大学理学院基础电子学系主任、工程师）

　　　　李国民（西安科技大学通信与信息工程学院院长、教授）

　　　　李邓化（北京信息工程学院信息与通信工程系主任、教授）

　　　　吴　谨（武汉科技大学信息科学与工程学院电子系主任、教授）

　　　　杨马英（浙江工业大学信息工程学院副院长、教授）

　　　　杨瑞霞（河北工业大学信息工程学院院长、教授）

　　　　张雪英（太原理工大学信息工程学院副院长、教授）

　　　　张　彤（吉林大学电子科学与工程学院副院长、教授）

　　　　张焕君（沈阳理工大学信息科学与工程学院副院长、副教授）

　　　　陈鹤鸣（南京邮电大学光电学院院长、教授）

　　　　周　杰（南京信息工程大学电子与信息工程学院副院长、教授）

　　　　欧阳征标（深圳大学电子科学与技术学院副院长、教授）

　　　　雷　加（桂林电子科技大学电子工程学院副院长、教授）

项目策划：毛红兵

前　　言

EDA(Electronic Design Automation)即电子设计自动化，是指使用计算机自动完成电子系统的设计。应用 EDA 技术进行电子产品的设计已成为当今电子设计工程师的一项基本技能。EDA 技术的应用分为两个层次。较初级的层次是使用 Protel、Multisim 等电路设计软件对电路板进行设计仿真，这一层次的应用在国内已经非常普遍。较高层次是应用 Quartus Ⅱ、Synplify 等 EDA 软件对可编程逻辑器件 FPGA/CPLD 进行设计和仿真编程，最终实现芯片级的 ASIC 设计，该层次的应用目前在国内发展迅速，市场上急需大量这一层次的电子设计人员，本书就是主要针对这一层次的 EDA 电子设计人员而编写的。本书主要介绍了使用目前国内较常用的 EDA 软件 Quartus Ⅱ 7.2 对 Altera 公司的系列 FPGA/CPLD 器件进行数字电路系统设计的方法，以及 VHDL 硬件描述语言的基本知识。

本书共分 11 章，主要内容如下：

● 第 1 章简要介绍了 EDA 技术的发展历程和常用 EDA 软件的结构。

● 第 2 章介绍了常见的可编程逻辑器件 FPGA/CPLD 的性能参数。

● 第 3 章介绍了 EDA 软件 Quartus Ⅱ 7.2 的安装及操作界面。

● 第 4 章首先通过实例介绍了在 Quartus Ⅱ 7.2 工作平台上使用原理图图形输入方式进行数字电路系统设计的步骤，然后介绍了 Quartus Ⅱ 7.2 提供的常用设计模块。

● 第 5 章通过简单的实例介绍了在 Quartus Ⅱ 7.2 工作平台上使用硬件描述语言进行数字系统设计的步骤。

● 第 6 章介绍了 VHDL 硬件描述语言的基本知识。

● 第 7 章介绍了常见的数字逻辑单元的 VHDL 描述方法，使读者能够迅速地掌握数字电路系统的行为级 VHDL 描述方法。

● 第 8 章介绍了使用比较广泛的状态机的 VHDL 描述方式，使读者能掌握简单状态机的描述方法，进而能设计出较复杂的数字电路系统。

● 第 9 章通过 SPI 接口、UART 接口和 ASK 调制解调器的 VHDL 描述实例让读者对使用 VHDL 进行逻辑设计有更清楚的认识。

● 第 10 章介绍了在进行数字电路系统设计时需要注意的一些问题。

● 第 11 章介绍了 FPGA/CPLD 器件配置的硬件连接方式。

为适应 EDA 软件的发展潮流，第二版实例中使用的 EDA 开发平台软件由 MAX + PLUS Ⅱ 改为 Quartus Ⅱ 7.2，并且在第 9 章中增加了较完整的 SPI 接口、UART 接口、ASK 调制解调器的 VHDL 实现实例。此外，与第一版相比，本书添加或修订了 Altera 和 Xilinx 的最新器件介绍，如 Cyclone Ⅲ系列、 Stratix Ⅲ系列、Stratix Ⅳ系列、Spartan-3 系列和 CoolRunner Ⅱ系列等。

通过对本书的学习，读者将能够独立应用 EDA 技术进行数字电路系统的设计和实验。

　　本书由王行担任主编，参与本书编写工作的还有熊寿葵、李衍、叶晓慧、杨杉、欧大生、于华民、谭笛、张家祥、方凌江、毛全胜、刘岩峰、卜先锦、张凤林、魏永森、蔡益朝、张涛、汪文元、李慧、陈光、冯静、张渺、任花梅等。在本书的编写过程中，作者参考了许多专家和学者的著作及研究成果，在这里向他们表示衷心的感谢。

　　由于作者水平有限，书中不妥之处敬请读者批评指正。

作　者
2009 年 1 月

第一版前言

EDA 是 Electronic Design Automation 的缩写，即电子设计自动化，是指使用计算机自动完成电子系统的设计。应用 EDA 技术进行电子产品的设计已成为当今电子设计工程师的一项基本技能。EDA 技术的应用分为两个层次。较初级的层次是使用 Protel、Multisim 等电路设计软件对电路板进行设计仿真，这一层次的应用在国内已经非常普遍；较高层次是应用 MAX+PLUS II、Synplify 等 EDA 软件对可编程逻辑器件 FPGA/CPLD 进行设计和仿真编程，最终实现芯片级的 ASIC 设计。较高层次的应用目前在国内发展迅速，市场上急需大量这一层次的电子设计人员，本书主要是针对这一层次的 EDA 电子设计人员而编写的。本书主要介绍使用目前国内较常用的 EDA 软件 MAX+PLUS II 10.2 对 Altera 公司的系列 FPGA/CPLD 器件进行数字电路系统设计的方法，以及 VHDL 硬件描述语言的基本知识。

本书共分 10 章：第 1 章简单介绍了 EDA 技术的发展过程和常用 EDA 软件的结构；第 2 章介绍了常见的可编程逻辑器件 FPGA/CPLD 的性能参数；第 3 章介绍了 EDA 软件 MAX+PLUS II 10.2 的安装及操作界面；第 4 章首先通过实例介绍了在 MAX+PLUS II 10.2 工作平台上使用原理图图形输入方式进行数字电路系统设计的步骤，然后介绍了 MAX+PLUS II 10.2 提供的常用的设计模块；第 5 章通过简单的实例，介绍了在 MAX+PLUS II 10.2 工作平台上使用硬件描述语言进行数字系统设计的步骤；第 6 章介绍了 VHDL 硬件描述语言的基本知识；第 7 章介绍了常见逻辑单元的 VHDL 描述方法，使读者能够迅速地掌握数字电路系统的行为级 VHDL 描述方法；第 8 章介绍了使用比较广泛的状态机的 VHDL 描述方式，使读者能掌握简单状态机的描述方法，进而能设计出较复杂的数字电路系统；第 9 章介绍了在进行数字电路系统设计时需要注意的一些问题；第 10 章介绍了 FPGA/CPLD 器件配置的硬件连接方式。通过这 10 章的学习，读者将能够独立应用 EDA 技术进行数字电路系统的设计和实验。

本书由王行主编，参与本书编写工作的还有李衍、杨杉、欧大生、于华民、谭笛、张家祥、方凌江、毛全胜、刘岩峰、卜先锦、张凤林、魏永森、蔡益朝、张涛、汪文元、李慧、陈光、冯静、张渺、任花梅等。在本书的编写过程中，作者参考了许多专家和学者的著作及研究成果，在这里向他们表示衷心的感谢。

由于作者水平有限，书中不妥之处敬请读者批评指正。

作　者
2005 年 2 月 27 日

目　　录

第 1 章　EDA 技术概述

随着电子技术和计算机技术的飞速发展，新的高度集成的电子设计方法不断推出，电子产品的性能越来越高，更新的速度也越来越快。与此同时，市场对电子产品的设计提出了更为严格的要求，从而促进了电子设计自动化(EDA)技术的迅速发展。本章首先简要介绍 EDA 技术的发展历程，然后说明采用 EDA 技术进行 FPGA/CPLD 器件设计的步骤及其特点，使读者能够对 EDA 技术及其在可编程逻辑器件上的应用有一个总体的概念。

1.1　EDA 技术的发展历程

EDA(Electronic Design Automation)即电子设计自动化，是指使用计算机自动完成电子系统的设计。EDA 技术是以计算机和微电子技术为先导，汇集了计算机图形学、拓扑、逻辑学、微电子工艺与结构学和计算数学等多种计算机应用学科最新成果的先进技术。

EDA 技术通过计算机完成数字系统的逻辑综合、布局布线和设计仿真等工作。设计人员只需要完成对系统功能的描述，就可以由计算机软件进行处理并得到设计结果，而且修改设计如同修改软件一样方便，从而极大地提高了设计效率。

从 20 世纪 60 年代中期计算机刚进入实用阶段开始，人们就希望使用计算机进行电子产品的设计，设计人员不断开发出各种计算机辅助设计工具来进行电子系统的设计。随着电路理论和半导体工艺水平的提高，EDA 技术得到了飞速发展。EDA 工具的作用范围从 PCB 板设计延伸到电子线路和集成电路设计，甚至延伸到了整个系统的设计。

EDA 技术的发展共经历了以下三个阶段。

1. CAD 阶段

CAD(Computer Aided Design，计算机辅助设计)阶段是 EDA 技术发展的最初阶段，这一时期从 20 世纪 60 年代中期到 20 世纪 80 年代初期。在 20 世纪 70 年代 MOS 工艺得到了广泛应用，可编程逻辑技术及其器件已经问世，计算机作为一种运算工具已在科研领域得到广泛应用。这一时期，计算机技术还不是非常先进，计算机的运算速度比较低，人工智能技术尚不发达，只能使用计算机实现一些简单的工作。这一时期的 EDA 技术只能称之为电子设计 CAD 技术。这一时期的 EDA 软件主要是一些功能简单的工具软件，但人们已经开始利用这些工具软件代替手工劳动，辅助进行集成电路版图编辑、PCB 布局布线等工作。通过使用计算机，设计人员可以从大量繁琐重复的计算和绘图工作中解脱出来。

20 世纪 80 年代初，随着电路集成规模的扩大，EDA 技术有了较快的发展。许多软件公司(如 Mentor、DaisySystem 及 LogicSystem 等)进入市场，开始供应带电路图编辑工具和逻辑模拟工具的 EDA 软件。这个时期的软件主要针对产品开发，按照设计、分析、生产和测试等不同阶段，分别使用不同的软件，每个软件只能完成其中的一项工作，通过顺序循环使用这些软件，可完成设计的全过程。但这样的设计过程存在不同软件之间的接口处理繁琐、缺乏系统级的总体仿真的缺陷。

这一时期的工具软件的代表有 Protel 的早期版本 Tango 布线软件、用于电路模拟的 SPICE 软件和后来产品化的 IC 版图编辑与设计规则检查系统软件等。

2. CAE 阶段

进入 20 世纪 80 年代后，随着计算机技术和电子技术的发展，EDA 技术发展到了 CAE (Computer Aided Engineering，计算机辅助工程)阶段，这个阶段在集成电路与电子设计方法学以及设计工具集成化方面取得了许多成果，各种设计工具(如原理图输入、编译与链接、逻辑模拟、测试码生成、版图自动布局以及各种单元库)已齐全。由于采用了统一数据管理技术，因而能够将各个工具集成为一个 CAE 系统。按照设计方法学制定的设计流程，可以实现从设计输入到版图输出的全程设计自动化。这个阶段主要采用基于单元库的半定制设计方法，采用门阵列和标准单元设计的各种专用集成电路(Application Specific Integrated Circuit，ASIC)得到了极大的发展，将集成电路工业推入了 ASIC 时代。多数系统中集成了 PCB 自动布局布线软件以及热特性、噪声、可靠性等分析软件，进而可以实现电子系统设计自动化。

3. EDA 阶段

20 世纪 90 年代以来，微电子技术以惊人的速度发展，其工艺水平达到深亚微米级，在一个芯片上可集成数百万乃至上千万只晶体管，工作速度可达到吉赫兹，这为制造出规模更大、速度更快和信息容量更大的芯片系统提供了条件，但同时也对 EDA 系统提出了更高的要求，并促进了 EDA 技术的发展。此阶段主要出现了以高级语言描述、系统仿真和综合技术为特征的第三代 EDA 技术，不仅极大地提高了系统的设计效率，而且使设计人员摆脱了大量的辅助性及基础性的工作，将精力集中于创造性的方案与概念的构思上。

下面简单介绍这个阶段 EDA 技术的主要特征。

(1) 高层综合(High Level Synthesis，HLS)的理论与方法取得了较大进展，将 EDA 设计层次提高到了行为级(又称系统级)，并划分为逻辑综合和测试综合。逻辑综合就是对不同层次和不同形式的设计描述进行转换，通过综合算法，以具体的工艺背景实现高层目标所规定的优化设计；通过设计综合工具，可将电子系统的高层行为描述转换到低层硬件描述和确定的物理实现，使设计人员无需直接面对低层电路，不必了解具体的逻辑器件，从而把精力集中到系统行为建模和算法设计上。测试综合是以设计结果的性能为目标的综合方法，以电路的时序、功耗、电磁辐射和负载能力等性能指标为综合对象。测试综合是保证电子系统设计结果稳定可靠工作的必要条件，也是对设计进行验证的有效方法，其典型工具有 Synopsys 公司的 Behavioral Compiler 以及 Mentor Graphics 公司的 Monet 和 Renoir。

(2) 采用硬件描述语言(Hardware Description Language，HDL)来描述 10 万门以上的设计，并形成了 VHDL(Very High Speed Integrated Circuit HDL)和 Verilog HDL 两种标准硬件描述语言。它们均支持不同层次的描述，使得对复杂 IC 的描述规范化，便于传递、交流、保存与修改，也便于重复使用。它们多应用于 FPGA/CPLD/EPLD 的设计中。大多数的 EDA 软件都兼容这两种标准。硬件描述语言的使用使电子设计成果以自主知识产权的方式得以明确表达和确认成为可能，大型的芯片生产商不再将大部分资金用于芯片生产线，而是转而进行具有知识产权的芯片 IP 核的设计，然后寻找加工厂商进行生产。

(3) 采用平面规划(Floorplaning)技术对逻辑综合和物理版图设计进行联合管理，做到在逻辑综合早期设计阶段就考虑到物理设计信息的影响。通过这些信息，设计者能更进一步进行综合与优化，并保证所作的修改只会提高性能而不会对版图设计带来负面影响。这对在深亚微米级布线延时已成为主要延时的情况下，加速设计过程的收敛与成功实现是有所帮助的。在 Synopsys 和 Cadence 等公司的 EDA 系统中均采用了这项技术。

(4) 可测性综合设计。随着 ASIC 的规模与复杂性的增加，测试难度与费用急剧上升，由此产生了将可测性电路结构制作在 ASIC 芯片上的想法，于是开发了扫描插入、BLST (内建自测试)、边界扫描等可测性设计(DFT)工具，并已集成到 EDA 系统中。其典型产品有 Compass 公司的 Test Assistant 和 Mentor Graphics 公司的 LBLSTArchitect、BSDArchitect、DFTAdvisor 等。

(5) 带有嵌入 IP 模块的 ASIC 设计提供软/硬件协同系统设计工具。协同验证弥补了硬件设计和软件设计流程之间的空隙，保证了软/硬件之间的同步协调工作。协同验证是当今系统集成的核心，它以高层系统设计为主导，以性能优化为目标，融合了逻辑综合、性能仿真、形式验证和可测性设计，其代表产品如 Mentor Graphics 公司的 SeamlessCAV。

(6) 建立并行设计工程 CE(Concurrent Engineering)框架结构的集成化设计环境，以适应当今 ASIC 设计的要求。在这种集成化设计环境中，使用统一的数据管理系统与完善的通信管理系统，由若干相关的设计小组共享数据库和知识库，并行地进行设计，而且在各种平台之间可以平滑过渡。

目前，全球范围内有近百家厂商提供了 EDA 工具软件，这些公司大体可分两类：一类是 EDA 专业软件公司，其推出的 EDA 系统标准化程度较高，兼容性好，注意追求技术上的先进性，适用于学术性基础研究，这方面较著名的公司有 Mentor Graphics、Cadence Design Systems、Synopsys、Viewlogic Systems 和 Altum 等；另一类是半导体器件厂商，为了销售其产品而开发 EDA 工具，用这些 EDA 工具器件的工艺特点进行优化设计，提高资源利用率，降低功耗，改善性能，这方面较著名的公司有 Altera、Xilinx、AMD、TI 和 Lattice 等。

1.2　应用 EDA 技术的设计特点

与采用传统的电子设计技术相比，应用 EDA 技术的可编程逻辑器件设计具有以下特点。

(1) 强大的系统建模与电路仿真功能。EDA 技术中最具代表性的功能是日益强大的逻辑设计仿真测试功能。利用该功能，只需通过计算机就能在各种不同层面对所设计的电子系统的性能特点进行准确的测试与仿真，在完成实际系统的安装后，还能对系统上的目标器件进行边界扫描测试。这一切都极大地提高了大规模系统电子设计的自动化程度。

与传统的使用专用功能器件等分离元件构成的应用电子系统的技术性能和设计手段相比，EDA 技术及其设计系统具有更加明显的优势。

(2) 采用硬件描述语言(HDL)进行设计。应用 EDA 技术后，用户可以采用硬件描述语言对电子芯片进行设计，即采用 HDL 对数字电子系统进行抽象的行为描述或者具体的内部线路结构描述，从而在电子设计的各个阶段、各个层次进行计算机模拟验证，无需构建实际的电路，这样既能保证设计过程的正确性，又可以大大降低设计成本，缩短设计周期。

使用硬件描述语言，用户能进行方便的文档管理。使用硬件描述语言进行设计后，用户可以使用库(Library)实现设计的复用。通过库的不断扩充，EDA 工具将能够完成更多的自动设计过程。

通过硬件描述语言进行的设计具有自主知识产权。这一点对于电子芯片生产厂家来说非常重要，未来的芯片厂商将会把资金重点投到芯片 IP 核的开发上，芯片的生产可交由专业的生产商组织。

(3) 开发技术的标准化、规范化以及 IP 核的可利用性。传统的电子设计方法缺乏标准规范，设计效率低，系统性能差，开发成本高，市场竞争能力小。以单片机或 DSP 开发为例，每一次新的开发，必须选用具有更高性价比和更适合设计项目的处理器，但由于不同的处理器其结构、语言和硬件特性有很大差异，设计者每一次都必须重新了解和学习相关的知识，例如重新了解器件的详细结构和电气特性，重新设计该处理器的功能软件，甚至重新购置和了解新的开发系统和编译软件。

采用 EDA 技术的可编程逻辑器件的设计就完全不同。EDA 的设计语言是标准化的，不会因设计对象的不同而改变，EDA 软件平台支持任何标准化的设计语言；采用 EDA 技术进行设计，其设计成果具有通用性和规范的接口协议、良好的可移植性与可测试性，为高效、高质的系统开发提供了可靠的保证。因此，EDA 技术适用于高效率、大规模系统设计的自顶向下的设计方案。传统的电子设计技术没有规范的设计工具和表达方式，所以无法采用这种先进的设计流程。

(4) 对设计者的硬件知识和硬件经验要求低。传统的电子设计对于电子设计工程师的要求非常高，不仅需要在电子技术理论和设计实践方面拥有很深的造诣，还必须熟悉各种在线测试仪表和开发工具的使用方法及性能指标。而采用 EDA 技术对设计者的要求就低得多，使用标准化的硬件描述语言，设计者能更大程度地将自己的才智和创造力集中在设计项目性能的提高和成本的降低上，而将更具体的硬件实现工作让专业部门来完成。

1.3　EDA 工具软件结构

本节主要介绍当今广泛使用的以开发 FPGA 和 CPLD 为主的 EDA 工具软件的结构。应用 EDA 的设计工具软件在 EDA 技术应用中占据及其重要的位置，EDA 技术是利用计算机完成电子设计全程自动化的设计技术，基于计算机环境的 EDA 软件是 EDA 技术的基础。以 EDA 设计流程中涉及的主要软件包分类，用于可编程逻辑器件的 EDA 工具软件的结构大致可以分为设计输入模块、HDL 综合器、仿真器、适配器和下载器等五个模块。

1. 设计输入模块

设计输入模块用于进行电子设计的输入，通常支持多种表达方式的电子设计输入，如原理图输入方式、状态图输入方式、波形输入方式以及 HDL 的文本输入方式等。

可编程逻辑器件厂商提供的 EDA 开发工具中都含有这类输入编辑器，如 Xilinx 公司的 Foundation 以及 Altera 公司的 MAX+PLUS II 与 Quartus II 等。

由专业的 EDA 工具供应商提供的设计输入工具一般与该公司的其他电路设计软件整

合，比较有代表性的是 Innovada 公司的 eProduct Designer 中的原理图输入管理工具 Dx Designer，它既可作为 PCB 设计的原理图输入环境，又可作为 IC 设计、模拟仿真和 FPGA 设计的原理图输入环境。比较常见的还有 Cadence 公司的 Orcad 中的 Capture 工具等。这一类工具一般都设计成通用型的原理图输入工具。由于针对 FPGA/CPLD 设计的原理图需要特殊原理图库(含原理图中的 Symbol)的支持，因此其输出并不与 EDA 流程的下一步设计工具直接相连，而要通过 EDIF 文件进行传递。

HDL 采取文本输入方式，用普通的文本编辑器即可完成 HDL 的输入。常用的文本编辑器有 UltraEdit、Vim、XEmacs 等，绝大部分的 EDA 工具中都提供有 HDL 编辑器，如 Aldec 公司的 ActiveHDL 中的 HDL 编辑器、Quartus II 中的 Text Editor 文本编辑器等。

某些 EDA 设计输入工具把图形设计与 HDL 文本设计相结合，如在提供 HDL 编辑器的同时提供状态机编辑器，用户可用转移图描述状态机，直接生成 HDL 文本输出。在这些输入工具中，比较流行的有 VisualHDL、FPGA Adantage、ActiveHDL 中的 Active State 等，尤其是 HDL Designer Series 中的各种输入编辑器，可以接受诸如原理图、状态图、表格图等输入形式，并将它们转换成 HDL(VHDL/Verilog HDL)文本表达方式，很好地解决了通用性(HDL 输入的优点)与易用性(图形法的优点)之间的矛盾。

2．HDL 综合器

由于目前通用的硬件描述语言为 VHDL 和 Verilog HDL，因此这里介绍的 HDL 综合器主要是针对这两种语言的。

硬件描述语言最初是用于电路逻辑的建模和仿真的，Synopsys 公司推出了第一个 HDL 综合器后，其他公司相继推出了基于 HDL 的综合器，至此，HDL 才被直接用于电路的设计。

由于 HDL 综合器实现上的困难，因此成熟的 HDL 综合器并不多。比较常用且性能良好的 FPGA/CPLD 设计的 HDL 综合器有 Synopsys 公司的 FPGA Compiler 和 FPGA Express 综合器、Synplicity 公司的 Synplify Pro 综合器和 Exemplar Logic 公司的 Leonardo Spectrum 综合器等。

3．仿真器

仿真器有基于元件(逻辑门)的仿真器和硬件描述语言(HDL)的仿真器两种，基于元件的仿真器缺乏 HDL 仿真器的灵活性和通用性，在此主要介绍 HDL 仿真器。

在 EDA 设计技术中，仿真的地位十分重要，行为模型的表达、电子系统的建模、逻辑电路的验证以及门级系统的测试，每一步都离不开仿真器的模拟检测。在 EDA 发展的初期，快速地进行电路逻辑仿真是当时的核心问题，即使在现在，各设计环节的仿真仍然是整个 EDA 工程流程中最耗时间的一个步骤，因此仿真器的仿真速度以及仿真的准确性、易用性已成为衡量仿真器的重要指标。按对设计语言的处理方式分类，仿真器可分为编译型仿真器和解释型仿真器。

编译型仿真器的仿真速度较快，但需要预处理，因此不便于即时修改。解释型仿真器的仿真速度一般，但是可随时修改仿真环境和条件。

按处理的硬件描述语言类型分，HDL 仿真器可分为如下几种：

(1) VHDL 仿真器；

(2) Verilog HDL 仿真器；

(3) 混合型 HDL 仿真器，可同时处理 Verilog HDL 与 VHDL；

(4) 其他 HDL 仿真器，针对其他 HDL 的仿真，例如 AHDL。

ModelTechnology 公司的 ModelSim 是一个出色的 VHDL/Verilog HDL 混合型仿真器。它也属于编译型仿真器，仿真执行速度较快。Cadence 公司的 Verilog-XL 是最好的 Verilog 仿真器之一。

按仿真的电路描述级别的不同，HDL 仿真器可以单独或综合完成以下各仿真步骤：

(1) 系统级仿真；

(2) 行为级仿真；

(3) RTL 级仿真；

(4) 门级时序仿真。

按是否考虑硬件延时分类，仿真可分为功能仿真和时序仿真。根据输入仿真文件的不同，仿真可以由不同的仿真器完成，也可以由同一个仿真器完成。

几乎所有的 EDA 厂商都提供了基于 Verilog HDL 和 VHDL 的仿真器。常用的 HDL 仿真器除上面提及的 ModelSim 外，还有 Aldec 的 Active HDL、Synopsys 的 VCS 和 Cadence 的 NC-Sim 等。

4. 适配器

适配器(布局布线器)的任务是完成目标系统在器件上的布局布线。适配通常由可编程逻辑器件的厂商提供的专门针对器件开发的软件来完成。这些软件可以单独存在或嵌入在厂商的针对自己产品的集成 EDA 开发环境中。例如，Lattice 公司在其 ispEXPERT 开发系统嵌有自己的适配器，同时还提供了性能良好、使用方便的专用适配器 ispEXPERT Compiler；Altera 公司的 EDA 集成开发环境 MAX+PLUS II 和 Quartus II 中都含有嵌入的适配器 Fitter；Xilinx 公司的 Foundation 和 ISE 中也同样含有自己的适配器。

适配器最后输出的是各厂商自己定义的下载文件，用于下载到器件中，以实现设计。

5. 下载器(编程器)

下载器(编程器)的作用是把设计下载到相应的实际器件，完成硬件设计。

第 2 章 可编程逻辑器件

使用 EDA 技术进行电路设计离不开可编程逻辑器件，本章将介绍常用的可编程逻辑器件。

2.1 可编程逻辑器件概述

可编程逻辑器件是指可以通过编制硬件描述程序实现预定的逻辑功能的电子器件。FPGA(现场可编程门阵列)与 CPLD(复杂可编程逻辑器件)是目前应用较广泛的两种可编程逻辑器件，它们是在 PAL 和 GAL 等逻辑器件的基础之上发展起来的。FPGA/CPLD 的规模比 PAL 和 GAL 器件大得多，可以替代几十甚至几千块通用 IC 芯片。这样的 FPGA/CPLD 实际上就是一个子系统部件。这种芯片受到世界范围内电子工程设计人员的广泛关注和普遍欢迎。经过了十几年的发展，许多公司都开发出了多种可编程逻辑器件，比较典型的就是 Xilinx 公司的 FPGA 器件系列和 Altera 公司的 CPLD 器件系列。

CPLD 通常基于乘积项(product-term)技术，采用 EEPROM(或 Flash)工艺，如 Altera 公司的 MAX 系列、Lattice 公司的大部分产品及 Xilinx 公司的 XC9500 系列，这种 CPLD 都支持 ISP 技术在线编程，也可用编程器编程，并且可以加密。FPGA 通常基于查找表(Look Up Table，LUT)技术，采用 SRAM 工艺，如 Altera 公司的 FLEX、ACEX、APEX 系列和 Xilinx 公司的 Spartan 与 Virtex 系列。由于 SRAM 工艺的特点——掉电后数据会消失，因此调试期间可以用下载电缆配置 FPGA/CPLD 器件，调试完成后，需要将数据固化在一个专用的 EEPROM 中(用通用编程器烧写)。上电时，由这片配置 EEPROM 先对 FPGA/CPLD 加载数据，十几毫秒后，FPGA/CPLD 即可正常工作(亦可由 CPU 配置 FPGA/CPLD)。

对用户而言，CPLD 与 FPGA 的内部结构稍有不同，但用法一样，所以多数情况下不加以区分。

1. FPGA/CPLD 的优点

FPGA/CPLD 芯片都是特殊的 ASIC 芯片，除了具有 ASIC 的特点之外，还具有以下几个优点。

(1) 芯片容量大。随着超大规模集成电路(Very Large Scale IC，VLSI)工艺的不断提高，单一芯片内部可以容纳上百万个晶体管，FPGA/CPLD 芯片的规模也越来越大，其单片逻辑门数已达到上百万，所能实现的功能越来越强，同时还可以实现系统集成。

(2) 质量可靠。FPGA/CPLD 芯片在出厂之前都做过测试，不需要设计人员承担投片风险和费用，设计人员只需在自己的实验室里就可以通过相关的软/硬件环境来完成芯片的最终功能设计。所以，FPGA/CPLD 的资金投入少，节省了许多潜在的花费。

(3) 可重复使用。用户可以反复地编程、擦除、使用或者在外围电路不动的情况下，用不同软件实现不同的功能。因此，使用 FPGA/CPLD 试制样片，能以最快的速度占领市场。FPGA/CPLD 软件包中有各种输入工具、仿真工具、版图设计工具及编程器等全线产品，使电路设计人员在很短的时间内就可完成电路的输入、编译、优化、仿真，直至最后芯片的制作。当电路有少量改动时，更能显示出 FPGA/CPLD 的优势。电路设计人员使用 FPGA/CPLD 进行电路设计时，不需要具备专门的 IC(集成电路)深层次的知识。FPGA/CPLD 软件易学易用，可以使设计人员集中精力进行电路设计，快速将产品推向市场。

2. FPGA 的分类

FPGA 的发展非常迅速，形成了各种不同的结构。根据不同的分类方法，FPGA 可分为多种类型。

(1) 按逻辑功能块的大小分类，FPGA 可分为细粒度 FPGA 和粗粒度 FPGA。细粒度 FPGA 的逻辑功能块较小，资源可以充分利用，但连线和开关多，速度慢；粗粒度 FPGA 的逻辑功能块规模大，功能强，但资源不能充分利用。

(2) 按逻辑功能块的结构分类，FPGA 可分为查找表结构、多路开关结构和多级与非门结构。

(3) 按内部连线的结构分类，FPGA 可分为分段互连型 FPGA 和连续互连型 FPGA 两类。分段互连型 FPGA 中具有多种不同长度的金属线段，各金属线段之间通过开关矩阵或反熔丝编程连接，走线灵活方便，但走线延时无法预测；连续互连型 FPGA 利用相同长度的金属线段，连接与距离远近无关，布线延时是固定的和可预测的。

(4) 根据编程方式，FPGA 可分为一次编程型 FPGA 和可重复编程型 FPGA 两类。

一次编程型 FPGA 采用反熔丝(anti-fuse)技术，只能编程一次，因此产品初期开发过程比较麻烦，成本较高，但这类器件集成度高、布线能力强、阻抗低、寄生电容小、速度快、功耗低，此外还具有加密位、防拷贝、抗辐射、抗干扰、不需外接 PROM 或 EPROM 的特点，所以它在一些有特殊要求的领域(如军事及航空航天)中运用较多。Actel 公司和 Quicklogic 公司提供此类产品。

可重复编程型 FPGA 采用 SRAM 开关元件或快闪 EPROM 控制的开关元件，配置数据存储在 SRAM 或快闪 EPROM 中。SRAM 型 FPGA 的突出优点是可反复编程，系统上电时，给 FPGA 加载不同的配置数据就可完成不同的硬件功能，甚至在系统运行中改变配置，实现系统功能的动态重构。快闪 EPROM 型 FPGA 具有非易失性和可重复编程的双重优点，但不能动态重构，功耗也较 SRAM 型 FPGA 高。

3. FPGA/CPLD 的组成

概括地说，FPGA/CPLD 器件均由逻辑阵列块(Logic Array Block，LAB)、输入/输出块(IO Block，IOB)和可编程连线阵列(Programmable Interconnect Array，PIA)三部分组成。这三部分之间的结构如图 2.1 所示。其中 LAB 构成了 PLD 器件的逻辑组成核心，PIA 控制 LAB 间的互连，IOB 控制输入/输出与 LAB 之间的连接。

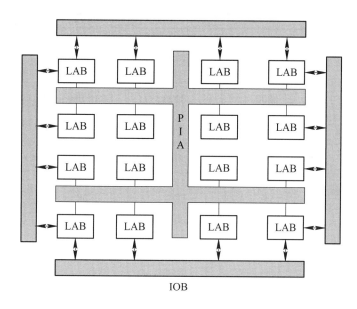

图 2.1　FPGA/CPLD 的组成

2.2　Altera 公司的可编程逻辑器件

Altera 公司是目前全球最大的 FPGA/CPLA 器件生产商之一，其产品可分为如下系列：MAX 系列、FLEX 系列、Cyclone 系列、ACEX1K 系列、Stratix™ 系列、Arria™ GX 系列、Excalibur™ 系列、APEX 系列和 ACEX™ 系列等。FLEX(Flexible Logic Element Matrix，灵活逻辑单元矩阵)系列器件采用查找表(LUT)结构；MAX(Multiple Array Matrix，多阵列矩阵)系列器件采用"与"可编程"或"固定的乘积项(product-term)结构；APEX(AdVanced Programmable Element Matrix，先进可编程逻辑矩阵)系列器件采用查找表(LUT)和嵌入式寄存器结构；Excalibur™ 系列的结构特征是基于 ARM 和 MIPS 的硬核微处理器。每种系列器件针对不同的应用，有其各自的特点。

2.2.1　MAX 系列器件

MAX 系列 CPLD 由 MAX9000、MAX7000、MAX5000 和 MAX3000A 等系列器件组成，下面分别进行介绍。

1．MAX9000 系列器件

MAX9000 系列器件是基于 Altera 公司第三代 MAX 结构的在线可编程、高密度和高性能的 EPLD (电可擦除可编程逻辑器件)，它采用先进的 CMOS EEPROM 工艺制造。MAX9000 系列器件把基于第二代 MAX 结构的 MAX7000 的高效宏单元结构与 FLEX 的高性能、延迟可预测的快速通道(Fast-Track)互连结构结合在一起。MAX9000 系列器件提供了6000～12 000 个可用门，引脚之间的延时为 10 ns，计数器速率可达 144 MHz。MAX9000系列器件的特性如表 2.1 所示。

表 2.1   MAX9000 系列器件的特性

特性	EPM9320/ EPM9560	EPM9400	EPM9480	EPM9320A/ EPM9560A
器件可用门	6000	8000	10 000	12 000
触发器数	484	580	676	772
宏单元	320	400	480	560
逻辑阵列块 (LAB)	20	25	30	35
最大用户 I/O 引脚数	168	159	175	216

MAX9000 系列器件的结构支持系统级逻辑函数的高密度集成。它容易将多种可编程逻辑器件集成，其范围从 PAL、GAL，一直到 FPGA 和 EPLD。

2．MAX7000 系列器件

MAX7000 系列器件是 Altera 公司速度最快的高速可编程逻辑器件，它基于 Altera 公司第二代 MAX 乘积项结构，是采用先进的 CMOS EEPROM 工艺制造的 EPLD，同时也是 Altera 公司销量最大的 PLD 产品。MAX7000 系列器件(包括 MAX7000A、MAX7000E 和 MAX7000S) 的集成度为 600～10 000 个可用门，32～1024 个宏单元，以及 36～212 个用户 I/O 引脚。这些基于 EEPROM 的器件能够提供快至 4.5 ns 的组合传输延迟，16 位计数器工作频率可达 192.3 MHz。此外，MAX7000 的输入寄存器的建立时间非常短，能提供多个系统时钟且有可编程的速度/功耗控制。MAX7000E 是 MAX7000 系列的增强型，具有更高的集成度。 MAX7000S 器件也具有 MAX7000E 器件的增强特性，可通过工业标准四引脚 JTAG 接口实现在线可编程。

MAX7000 器件通过嵌入 IEEE 标准 1149.1(JTAG)接口支持 3.3VISP，并具有高级引脚锁定功能。这种器件具有节能模式，用户可以将信号通路和整个器件定义为一个低功耗模式。因为大多数逻辑应用中只要求小部分逻辑门工作在最高频率上，所以使用这一特性，可使器件整体能耗减少 50%以上。MAX7000 器件还具有可编程压摆率控制、六个引脚或逻辑驱动输出使能信号、快速建立时间输入寄存器、多电压 I/O 接口能力和扩展乘积项分布可配置等结构特性。

3．MAX5000 系列器件

MAX5000 系列器件是 Altera 公司的第一代 MAX 器件，广泛应用于需要高级组合逻辑的场合。这类器件集成度为 600～3750 个可用门、28～100 个可用 I/O 引脚。基于 EPROM 的 MAX5000 器件的编程信息不易丢失，可用紫外线进行擦除。由于该系列器件已成熟，加之 Altera 公司对其不断改进和采用更先进的工艺，因此 MAX5000 器件每个宏单元的价格接近于大批量生产的 ASIC 和门阵列。

4. MAX3000A 系列器件

MAX3000A 系列器件是 Altera 公司 1999 年推出的 3.3 V 低价格、高集成度的可编程逻辑器件，其结构与 MAX7000 的基本一样，集成度范围为 600～5000 个可用门、32～512 个宏单元、34～128 个可用 I/O 引脚。这些基于 EEPROM 器件的组合传输延迟快至 4.5 ns，16位计数器的频率可达 192.3 MHz。MAX3000A 具有多个系统时钟，还具有可编程的速度/功耗控制功能。MAX3000A 器件提供 JTAG BST 回路和 ISP 支持，可通过工业标准四引脚 JTAG接口实现在线编程。这些器件支持热插拔和多电压接口，其 I/O 接口与 5.0 V、3.3 V 和 2.5 V逻辑电平兼容。

2.2.2 FLEX 系列器件

1. FLEX10K 系列器件

FLEX10K 系列器件是工业界第一个嵌入式的可编程逻辑器件，它采用可重构的 CMOS SRAM 工艺制造，把连续的快速通道互连与独特的嵌入式阵列结构相结合，同时也结合了众多可编程器件的优点来完成普通门阵列的宏功能。由于 FLEX10K 具有高密度、低成本、低功率等特点，因此它已成为当今 Altera 公司的 PLD 中应用最广泛的器件系列之一。FLEX10K 的集成度已达到 25 万门。FLEX10K 能让设计人员轻松地开发出集存储器、数字信号处理器及特殊逻辑(包括 32 位多总线系统)等强大功能于一身的芯片。到目前为止，Altera 公司已经推出了 FLEX10K、FLEX10KA、FLEX10KV、FLEX10KE等分支系列器件。

FLEX10K 的结构类似于嵌入式门阵列，是门阵列市场中成长最快的器件。像标准门阵列一样，嵌入式门阵列采用一般的门海(sea-of-gates)结构实现普通逻辑，因此，在实现大的特殊逻辑时会有潜在死区。与标准门阵列相比，嵌入式门阵列通过在硅片中嵌入逻辑块的方法来减少死区，提高速度。然而，典型的嵌入式宏功能模块通常是不能改变的，这就限制了设计人员的选择。相反，FLEX10K 器件是可编程的，在调试时它允许设计人员全面控制嵌入式宏功能模块和一般的逻辑，可以方便地反复修改设计。

每个 FLEX10K 器件包含一个嵌入式阵列和一个逻辑阵列。嵌入式阵列用来实现各种存储器及复杂的逻辑功能，如数字信号处理、微控制器、数据传输等。逻辑阵列用来实现普通逻辑功能，如计数器、加法器、状态机、多路选择器等。嵌入式阵列和逻辑阵列结合而成的嵌入式门阵列的高性能和高密度特性，使得设计人员可在单个器件中实现一个完整的系统。

FLEX10K 器件的配置通常是在系统上电时通过存储于一个串行存储器中的配置数据或者由系统控制器提供的配置数据来完成的。Altera 公司提供 EPC1、EPC2、EPC16 和EPC1441 等专用配置器件，配置数据也能从系统 RAM 和 BitBlaster 串行下载电缆或ByteBlasterMV 并行下载电缆获得。对于配置过的器件，可以通过重新复位器件、加载新数据的方法实现在线可配置(In-Circuit Reconfigurability，ICR)。由于重新配置要求少于320 ms，因此可在系统工作时实时改变配置。表 2.2 列出了常见的 FLEX10K 系列器件的性能。

表 2.2　常见的 FLEX10K 系列器件的性能

性能	EPF10K10/ EPF10K10A	EPF10K20	EPF10K30/ EPF10K30A	EPF10K40	EPF10K50/ EPF10K50V	EPF10K100/ EPF10K100A	EPF10K130V	EPF10K250A
器件门数	31 000	63 000	69 000	93 000	116 000	158 000	211 000	310 000
典型可用门(逻辑 和 RAM)	10 000	20 000	30 000	40 000	50 000	100 000	130 000	250 000
逻辑单元(LE)	72	144	216	288	360	624	832	1520
逻辑阵列块(LAB)	576	1152	1728	2304	2880	4992	6656	12 160
嵌入式阵列模块 (EAB)	3	6	6	8	10	12	16	20
RAM 位数	6144	12 288	12 288	16 384	20 480	24 576	32 768	40 960
最大用户 I/O 引脚数	150	189	246	189	310	406	470	470

2．FLEX8000 系列器件

FLEX8000 系列器件适合于需要大量寄存器和 I/O 引脚的应用系统。该系列器件的集成度范围为 2500～16 000 个可用门，具有 282～1500 个寄存器以及 78～208 个用户 I/O 引脚。FLEX8000 能够通过外部配置 EPROM 或智能控制器进行在线配置，并提供了多电压 I/O 接口，允许器件桥接在以不同电压工作的系统中。这些特点及其高性能、可预测速度的互连方式，使该系列器件像基于乘积项结构的器件一样易于使用。此外，FLEX8000 以 SRAM 为基础，使其维持状态的功耗很低，并且可进行在线重新配置。上述特点使 FLEX8000 非常适合于 PC 的插卡、由电池供电的仪器以及多功能的电信卡之类的应用。FLEX8000 系列器件的性能如表 2.3 所示。

表 2.3　FLEX8000 系列器件的性能

性能	EPF8282A/ EPF8282AV	EPF8452A	EPF8636A	EPF8820A	EPF81188A	EPF81500A
器件可用门	2500	4000	6000	8000	12 000	16 000
触发器数	282	452	636	820	1188	1500
逻辑阵列块(LAB)	26	42	63	84	126	162
逻辑单元(LE)	208	336	504	672	1008	1296
最大用户 I/O 引脚数	78	120	136	152	184	208

2.2.3　Cyclone 系列器件

Cyclone 系列器件是有史以来成本最低的 FPGA，根据推出时间的不同，可分为 Cyclone 系列器件、Cyclone Ⅱ系列器件和 Cyclone Ⅲ系列器件。

1．Cyclone 系列器件

Cyclone 系列器件是第一代产品，具有为消费类、工业、器件、计算机和通信市场大批量成本敏感应用优化的特性。Cyclone 系列器件采用了成本优化的全铜 1.5 V SRAM 工艺，容量为 2910～20 060 个逻辑单元,内部具有多达 294 912 bit 的嵌入 RAM。Cyclone 系列器件支持多种单端 I/O 标准, 如 LV'TTL、LVCMOS、PCI 和 SSTL-2/3, 具有一个简化的 LVDS,支持多达 129 个通道,每个通道的吞吐量可达 311 Mb/s。Cyclone 系列器件具有专用电路实现双数据率(DDR)的 SDRAM 和 FCRAM 接口。Cyclone 系列器件最多有两个锁相环(PLL),共有 6 个输出和层次化时钟结构,为复杂设计提供了强大的时钟管理电路。Cyclone 系列器件的性能如表 2.4 所示。

表 2.4　Cyclone 系列器件的性能

性　　能	EP1C3	EP1C4	EP1C6	EP1C12	EP1C20
逻辑单元(LE)	2910	4000	5980	12 060	20 060
M4K RAM 块数 (4 Kb+奇偶校验)	13	17	20	52	64
RAM 位数	59 904	78 336	92 160	239 616	294 912
PLL	1	2	2	2	2
最大用户 I/O 引脚数	104	301	185	249	301

2. CycloneⅡ系列器件

CycloneⅡ系列器件是第二代的 Cyclone 系列 FPGA,采用 90 nm 工艺生产,每个逻辑单元成本比 Cyclone 系列低 30%,内核电压降为 1.2 V,大大降低了器件的功耗。器件集成了 4608～68 416 个逻辑单元,较第一代增加了数倍,可满足复杂的应用需要。

CycloneⅡ系列 FPGA 提供多达 1.1 Mb 的嵌入式存储器,可以配置为 RAM、ROM、先入先出(FIFO)缓冲器以及单端口和双端口等多种模式。

CycloneⅡ系列 FPGA 提供最多 150 个 18 bit × 18 bit 乘法器,是低成本数字信号处理(DSP)应用的理想方案。这些乘法器可用于实现通用 DSP 功能,如有限冲激响应(FIR)滤波器、快速傅里叶变换、相关器、编/解码器以及数控振荡器(NCO)等。

CycloneⅡ系列 FPGA 支持高级外部存储器接口,允许开发人员集成外部单倍数据速率(SDR)、双倍数据速率(DDR)、167 MHz DDR2 SDRAM 器件以及第二代四倍数据速率(QDRⅡ) SRAM 器件,数据速率最高可达 668 Mb/s。CycloneⅡ系列器件提供差分信号支持,包括 LVDS、RSDS、mini-LVDS、LVPECL、SSTL 和 HSTL I/O 标准。LVDS 标准支持接收端最高 805 Mb/s 的数据速率,发送端最高 622 Mb/s 的数据速率。

CycloneⅡ系列器件支持各种单端 I/O 标准,如当前系统中常用的 LVTTL、LVCMOS、SSTL、HSTL、PCI 和 PCI-X 标准。CycloneⅡ系列器件支持串行总线和网络接口(如 PCI 和 PCI-X),快速访问外部存储器,同时还支持大量通信协议,包括以太网协议和通用接口。

CycloneⅡ系列器件支持最多 4 个可编程锁相环(PLL)和最多 16 个全局时钟线,提供强大的时钟管理和频率合成功能,使系统性能最大化。这些 PLL 提供的高级特性包括频率合成、可编程占空比、外部时钟输出、可编程带宽、输入时钟扩频、锁定探测以及支持差分输入/输出时钟信号。

CycloneⅡ系列器件的 NiosⅡ嵌入式处理器降低了成本,提高了灵活性,给低成本分立式微处理器提供了一个理想的替代方案。

Cyclone Ⅱ 系列 FPGA 支持驱动阻抗匹配和片内串行终端匹配。片内匹配消除了对外部电阻的需求，提高了信号完整性，简化了电路板设计。

Cyclone Ⅱ 系列 FPGA 通过外部电阻还可支持并行匹配和差分匹配。Cyclone Ⅱ 系列 FPGA 具有快速接通能力，上电后能够迅速工作，是汽车等需要快速启动应用的理想选择。在器件订购码中以 "A" 表示具有较短上电复位(POR)时间的 Cyclone Ⅱ 系列 FPGA(如 EP2C5A、EP2C8A、EP2C15A 和 EP2C20A)。

Cyclone Ⅱ 系列器件提供片内热插拔以及上电顺序支持，以确保器件正确操作不依赖上电顺序。该特性同时实现了上电之前和上电过程中对器件和三态 I/O 缓冲的保护。

Cyclone Ⅱ 系列器件的性能如表 2.5 所示。

表 2.5　Cyclone Ⅱ 系列器件的性能

性能	EP2C5	EP2C8	EP2C15	EP2C20	EP2C35	EP2C50	EP2C70
逻辑单元	4608	8256	14 448	18 752	33 216	50 528	68 416
M4K RAM 块 (4 kb + 512 校验比特)	26	36	52	52	105	129	250
总比特数	119 808	165 888	239 616	239 616	483 840	594 432	1 152 000
嵌入式 18 bit × 18 bit 乘法器	13	18	26	26	35	86	150
PLL	2	2	4	4	4	4	4
最大用户 I/O 引脚数	158	182	315	315	475	450	622
差分通道	58	77	132	132	205	193	262

3．Cyclone Ⅲ 系列器件

Cyclone Ⅲ 系列器件为第三代 FPGA，采用 65 nm TSMC 低功耗工艺制造，每个逻辑单元成本比 Cyclone Ⅱ FPGA 低 20%，功耗比 Cyclone Ⅱ FPGA 低 50%。器件集成了 10 320～119 088 个逻辑单元，较 Cyclone Ⅱ 翻了一番。

Cyclone Ⅲ 系列器件内嵌了 M9K RAM 模块，提供了多达 4 Mb 的片内存储器，工作速度达到 260 MHz。

Cyclone Ⅲ 系列 FPGA 支持高级外部存储器接口，允许开发人员集成外部单倍数据速率(SDR)、双倍数据速率(DDR)、200 MHz DDR2 SDRAM 器件以及第二代四倍数据速率(QDR Ⅱ)SRAM 器件。

Cyclone Ⅲ 系列器件提供差分信号支持，包括 LVDS、RSDS、mini-LVDS、LVPECL、SSTL 和 HSTL I/O 标准，拥有专用 LVDS 输出缓冲，LVDS 标准支持接收端最高 875 Mb/s 的数据速率，发送端最高 840 Mb/s 的数据速率。

Cyclone Ⅲ 系列器件支持最多达 4 个可编程锁相环(PLL)和最多 20 个 PLL 输出，拥有 20 个专用全局时钟，提供强大的时钟管理和频率合成功能，使系统性能最大化。PLL 之间可以级联使用，还支持动态配置。

Cyclone Ⅲ 系列器件的性能如表 2.6 所示。

表 2.6 Cyclone Ⅲ 系列器件的性能

性能	EP3C5	EP3C10	EP3C16	EP3C25	EP3C40	EP3C55	EP3C80	EP3C120
逻辑单元	5136	10 320	15 408	24 624	39 600	55 856	81 264	119 088
M9K 嵌入式存储器模块	46	46	56	66	126	260	305	432
RAM 总容量/Kb	424	424	516	608	1161	2396	2811	3981
嵌入式 18 bit × 18 bit 乘法器	23	23	56	66	126	156	244	288
PLL	2	2	4	4	4	4	4	4
最大用户 I/O 引脚数	181	181	345	214	534	376	428	530
差分通道	70	70	140	83	227	163	181	233

2.2.4 ACEX1K 系列器件

ACEX 系列器件将查找表(LUT)和 EAB 相结合，提供了效率最高而又廉价的结构。基于 LUT 的逻辑对数据路径管理、寄存器强度、数学计算或数字信号处理(DSP)的设计提供优化的性能和效率，而 EAB 可实现 RAM、ROM、双口 RAM 或 FIFO 功能，这使得 ACEX1K 适用于实现复杂逻辑及存储器功能(如数字信号处理、宽域数据路径管理、数据变换和微处理器)等的各种高性能通信的应用。基于可重构 CMOS SRAM 单元，ACEX1K 结构具有实现一般门阵列宏功能需要的所有特征，相应的多引脚数提供与系统元器件的有效接口。先进的处理功能和 2.5 V 低电压要求，使得 ACEX1K 器件满足廉价、高容量的应用需要，如 DSL 调制解调器及低价的交换机。

每个 ACEX1K 器件包含一个实现存储器及特殊逻辑功能的增强型嵌入式存储器阵列和一个实现一般逻辑的逻辑阵列。嵌入式存储器阵列由一系列 EAB 组成，每个 EAB 提供 4096 bit 存储空间。逻辑阵列由逻辑阵列块(LAB)组成，每个 LAB 包含 8 个逻辑单元(LE)和一个局部互连。一个 LE 由一个 4 输入 LUT、一个可编程触发器和为了实现进位及级联功能的专用信号路径组成。8 个 LE 可以实现中规模的逻辑块(如 8 位计数器、地址译码器或状态机)，或跨 LAB 进行组合以建立更大的逻辑块。每个 LAB 代表大约 96 个可用逻辑门。表 2.7 列出了 ACEX1K 系列器件的性能。

表 2.7 ACEX1K 系列器件的性能

性能	EP1K10	EP1K30	EP1K50	EP1K100
最大器件门	56 000	119 000	199 000	257 000
典型可用门	10 000	30 000	50 000	100 000
逻辑单元(LE)	576	1728	2880	4992
EAB 数	3	6	10	12
RAM 总容量/b	12 288	24 576	40 960	49 152
最大用户 I/O 引脚数	136	171	249	333

2.2.5 Stratix™ 系列器件

Stratix™ 系列器件属于高端 FPGA，到目前为止已经推出了 4 代产品，分别是 Stratix、Stratix Ⅱ(GX)、Stratix Ⅲ(L、E)、Stratix Ⅳ(GX、E)，下面分别给予介绍。

1. Stratix 系列器件

Stratix 系列器件是所有复杂设计的理想方案，它解决了高带宽系统面临的问题，具有无可匹敌的内核性能、存储容量和面市优势。Stratix 系列器件也具有专用的时钟管理和数字信号处理(DSP)应用的功能，支持单端和差分 I/O 标准，还具有片内终结和远程系统升级能力。Stratix 系列器件应用于具有多功能、高带宽要求的系统，把可编程单芯片系统(SOPC)方案提升到了一个新的水平。

Stratix 系列器件采用 1.5 V、0.13 pm 和全铜 SRAM 工艺制造，容量为 10 570～79 040 个逻辑单元，RAM 位数多达 7.4 Mb。Stratix 系列器件具有多达 28 个 DSP 模块和 224 个 (9 bit × 9 bit)嵌入式乘法器，可为需要高数据吞吐量的复杂的应用进行优化。

Stratix 系列器件也具有 True-LVDSTM 电路，支持 LVDS、LVPECL、PCML 和 HyperTranport 差分 I/O 电气标准，还有高速通信接口，包括 10 Gb Ethernet XSBI、SFI-4、POS-PHYLevel 4(SPI-4Phase 2)、HyperTransport、RapidIO 和 UTOPIA Ⅳ标准。Stratix 系列器件也提供了完整的时钟管理方案，具有层次化的结构和多达 9 个锁相环(PLL)。表 2.8 列出了 Stratix 系列器件的特性。

表 2.8　Stratix 系列器件的特性

特性	EP1S10	EP1S20	EP1S25	EP1S30	EP1S40	EP1S60	EP1S80
逻辑单元(LE)	10 570	18 460	25 660	32 470	41 250	57 120	79 040
M512 RAM 块数 (512 b + 奇偶校验)	94	194	224	295	384	574	767
M4K RAM 块数 (4 Kb + 奇偶校验)	60	82	138	171	183	292	364
M512K-RAM 块数 (512 Kb+奇偶校验)	1	2	2	4	4	6	9
RAM 总量/b	920 448	1 669 248	1 944 576	3 317 184	3 423 744	5 215 104	7 427 520
DSP 模块	6	10	10	12	14	18	22
嵌入式乘法器	48	80	80	96	112	144	176
PLL	6	6	6	10	12	12	12
最大用户 I/O 引脚数	422	582	702	726	818	1018	1234

2. Stratix GX 系列器件

Stratix GX 系列器件采用 Altera Stratix 体系，融合了 FPGA 体系和高性能的数千兆收发器技术。Stratix GX 系列器件具有多达 20 个全双工收发器通道，每个通道的速率高达 3.125 Gb/s，满足了高速背板和芯片间通信的需求。另外，Stratix GX 系列器件具有嵌入均衡电路，每个通道的功耗非常低，具有 40 英寸的 FR4 背板驱动能力。Stratix GX 系列器件也提供了具有专用动态相位调整(DPA)电路的源同步差分信号，工作速率可达 1 Gb/s。

Stratix GX 系列的 FPGA 器件采用 1.5 V、0.13 μm 和全铜 SRAM 工艺制造，容量为

10 570～41 250 个逻辑单元，具有 3 Mb 的 RAM。Stratix GX 系列器件支持 LVDS、LVPECL、3.3 V PCML 和 HyperTransport 差分 I/O 电气标准。这些器件支持几种高速协议，包括 10 Gb 以太网(XAUI 和 XSBI)、SONET/SDH、千兆以太网、InfiniBand、1G 和 2G 光纤通道、串行 RapidIO、SFI-5、SFI-4、POS-PHYLevel 4(SPI-4Phase 2)、HyperTranport、RapidIO、PCI Express、SMPTE292M 和 UTOPIA Ⅳ标准。Stratix GX 系列器件也具有层次化时钟结构和多达 8 个锁相环(PLL)的完整时钟管理方案，14 个具有多达 112(9 bit × 9 bit)个嵌入式乘法器的 DSP，并为需要大数据吞吐量的复杂应用进行优化。Stratix GX 系列器件的性能如表 2.9 所示。

表 2.9 Stratix GX 系列器件的性能

性　能	EPS1SGX 10C	EPS1SGX 10D	EPS1SGX 25C	EPS1SGX 25D	EPS1SGX 25F	EPS1SGX 40D	EPS1SGX 40G
逻辑单元(LE)	10 570	10 570	25 660	25 660	25 660	41 250	41 250
全双工收发器通道	4	8	4	8	16	8	20
全双工源同步通道	22	22	39	39	39	45	45
M512 RAM 块数 (512 b + 奇偶校验)	94	94	224	224	224	384	384
M4K RAM 块数 (4 Kb + 奇偶校验)	60	60	138	138	138	183	183
M512K-RAM 块数 (512 Kb+奇偶校验)	1	1	2	2	2	4	4
RAM 总量/b	920 448	920 448	1 944 576	1 944 576	1 944 576	3 423 744	3 423 744
DSP 模块	6	6	10	10	10	14	14
嵌入式乘法器	48	48	80	80	80	112	112
PLL	4	4	4	4	4	8	8
最大用户 I/O 引脚数	318	318	433	530	530	589	589

3. Stratix Ⅱ系列器件

Stratix Ⅱ系列的 FPGA 采用 90 nm 技术构建，能够提供无与伦比的密度和逻辑效率。Stratix Ⅱ系列器件相比于竞争对手的 FPGA 产品多出 5%的逻辑、50%的存储器，DSP 资源多出 4 倍，而用户 I/O 多出 21%。Stratix Ⅱ系列器件适用于迫切需要在 ASIC 下单之前对设计进行验证的 ASIC 原型的应用。

Stratix Ⅱ系列的 FPGA 是创新逻辑体系结构的产物，与前一代产品系列相比，其性能平均快 50%，而逻辑占用降低 25%。

Stratix Ⅱ架构是业界最快的 FPGA 架构，在极其成功的 Stratix 架构之上提供了先进的功能，而且还具有新的逻辑结构、带动态相位调整(DPA)电路的源同步信号的功能和采用配置比特流加密技术的设计安全技术。

　　Stratix II 系列器件具有 152 个接收机和 156 个发送机通道，支持高达 1 Gb/s 的数据传送速率的源同步信号。

　　Stratix II 系列器件具有嵌入 DPA 电路，消除了使用源同步信号技术长距离传送信号时由偏移引发的相位对齐问题，从而简化了印刷电路板(PCB)布局。

　　Stratix II 系列的 FPGA 支持高达 1 Gb/s 的高速差分 I/O 信号，满足新兴接口包括 LVDS、LVPECL 和 HyperTranspor 标准的高性能需求。

　　Stratix II 系列器件支持对系统需求很严格的大带宽、单端 I/O 接口标准(SSTL、HSTL、PCI 和 PCI-X)的需求。

　　Stratix II 系列器件支持多种高速接口标准(SPI-4.2、SFI-4、10 Gb 以太网 XSBI、HyperTransport、RapidIO、NPSI 以及 UTOPIA IV)，具有高度的灵活性和快速的面市时间。

　　Stratix II 系列器件采用 128 b 高级加密标准(AES)算法对配置比特流进行加密，支持设计安全性。

　　Stratix II 系列的 FPGA 中的 TriMatrix 存储器具有多达 9 Mb 的 RAM。这种先进的存储结构包括三种大小的嵌入存储器块——M512、M4K 和 M-RAM 块，可配置支持多种特性。

　　Stratix II 系列器件提供先进的外部存储接口，允许设计者将外部大容量 SRAM 和 DRAM 器件集成到复杂系统设计中，而不会降低数据存取的性能。

　　Stratix II 系列器件包括高性能的嵌入 DSP 块，它能够运行在 370 MHz，并为 DSP 应用进行优化。DSP 块消除了大计算量应用中的性能瓶颈，提供了可预测和可靠的性能，这样既节省了资源又不会损失性能。

　　Stratix II 系列器件具有比 DSP 处理器更大的数据处理能力，实现最大的系统性能。

　　Stratix II 系列器件提供了灵活实现的软核处理器，它可以配置成不同的数据宽度和延迟。软核处理器除了提供 DSP 块外，还具有非常高的 DSP 吞吐量。

　　每个 Stratix II 系列器件具有多达 16 个高性能的低偏移全局时钟，它可以用于高性能功能或全局控制信号。另外，每个区域 8 个本地(区域)时钟将任何区域的时钟总数增加至 24 个。这种高速时钟网和充裕的 PLL 紧密配合，可确保最复杂的设计能够运行在优化性能和最小偏移的时钟下。

　　Stratix II 系列器件具有多达 12 个可编程 PLL，以及健全的时钟管理和频率合成能力，可实现最大的系统性能。PLL 具有高端功能，包括时钟切换、PLL 重配置、扩频时钟、频率综合、可编程相位偏移、可编程延迟偏移、外部反馈和可编程带宽。这些功能有助于设计者管理 Stratix II 系列器件内外的系统时序。

　　Stratix II 系列器件具有串行和差分片内匹配，可使印刷电路板(PCB)所需的外部电阻数量最少，从而简化电路板布局。

　　Stratix II 系列器件具有远程系统升级功能，允许无差错地从远程安全和可靠地升级系统。

　　Stratix II 系列器件高级架构的特性与 Nios II 嵌入处理器相结合具有无与伦比的处理能力，可满足网络、电信、DSP 应用、大容量存储和其他高带宽系统的需求。Stratix II 系列器件改善了最新 Nios II 处理器的整体系统性能。

　　Stratix II 系列器件的性能如表 2.10 所示。

表 2.10　Stratix Ⅱ 系列器件的性能

性能	EP2S15	EP2S30	EP2S60	EP2S90	EP2S130	EP2S180
自适应逻辑模块(ALM)	6240	13 552	24 176	36 384	53 016	71 760
等价逻辑单元(LE)	15 600	33 880	60 440	90 960	132 540	179 400
M512 RAM 模块(512 b + 校验)	104	202	329	488	699	930
M4K RAM 模块(4 Kb + 校验)	78	144	255	408	609	768
M-RAM 模块(512 Kb + 校验)	0	1	2	4	6	9
RAM 总量/b	419 328	1 369 728	2 544 192	4 520 448	6 747 840	9 383 040
DSP 模块	12	16	36	48	63	96
嵌入式乘法器	48	64	144	192	252	384
嵌入式乘法器(PLL)	6	6	12	12	12	12
最大用户 I/O 引脚数	366	500	718	902	1126	1170

4．Stratix Ⅱ GX 系列器件

Stratix Ⅱ GX 系列器件与 Stratix Ⅱ 系列器件属于同一代器件，Stratix Ⅱ GX 系列器件采用 1.2 V、90 nm、SRAM 工艺制造，密度范围为 33 880～132 540，具有 6.7 Mb 的片内 RAM，数字信号处理(DSP)模块提供的(18 bit × 18 bit)嵌入式乘法器数量高达 252 个。

Stratix Ⅱ GX 系列的 FPGA 经过特殊设计的体系结构可满足系统对电流和今后串行 I/O 应用的全面要求。Stratix Ⅱ GX 系列器件将 20 个全双工高性能多吉比特的收发器融合到 FPGA 体系结构中，在 Stratix GX 系列器件中，对收发器进行了优化，可提供低功耗解决方案，其发射器具有较低的抖动产生以及最大 500% 的预加重，接收器具有优异的抖动容限以及最大 17 dB 的均衡。收发器每通道在 6.375 Gb/s 时，功耗为 225 mW；在 3.125 Gb/s 时，功耗仅为 125 mW。

收发器支持以下的 PCS 模块：PCI Express、PIPE 兼容 PCS、CEI-6G-LR/SR、8 b/10 b 编/解码器、XAUI 状态机和通道绑定、千兆以太网状态机、SONET、8 b/10 b 和 8/10/16/20/32/40 位接口(至 FPGA 逻辑)。

除了高速收发器以外，Stratix Ⅱ GX 系列器件可提供 76 个源同步差分信号 I/O 引脚，带有专用动态相位对齐(DPA)电路，可工作在最大 1 Gb/s 的速率下。I/O 引脚还具有专用串化器/解串器(SERDES)电路，支持 LVDS 和 HyperTransport 差分 I/O 电气标准，以及高速通信接口(包括万兆以太网 XSBI、SFI-4、PI-4.2、HyperTransport、 RapidIO 和 UTOPIA Ⅳ 标准)。

Stratix Ⅱ GX 系列的 FPGA 具有 8 个锁相环(PLL)和 16 个全局时钟网络，可提供含有多级时钟结构的完整时钟管理解决方案。此外，Stratix Ⅱ GX 系列器件还具有设计安全、片内匹配和远程系统升级能力。Stratix Ⅱ GX 系列器件的特性如表 2.11 所示。

表 2.11　Stratix Ⅱ GX 系列器件的特性

特　性	EP2SGX30C/D	EP2SGX60C/D/E	EP2SGX90E/F	EP2SGX130G
收发器的数据速率	622 Mb/s～6.375 Gb/s			
自适应逻辑模块(ALM)	13 552	24 176	36 384	53 016
等价逻辑单元(LE)	33 880	60 440	90 960	132 540
LVDS 通道	29	29	45	78
M512 RAM 模块	202	329	488	699
M4K RAM 模块	144	255	408	609
MRAM 模块	1	2	4	6
全部 RAM 位数	1 369 728	2 544 192	4 520 448	6 747 840
DSP 模块	16	36	48	63
嵌入式乘法器	64	144	192	252
PLL	4	8	8	8

5. Stratix Ⅲ 系列器件

Stratix Ⅲ 系列的 FPGA 器件是在 Stratix Ⅱ 系列器件基础上发展而来的，采用 65 nm 工艺制造，并进行了优化。Stratix Ⅲ 系列器件的功耗比 Stratix Ⅱ 系列器件的低 50%，性能比 Stratix Ⅱ 系列的高性能 FPGA 提高了 25%，容量是 Stratix Ⅱ 系列的 FPGA 的两倍。

Stratix Ⅲ 系列器件又可以分为两种子系列，分别是 Stratix Ⅲ L 系列和 Stratix Ⅲ E 系列，其中 Stratix Ⅲ L 系列器件主要针对逻辑较多的应用场合，Stratix Ⅲ E 系列器件主要针对数字信号处理(DSP)和存储器较多的应用场合。

Stratix Ⅲ 系列器件具有纵向移植能力，不仅在 L 和 E 型号内部，而且在这两种子型号之间都可以实现移植，在器件选择上非常灵活。

Stratix Ⅲ L 系列器件的特性如表 2.12 所示。

表 2.12　Stratix Ⅲ L 系列器件的特性

特　性	EP3SL50	EP3SL70	EP3SL110	EP3SL150	EP3SL200	EP3SE260	EP3SL340
自适应逻辑模块(ALM)	19 000	27 000	42 600	56 800	79 560	101 760	135 200
等价逻辑单元(LE)	47 500	67 500	106 500	142 000	198 900	254 400	338 000
寄存器	38 000	54 000	85 200	113 600	159 120	203 520	270 400
M9K 存储器模块	108	150	275	355	468	864	1144
M144K 存储器模块	6	6	12	16	24	48	48
嵌入式存储器/b	1836	2214	4203	5499	7668	14 688	17 208
MLAB/b	594	844	1331	1775	2486	3180	4225
18 bit × 18 bit 乘法器	216	288	288	384	576	768	576

StratixⅢ E 系列器件的特性如表 2.13 所示。

表 2.13　StratixⅢ E 系列器件的特性

特　　性	EP3SE50	EP3SE80	EP3SE110	EP3SE260
自适应逻辑模块(ALM)	19 000	32 000	42 600	101 760
等价逻辑单元(LE)	47 500	80 000	106 500	254 400
寄存器	38 000	64 000	85 200	203 520
M9K 存储器模块	400	495	639	864
M144K 存储器模块	12	12	16	48
嵌入式存储器/b	5328	6183	8055	14 688
MLAB/b	594	1000	1331	3180
18 bit × 18 bit 乘法器	384	672	896	768

6．StratixⅣ(GX、E)系列器件

Altera 公司的 StratixⅣ系列器件分为 StratixⅣ GX 和 StratixⅣ E 两种，StratixⅣ GX 侧重于通信收发器，而 StratixⅣ E 是增强型。StratixⅣ(GX、E)系列器件采用 40 nm 工艺制造，具有最高的密度、最佳的性能以及最低的功耗。借助 40 nm 的优势以及成熟的收发器和存储器接口技术，StratixⅣ FPGA 的系统带宽达到了前所未有的水平，并具有优异的信号完整性。StratixⅣ系列的 FPGA 有以下关键优势：

(1) 高密度，具有 681 100 个逻辑单元(LE)、22.9 Mb 嵌入式存储器和 1360 个 18 bit × 18 bit 乘法器。

(2) 高性能，具有两个速率等级优势，以及业界最先进的逻辑和布线体系结构。

(3) 前所未有的系统带宽，具有 8.5 Gb/s 的 48 个高速收发器，以及 1067 Mb/s (533 MHz) DDR3 存储器接口。

(4) 低功耗，在 40 nm 优势和可编程功耗技术的支持下，比市场上的其他高端 FPGA 功耗低 50%。

(5) PCI Express 硬核知识产权(IP) Gen1(2.5 Gb/s)和 Gen2 (5.0 Gb/s)，4 个×8 模块，实现了全端点或者根端口功能。

(6) 优异的信号完整性，能够驱动 50 英寸背板，速度达到 6.375 Gb/s，支持即插即用信号完整性。

(7) StratixⅣ系列的 FPGA 适合无线通信、固网、军事、广播等高端数字应用。

表 2.14 列出了 StratixⅣ GX 系列器件的特性。

表 2.14   Stratix Ⅳ GX 系列器件的特性

特性	EP4SGX70	EP4SGX110	EP4SGX230	EP4SGX290	EP4SGX360	EP4SGX530
等价逻辑单元(LE)	72 600	105 600	288 000	291 200	353 600	531 200
自适应逻辑模块(ALM)	29 040	42 240	91 200	116 480	141 440	212 480
寄存器	58 080	84 480	182 400	232 960	282 880	424 960
M9K 存储器模块	462	660	1235	936	1248	1280
M144K 存储器模块	16	16	22	36	48	64
嵌入式存储器/Kb	6462	8244	14 283	13 608	18 144	20 736
MLAB/Kb	908	1320	2850	3640	4420	6640
18 bit × 18 bit 乘法器	384	512	1288	832	1040	1024
PCI Express 硬核 IP 模块	1	2	2	2	2	4

表 2.15 列出了 Stratix Ⅳ E 系列器件的特性。

表 2.15   Stratix Ⅳ E 系列器件的特性

特　　性	EP4SE110	EP4SE230	EP4SE290	EP4SE360	EP4SE530	EP4SE680
等价逻辑单元(LE)	105 600	228 000	291 200	353 600	531 200	681 100
自适应逻辑模块(ALM)	42 240	91 200	116 480	141 440	212 480	272 440
寄存器	84 480	182 400	232 960	282 880	424 960	544 880
M9K 存储器模块	660	1235	936	1248	1280	1529
M144K 存储器模块	16	22	36	48	64	64
嵌入式存储器/Kb	8244	14 283	13 608	18 144	20 736	22 977
MLAB/Kb	1320	2850	3640	4420	6640	8514
18 bit × 18 bit 乘法器	512	1288	832	1040	1024	1360

2.2.6   Arria™ GX 系列器件

Arria™ GX 系列的 FPGA 是 Altera 公司生产的带有收发器的中端 FPGA 系列，是在 Stratix Ⅱ GX FPGA 系列基础上开发的，采用 90 nm 工艺制造，使用相同的物理介质附加(PMA)电路。其收发器速率高达 3.125 Gb/s，可以利用它来连接支持 PCI Express、千兆以太网、Serial RapidIO、SDI 等协议的现有模块和器件。表 2.16 列出了 Arria™ GX FPGA 支持的协议。

表 2.16　Arria™ GX FPGA 支持的协议

标　准	数据速率/(Gb/s)
3G 基本	3.125
SD, HD, 3G SDI	0.27, 1.488, 2.97
PCI Express 1.1 (×1, ×4)	2.5
Serial RapidIO® (1×, 4×)	1.25, 2.5
Serial RapidIO (1×)	3.125
公共射频接口(CPRI)	1.23, 2.5, 3.072
开放式基站架构联盟 (OBSAI)	0.768, 1.536, 3.072
千兆以太网	1.25
XAUI	3.125
SerialLite Ⅱ	3.125
SGM Ⅱ	1.25

表 2.17 列出了 Arria™ GX 系列器件的特性。

表 2.17　Arria™ GX 系列器件的特性

特性	EP1AGX20	EP1AGX35		EP1AGX50		EP1AGX60			EP1AGX90
收发器通道	4	4	8	4	8	4	8	12	12
等价逻辑单元 (LE)	21 580	33 520		50 160		60 100			90 220
存储器总容量/b	1 229 148	1 348 416		2 475 072		2 528 640			4 477 824
18 bit × 18 bit 乘法器	40	56		104		128			176
PLL	4	4		4	4, 8	4		8	8

2.2.7　Excalibur™ 系列器件

Altera 公司的 Excalibur™ 是基于 ARM*和 MipS™ 的嵌入式处理器 PLD，该系列提供 166 MI/S 及以上的处理能力，是一种可编程单芯片系统(SOPC)，集逻辑、存储及嵌入式处理器于单片可编程逻辑器件之上。其中包含有 Altera 的软核嵌入式处理器 Nios，Nios 是特别为可编程逻辑而开发的，可允许把多块 Nios 嵌入式处理器放到单一器件上，为极苛求的应用带来更高的设计功率和最高的灵活性。

2.3　其他可编程逻辑器件

除 Altera 公司外，全球范围内生产可编程器件的公司还有 Xilinx、Lattice、Actel QuickLogic Atmel 等，本节对规模较大的 Xilinx 和 Lattice 公司的产品进行简单介绍。

2.3.1　Xilinx 公司的器件产品

Xilinx 公司成立于 1984 年，是 FPGA 的发明者。1999 年 Xilinx 收购了 Philips 的 PLD 部门，成为了最大的可编程逻辑器件供应商之一，总部位于美国加州圣约瑟。Xilinx 公司的产品种类较全，其主流高密度 PLD 产品有属于 CPLD 的 XC9500、CoolRunner 系列和属于 FPGA 的 Virtex5、Spartan、XC4000、XC3000 及 XC5200 等系列。以下分别介绍 Xilinx 公司的 FPGA 和 CPLD 产品。

1. Virtex 系列 FPGA

Virtex 系列器件是高速、高密度的 FPGA，至今已有五代产品，分别是 Virtex/E/EM 系列、Virtex-II 系列、Virtex-II Pro 系列、Virtex4 系列、Virtex5 系列。

Virtex5 系列是所有系列中最先进的，采用 65 nm ExpressFabric 三栅极氧化层技术制造，使用了真正的 6 输入 LUT，将性能提升了两个速度级别；550 MHz 时钟技术能够实现灵活的控制，新型时钟管理管道(Clock Management Tile)保证了低时钟抖动；具有 100 Mb/s～3.75 Gb/s 收发器、集成式接口模块，内置 RocketIO GTX 收发器，能实现灵活的 SERDES 和 DFE 接收均衡，达到 150 Mb/s～6.5 Gb/s 的传输速度性能；内置有 PCIe®和以太网支持的桥接协议，以及丰富的通过预验证的 IP 库；采用 ChipSync 技术的 1.25 Gb/s SelectIO 并行 I/O，可以简化源同步接口；内置 550 MHz、36Kb Block RAM/FIFO，具有误差检验与校正(ECC)功能；具有 25×18 个乘法器的 550 MHz DSP48E Slices，可以实现 DSP 加速；增强型配置电路，支持商用 Flash 存储器，简化了系统重配置，还包含第五代设计安全，从而保护了知识产权；利用 65 nm ExpressFabric 技术和低功耗 IP 模块将动态功耗降低了 35%。

2. Spartan-3 系列器件

Spartan-3 系列器件是第三代高容量的 FPGA。它包含以下 5 个子系列：

Spartan-3A DSP FPGA：适用于 DSP 应用；

Spartan-3AN FPGA：适用于非易失性应用；

Spartan-3A FPGA：适用于 I/O 优化应用；

partan-3E FPGA：适用于逻辑优化应用；

Spartan-3 FPGA：适用于最高密度和引脚数的应用。

Spartan-3 系列器件使用硬件功耗管理，支持休眠模式和待机模式，最多可以将功耗降低 99%，独特的 Device DNA 序列号有助于防止设计克隆、未授权过度构建和反向工程，同时还有隐藏比特流功能，保护了设计者的知识产权。

Spartan-3 器件集成了高达 11 Mb 的用户 Flash，集成 XtremeDSP™ DSP48A Slice 18 bit $\times$ 18 bit、二进制补码乘法器，具有完全准确的 36 位结果，符号可以扩展到 48 位，内置的预加法器可以为使用的每个 DSP48A 节省 9 个逻辑 Slice，内置高达 520 Kb 的分布式 SelectRAM™ +存储器和高达 1.87 Mb 的嵌入式 Block RAM。

Spartan-3 系列器件的单位 CLB 中包含 4 个 Slice，2 个用来实现存储器功能，2 个用来实现逻辑功能。每个 CLB 中包含一个 16∶1 的多路复用器。

Spartan-3 系列器件内置多达 8 个数字时钟管理器(DCM)，可以很灵活地产生 5～333 MHz 的频率。

Spartan-3 系列器件广泛支持其他商用 Flash 存储器配置 FPGA，可以实现成本最低的配置。

3. XC9500 系列 CPLD

XC9500 系列 CPLD 被广泛地应用于通信、网络和计算机等产品中。该系列器件采用快闪存储技术(Fast Flash)，比 E2CMOS 工艺的速度更快，功耗更低。目前，Xilinx 公司的 XC9500 系列 CPLD 引脚到引脚的延时最低为 4 ns，宏单元数达到 288 个，系统时钟可达到 200 MHz。XC9500 器件支持 PCI 总线规范和 JTAG 边界扫描测试功能，具有在系统可编程(ISP)能力。该系列有 XC9500、XC9500XV 和 XC9500XL 三种类型，内核电压分别为 5 V、2.5 V 和 3.3 V。引脚作为输入可以接受 3.3 V、2.5 V、1.8 V 和 1.5 V 等几种电压，作为输出可以配置为 3.3 V、2.5 V、1.8 V 等电压。

器件支持在系统编程和 JTAG 边界扫描测试功能，可以反复编程达 10 000 次，编程数据可以保持 20 年。集成度为 36～288 个宏单元，800～6400 个可用门，器件有不同的封装形式。

4. CoolRunner Ⅱ 系列 CPLD

CoolRunner Ⅱ 系列 CPLD 是一款 100%数字核的 CPLD，包含 32～512 个宏单元，使用 1.8 V 核心电源电压，以及 1.8 V 和 3.3 V I/O 电压，具有 4 级设计安全性，采用 DataGATE 信号阻塞技术，比传统 CPLD 功耗降低 99%，待机功耗低至 28.8 μW，最高工作频率为 323 MHz。

5. Xilinx FPGA 配置器件 SPROM

SPROM(Serial PROM)是用于存储 FPGA 配置数据的器件。Xilinx 公司的 SPROM 器件主要包括 XCl8V00 和 XCl7S00 系列。XCl8V00 主要用来配置 XC4000 和 Virtex 等 FPGA 器件，XCl7S00 则主要用来配置 Spartan 和 Spartan-XL 器件。

2.3.2　Lattice 公司的器件产品

Lattice 是 ISP 技术的发明者，为第三大可编程逻辑器件供应商。其开发软件为 isp Design EXPERT，ispEXPERTSystem 是 ispEXPERT 的主要集成环境。在 ispEXPERTSystem 中可以进行 VHDL、Verilog HDL 及 ABEL 的设计输入、综合、适配、仿真和在线下载。

Lattice 公司的主要器件系列有 ispLSI 系列、ispPAC 可编程模拟芯片和 ispDAL/PAL 系列。下面主要介绍使用较多的 ispLSI 系列。

ispLSI 为 EEPROM 工艺的 PLD。目前 Lattice 公司生产的 ispLSI 器件分为 6 个系列，即 ispLSI1000/E 系列、ispLSI2000/E/V/VE 系列、ispLSI3000 系列、ispLSI5000V 系列、ispLSI6000 系列和 ispLSI8000 系列。这些器件在用途上有一定的侧重点，在结构和性能上存在细微的差异，有的速率快，有的密度高，有的成本低，适用对象具有针对性。在使用时，应当根据各系列器件的特点和适用范围来选择。

ispLSI 系列器件的集成度为 1000～25 000 门，引脚到引脚的延时最小可达 3.5 ns，系统工作速度最高可达 180 MHz。器件具有在线可编程和边界扫描测试功能，适合在计算机、仪器仪表、通信、雷达、DSP 系统和遥测系统中使用。ISP 技术可以使用户在自行设计的目标系统中对逻辑器件进行编程或者反复改写。ISP 技术为用户提供了传统技术无法达到的灵活性，可以大大缩短电子系统的设计周期，简化生产流程，降低生产成本，并可在现场对系统进行逻辑重构和升级。ISP 技术使硬件随时能够改变组态，实现了硬件设计的软件化。

　　Lattice 公司的 ispLSI 器件既有 PLD 的性能和特点，又有现场可编程逻辑阵列(FPGA)的高密度和灵活性。它强有力的结构能够实现各种逻辑功能，其中包括寄存器、计数器、多路选择、译码器和复杂状态机等，能够满足对高性能系统逻辑的需求，广泛适用于各个领域。

　　ispLSI 器件的编程方便简单，使用 ISP 编程电缆和下载的 ISP 软件就可以完成编程工作。在连接时，编程电缆一端连接在电脑的并口上，一端连接在被编程器件所在电路板的 ISP 接口上。为配合其 PLD 的使用和开发，Lattice 公司推出了数字系统设计软件 ispEXPERT，它的设计输入可以采用原理图、硬件描述语言和混合输入三种方式；能对所设计的数字电子系统进行功能仿真和时序仿真的设计检验；能对设计结果进行逻辑优化，将逻辑映射到器件中去，自动完成布局并生成编程所需要的标准熔丝图 JED 编程文件。最后可以随时通过连接电缆，将编程文件下载到器件中去。

第 3 章　Quartus Ⅱ 7.2 简介

Quartus Ⅱ是 Altera 公司提供的 EDA 设计工具。作为当今业界最优秀的 EDA 设计工具之一，该工具软件为 Altera 公司的器件能达到最高性能和集成度提供了保证。Quartus Ⅱ系统提供了一种与结构无关的设计环境，它使得 Altera 通用可编程逻辑器件的设计者能方便地进行设计输入、快速处理和器件编程。

Quartus Ⅱ具有开放式的界面，可以方便地与其他标准的 EDA 设计输入、综合及校验工具连接，设计者无需精通器件内部的复杂结构，即可用自己熟悉的标准的设计描述方式(如原理图输入或高级行为语言)进行设计，Quartus Ⅱ把这些设计转换成最终结构所需的格式。由于有关结构的详细知识已装入开发工具，因此设计者不需手工优化自己的设计。同时 Quartus Ⅱ提供了丰富的逻辑功能库供设计人员调用，其中包括 74 系列全部器件的等效宏功能库和多种特殊的宏功能(MacroFunction)模块以及参数化的宏功能(MageFunction)模块。Quartus Ⅱ还允许设计人员自定义宏功能模块，这样，设计人员可充分利用已有的设计，大大减少了设计的工作量，成倍缩短开发周期，因此设计效率非常高。

3.1　Quartus Ⅱ 7.2 的设计步骤

Quartus Ⅱ是基于项目的 EDA 设计平台，使用 Quartus Ⅱ软件进行数字电路设计的过程包括新建项目、设计描述、设计输入、设计编译、功能仿真验证、时序仿真验证、器件编程和系统验证等几个步骤，如图 3.1 所示。其中前六个步骤不需要硬件支持，在一台计算机上即可完成。如果在设计过程的任何一步发现设计缺陷，都可以很方便地修改，重新进行编译仿真。通过时序仿真验证，设计者能发现许多直接在硬件上难以发现的问题，极大地提高了产品的可靠性。

新建项目就是建立新的工程。Quartus Ⅱ软件将工程信息存储在 Quartus Ⅱ工程配置文件(.quartus)中，它包含有关 Quartus Ⅱ工程的所有信息，如设计文件、波形文件、SignalTap® Ⅱ文件、内存初始化文件以及构成工程的编译器、仿真器和软件构建设置。可以使用 New Project

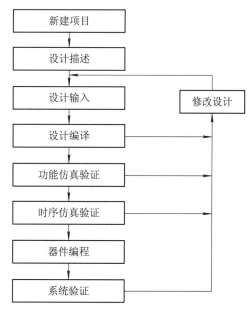

图 3.1　使用 Quartus Ⅱ 的设计过程

Wizard(File 菜单)，建立新工程并指定目标器件或器件系列。

设计输入过程由 Quartus Ⅱ 的设计输入部分完成，用户可以采用原理图文件(*.bdf)方式、硬件描述语言文件 (*.vhd、*.v)方式和第三方 EDA 工具生成的设计网表文件(*.edn、*.edf、*.xnf)方式等。这些设计输入方式各有特点，原理图文件或时序波形文件具有直观、方便的优点，常用来对简单的逻辑结构进行描述；对于复杂的系统设计，通常采用 AHDL 或 VHDL 或 Verilog HDL 等硬件描述语言文件进行输入。在设计输入过程中，还可以使用 Assignment Editor、Settings 对话框(Assignments 菜单)、Floorplan Editor 或 LogicLock™功能指定初始设计的约束条件。

设计编译过程主要由 Quartus Ⅱ 系统中的设计编译模块完成。系统编译模块自动对设计实体进行网表提取、数据库建立、逻辑综合、模块划分、器件适配、时间 SNF 提取和装配操作，并生成相应的报告文件 (*.rpt)、时序信息文件(*.snf)和器件编程文件(*.pof、*.sol、*.jed)，以供分析、仿真和器件编程使用，同时完成初步的时序分析工作。

设计校验过程由 Quartus Ⅱ 系统中的波形编辑器、仿真模块和时间分析模块完成。其中仿真模块提供功能仿真和时序仿真两种仿真模式。功能仿真是在不考虑器件延时的情况下，对设计项目进行的模拟项目验证方法，又称前仿真。通过功能仿真能验证设计逻辑的正确性。时序仿真是在考虑设计项目的具体适配器件的各种延时的情况下，对设计项目进行的模拟项目验证方法，又称后仿真。时序仿真真正模拟实际器件工作的时序波形。在编程前必须对器件进行全面的检测，分析在最坏条件下器件的运行情况，以确保器件的稳定工作。

当一切都符合要求时，就可以使用编程文件、Programmer 和 Altera 硬件编程器对器件进行编程；或将编程文件转换为其他文件格式，以供嵌入式处理器等其他系统使用。

在设计过程中，还可以使用 SignalTap® Ⅱ Logic Analyzer、SignalProbe™功能或 Chip Editor 对设计进行调试，使用 Chip Editor、Resource Property Editor 和 Change Manager 进行工程更改管理。

3.2　Quartus Ⅱ 7.2 的安装

3.2.1　Quartus Ⅱ 7.2 的版本分类

Quartus Ⅱ 目前的版本为 7.2 版，根据获取途径的不同，可分为 Quartus Ⅱ 7.2 订购版和 Quartus Ⅱ 7.2 网络版。

Quartus Ⅱ 7.2 订购版可以从 Altera 的代理商或者网站上购买，它可用于系统级设计、嵌入式软件编程、FPGA 和 CPLD 设计、综合、布局布线、验证以及器件编程。Quartus Ⅱ 7.2 订购版支持 Altera 的最新器件系列。Quartus Ⅱ 7.2 网络版是免费版本，可以从 Altera 公司的官方网站(www.altera.com)上下载，由于是免费的版本，因此相对于订购版，在功能上作了一些限制，仅对流行的 Cyclone™ Ⅱ 、Cyclone、MAX Ⅱ 、Stratix Ⅱ 、Stratix、Excalibur™、APEX™ Ⅱ 、APEX20KE、FLEX® 10KE、FLEX10KA、FLEX10K、ACEX1K、FLEX 6000、MAX7000B、MAX7000AE、MAX7000S 和 MAX3000A 器件提供入门级支持。

3.2.2　Quartus Ⅱ 7.2 的安装要求

安装 Quartus Ⅱ 7.2 网络版软件所要求的系统最小配置如下。

(1) Pentium Ⅱ　PC 400 MHz 或者更快主频的 CPU。

(2) Microsoft Windows XP 或者 Windows 2000 操作系统。

(3) 具有以下一个或多个硬件端口：

① 使用 USB-Blaster 或者 MasterBlaster 通信电缆的 USB 端口(仅对 Windows 2000 和 Windows XP)；

② 使用 EthernetBlaster 通信电缆的以太网端口；

③ 使用 ByteBlaster Ⅱ、ByteBlasterMV 或者 ByteBlaster 并口下载电缆的并行端口；

④ 使用 MasterBlaster 通信电缆的串行端口。

由于采用了先进的布局布线算法，因此 Quartus Ⅱ 7.2 软件对存储器的要求相对是较低的。

表 3.1 描述了编译 Stratix Ⅲ L 系列 FPGA 所需的存储器容量，表 3.2 描述了编译 Cyclone Ⅲ系列 FPGA 所需的存储器容量。

表 3.1　编译 Stratix Ⅲ L 系列 FPGA 所需的存储器容量

器件	Windows				Unix/Linux			
	32 位		64 位		32 位		64 位	
	典型	最大	典型	最大	典型	最大	典型	最大
EP3S50	1.0 GB	1.5 GB	1.5 GB	2.0 GB	1.0 GB	1.5 GB	1.5 GB	2.0 GB
EP3S70	1.0 GB	1.5 GB	1.5 GB	2.0 GB	1.0 GB	1.5 GB	1.5 GB	2.0 GB
EP3S110	1.5 GB	2.0 GB	2.0 GB	3.0 GB	1.5 GB	2.0 GB	2.0 GB	3.0 GB
EP3S150	1.5 GB	2.0 GB	2.0 GB	3.0 GB	1.5 GB	2.0 GB	2.0 GB	3.0 GB
EP3S200	2.0 GB	3.0 GB	3.0 GB	4.0 GB	2.0 GB	3.0 GB	3.0 GB	4.0 GB
EP3S260	3.0 GB	4.0 GB	4.0 GB	6.0 GB	3.0 GB	4.0 GB	4.0 GB	6.0 GB
EP3S340	3.5 GB	4.0 GB	5.0 GB	8.0 GB	3.5 GB	4.0 GB	5.0 GB	8.0 GB

表 3.2　编译 Cyclone Ⅲ 系列 FPGA 所需的存储器容量

器件	Windows				Unix/Linux			
	32 位		64 位		32 位		64 位	
	典型	最大	典型	最大	典型	最大	典型	最大
EP3C5	256 MB	384 MB	384 MB	512 MB	256 MB	384 MB	384 MB	512 MB
EP3C10	256 MB	384 MB	384 MB	512 MB	256 MB	384 MB	384 MB	512 MB
EP3C16	256 MB	384 MB	384 MB	512 MB	256 MB	384 MB	384 MB	512 MB
EP3C25	384 MB	512 MB	512 MB	768 MB	384 MB	512 MB	512 MB	768 MB
EP3C40	512 MB	768 MB	512 MB	1.0 GB	512 MB	768 MB	512 MB	1.0 GB
EP3C55	768 MB	1.0 GB	1.0 GB	1.5 GB	768 MB	1.0 GB	1.0 GB	1.5 GB
EP3C80	768 MB	1.0 GB	1.0 GB	1.5 GB	768 MB	1.0 GB	1.0 GB	1.5 GB
EP3C120	1.0 GB	1.5 GB	1.5 GB	2.0 GB	1.0 GB	1.5 GB	1.5 GB	2.0 GB

　　Quartus Ⅱ 7.2 支持一个物理封装中的多个处理器内核(例如，Intel Core 2 Duo 处理器系列)和一台计算机中的多个处理器(例如，Intel Dual Core 计算机)硬件配置的并行处理，可实现多个处理器对单个设计的编译，编译时间可以缩短 20%。

3.2.3　Quartus Ⅱ 7.2 的安装过程

　　下面以 Quartus Ⅱ 7.2 在 Windows 2000 操作系统上的安装方法为例进行介绍。

　　(1) 插入 Quartus Ⅱ 7.2 安装光盘，打开光盘目录，双击"Setup.exe"图标，启动 Quartus Ⅱ 7.2 的安装进程，打开如图 3.2 所示的"Quartus Ⅱ 7.2 Setup"窗口，显示欢迎信息。

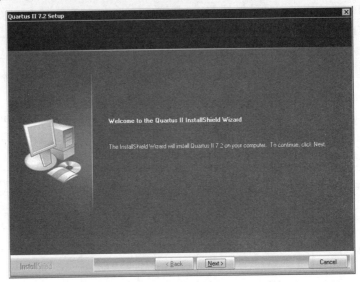

图 3.2　"Quartus Ⅱ 7.2 Setup"窗口

　　(2) 单击"Quartus Ⅱ 7.2 Setup"窗口中的"Next"按钮，打开如图 3.3 所示的"Quartus Ⅱ 7.2 Setup"窗口，显示软件安装协议。

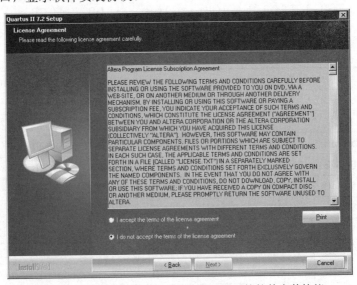

图 3.3　"Quartus Ⅱ 7.2 Setup"窗口显示的软件安装协议

　　(3) 仔细阅读协议内容，确认后，选择"I accept the terms of the license agreement"单选项，然后单击"Next"按钮，打开如图 3.4 所示的"Quartus Ⅱ 7.2 Setup"窗口，显示用户信息设置界面。

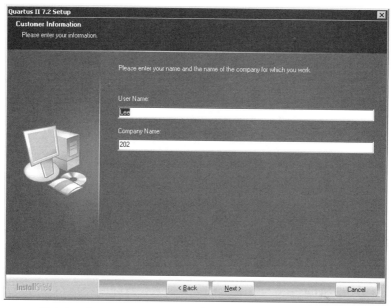

图 3.4　"Quartus Ⅱ 7.2 Setup"窗口显示的用户信息设置界面

　　(4) 在"User Name"编辑框内输入用户的姓名，在"Company Name"编辑框内输入所在公司或者开发团队的名称，单击"Next"按钮，打开如图 3.5 所示的"Quartus Ⅱ 7.2 Setup"窗口，显示安装路径设置界面。

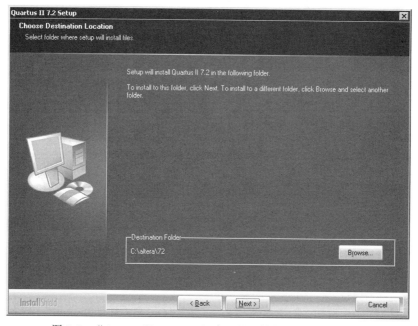

图 3.5　"Quartus Ⅱ 7.2 Setup"窗口显示的安装路径设置界面

(5) 单击"Browse"按钮，打开如图 3.6 所示的"Choose Folder"对话框。

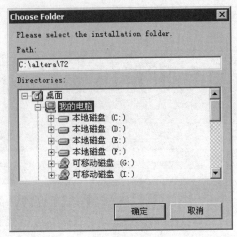

图 3.6　　"Choose Folder"对话框

(6) 在"Choose Folder"对话框中的"Directories"树形列表中选择一个已存在的文件夹，作为安装文件夹，或者直接在"Path"编辑框内输入安装路径，然后单击"确定"按钮，关闭"Choose Folder"对话框。单击安装路径设置界面中的"Next"按钮，打开如图 3.7 所示的"Quartus Ⅱ 7.2 Setup"窗口，显示程序文件夹设置界面。

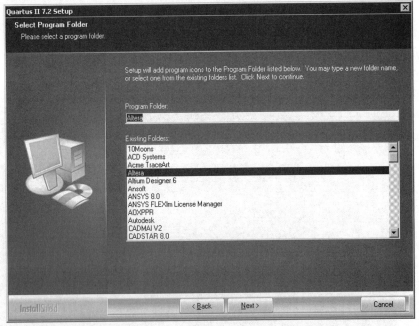

图 3.7　　"Quartus Ⅱ 7.2 Setup"窗口显示的程序文件夹设置界面

程序文件夹设置界面用于设置 Quartus Ⅱ 7.2 的启动快捷命令图标在桌面上的"开始"→"程序"菜单中的位置，建议采用默认的设置。

(7) 单击"Next"按钮，打开如图 3.8 所示的"Quartus Ⅱ 7.2 Setup"窗口，显示安装类型选择界面。

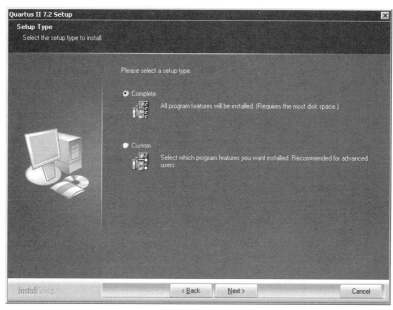

图 3.8　"Quartus Ⅱ 7.2 Setup"窗口显示的安装类型选择界面

"Quartus Ⅱ 7.2 Setup" 窗口显示的安装类型选择界面提供了两种安装类型：
"Complete"类型即完全安装类型，该类型会安装 Quartus Ⅱ 7.2 提供的所有安装组件，所需的磁盘空间最大，磁盘空间充足的用户可以选择此类安装类型；"Custom"类型是用户自定义类型，选择该类型后，用户可以有选择地安装，减小对磁盘空间的占用，适合磁盘空间有限的用户选择。

(8) 选择"Custom"单选项，单击"Next"按钮，打开如图 3.9 所示的"Quartus Ⅱ 7.2 Setup"窗口，显示安装组件选择界面。

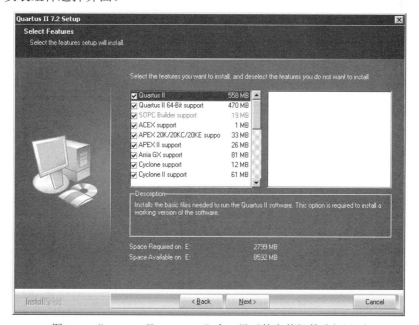

图 3.9　"Quartus Ⅱ 7.2 Setup"窗口显示的安装组件选择界面

(9) 在安装组件选择界面中左侧的组件列表中勾选需要安装的组件，主要是对器件的支持，在列表下方将会同时计算安装所需的磁盘空间。选择完成后，单击 "Next" 按钮，打开如图 3.10 所示的 "Quartus Ⅱ 7.2 Setup" 窗口，显示安装文件拷贝界面。

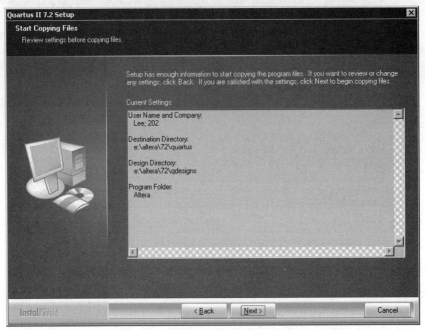

图 3.10　"Quartus Ⅱ 7.2 Setup" 窗口显示的安装文件拷贝界面

(10) 检查安装文件拷贝界面中的安装信息，确认后，单击 "Next" 按钮，显示如图 3.11 所示的安装背景，弹出如图 3.12 所示的 "Quartus Ⅱ 7.2 Setup" 进度条，开始复制安装文件。

图 3.11　安装背景

图 3.12　"Quartus Ⅱ 7.2 Setup"进度条

(11) 文件复制完毕后，系统弹出如图 3.13 所示的信息栏，表示开始安装注册表项和编程器的驱动程序。

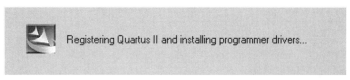

图 3.13　信息栏

(12) 注册表和驱动程序安装完毕后，弹出如图 3.14 所示的"Question"消息框，询问用户是否创建桌面快捷方式，单击"是(Y)"按钮，创建桌面快捷图标。

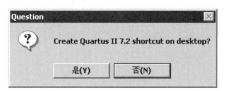

图 3.14　"Question"消息框

(13) 桌面快捷图标创建完成后，弹出如图 3.15 所示的"Quartus Ⅱ TalkBack"对话框。该对话框提示用户是否开启 Quartus Ⅱ 的消息反馈功能，如果开启该功能，则运行 Quartus Ⅱ 软件时，该软件会向 Altera 公司发送一些信息，用于 Altera 公司统计产品的使用情况，便于改进产品。

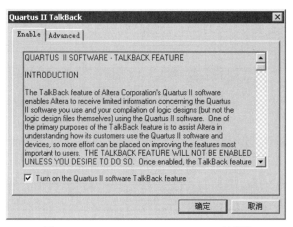

图 3.15　"Quartus Ⅱ TalkBack"对话框

(14) 根据需要设定"Turn on the Quartus Ⅱ software TalkBack feature"选项的勾选状态，单击"确定"按钮。完成安装后弹出如图 3.16 所示的"Quartus Ⅱ 7.2 Setup"窗口，显示安

装完成信息界面。

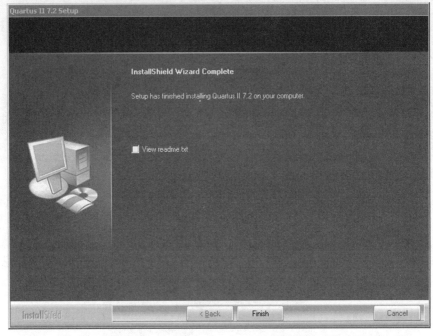

图 3.16　　"Quartus Ⅱ 7.2 Setup"窗口显示的安装完成信息界面

(15) 单击 "Finish" 按钮，即可结束安装。

3.2.4　第一次运行 Quartus Ⅱ 7.2

Quartus Ⅱ 7.2 订购版安装完毕后，插入硬件狗和授权码才能正常运行，其操作过程如下：

单击桌面的快捷图标 ![icon] 或者选择 "开始" → "程序" → "Altera" → "Quartus Ⅱ 7.2" → "Quartus Ⅱ 7.2(32-bit)" 命令，即可启动 Quartus Ⅱ 7.2 软件。

第一次启动 Quartus Ⅱ 7.2 软件时，会弹出如图 3.17 所示的 "Look & Feel" 对话框，供用户选择界面形式。

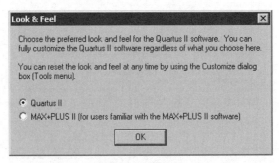

图 3.17　　"Look & Feel" 对话框

熟悉 MAX+PLUS Ⅱ 的用户可以选择 "MAX+PLUS Ⅱ" 单选项，此时 Quartus Ⅱ 的操作方式与 MAX+PLUS Ⅱ 完全相同。习惯于 Quartus Ⅱ 7.2 的用户，可以选择 "Quartus Ⅱ" 单选项，然后单击 "OK" 按钮，即可进入 Quartus Ⅱ 的界面。

3.3　Quartus Ⅱ 7.2 的结构和工作环境

3.3.1　Quartus Ⅱ 7.2 的结构

按照设计过程，Quartus Ⅱ 7.2 的结构由"设计输入"、"综合、布局布线和时序分析"、"仿真"和"器件编程"四大部分以及一些扩展开发功能组成，如图 3.18 所示。

(1)"设计输入"部分由文本编辑器，图形、符号图元编辑器，Mega插件管理器，设置编辑器和平面布置编辑器组成。这些模块可以单独使用，也可以组合起来使用，以达到设计输入的目的。

(2)"综合、布局布线和时序分析"部分主要由分析、综合模块，HDL语言编译器，布局器，时序分析模块和报告窗口构成。这些模块都属于一个模块化的编译器，用户可以一次完成基本的编译分析布局过程。

(3)"仿真"部分由仿真模块和波形编辑模块组成。利用仿真模块可实现仿真功能，利用波形编辑模块可实现仿真波形的输入和仿真报告的显示功能。

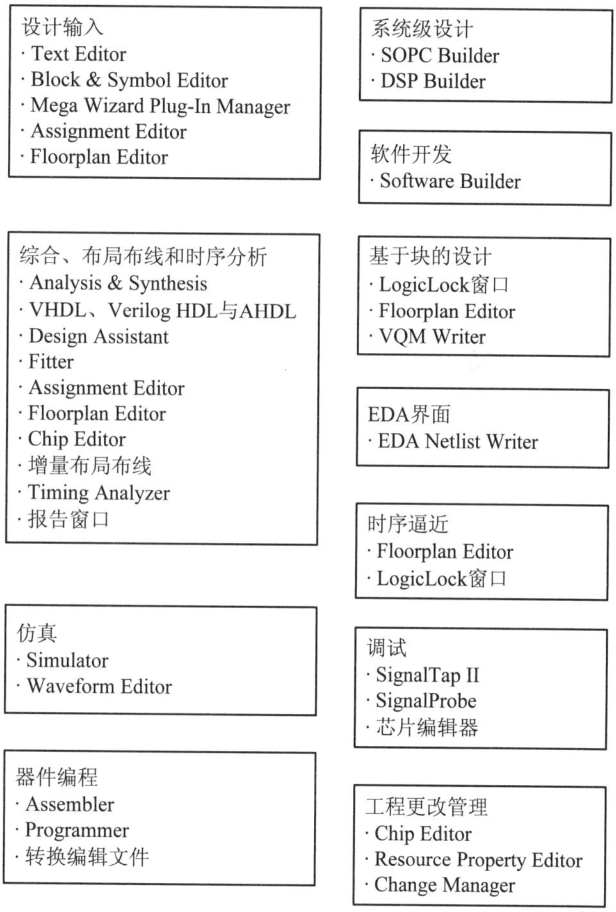

(4)"器件编程"部分由汇编模块和编程器等构成。汇编模块生成下载用的设计文件，编程器使用各类编程电缆，通过 JTAG 接口将设计文件下载到芯片内部。

设计输入
· Text Editor
· Block & Symbol Editor
· Mega Wizard Plug-In Manager
· Assignment Editor
· Floorplan Editor

系统级设计
· SOPC Builder
· DSP Builder

软件开发
· Software Builder

综合、布局布线和时序分析
· Analysis & Synthesis
· VHDL、Verilog HDL与AHDL
· Design Assistant
· Fitter
· Assignment Editor
· Floorplan Editor
· Chip Editor
· 增量布局布线
· Timing Analyzer
· 报告窗口

基于块的设计
· LogicLock窗口
· Floorplan Editor
· VQM Writer

EDA界面
· EDA Netlist Writer

时序逼近
· Floorplan Editor
· LogicLock窗口

仿真
· Simulator
· Waveform Editor

调试
· SignalTap II
· SignalProbe
· 芯片编辑器

器件编程
· Assembler
· Programmer
· 转换编辑文件

工程更改管理
· Chip Editor
· Resource Property Editor
· Change Manager

图 3.18　Quartus Ⅱ 7.2 的结构

3.3.2　Quartus Ⅱ 7.2 的工作环境

Quartus Ⅱ 7.2 中所有的功能全部集中在如图 3.19 所示的可视化操作环境"Quartus Ⅱ 7.2"窗口中。"Quartus Ⅱ 7.2"操作界面由菜单栏、工作区、快捷工具栏、项目导航视图、工作状态视图和消息视图构成。

"Quartus Ⅱ 7.2"中的菜单栏由"File"、"Edit"、"View"、"Project"、"Assignments""Processing"、"Tools"、"Window"和"Help"菜单构成，其中"Assignments"菜单如图 3.20 所示。

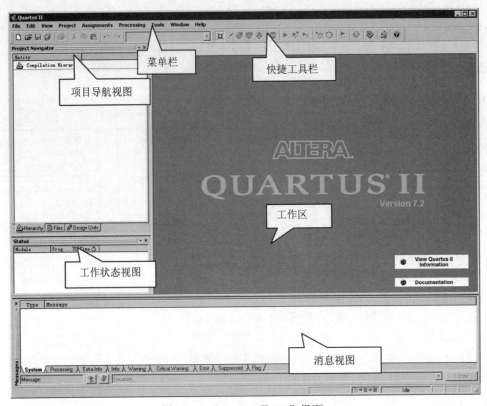

图 3.19　"Quartus Ⅱ 7.2"界面

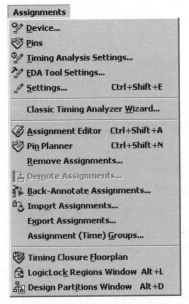

图 3.20　"Assignments"菜单

"Assignments"菜单中包含器件设置、引脚设置、时序分析设置等设置命令，Quartus Ⅱ 7.2 将有关软件的设置功能都集中在如图 3.21 所示的"Settings"对话框中实现。用户在左侧的树形列表中选择需要设置参数的类别，在右侧的设置界面中进行设置。

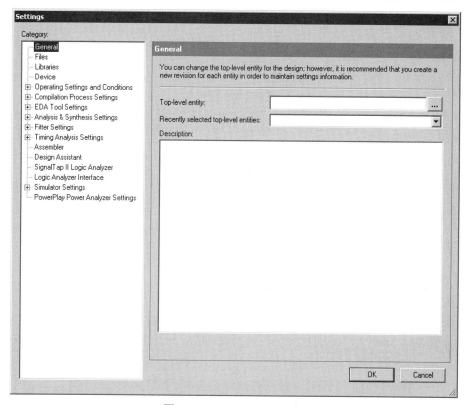

图 3.21　"Settings" 对话框

　　当需要设置设计项目的输入/输出引脚与器件物理引脚之间的关系时，可以用 "Pins"
命令，打开如图 3.22 所示的 "Pin Plan" 窗口，设置引脚。

图 3.22　"Pin Plan" 窗口

　　"Processing" 菜单如图 3.23 所示，用户在该菜单中可以完成项目的编译和仿真过程。

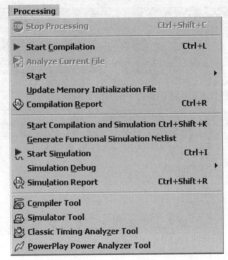

图 3.23　"Processing"菜单

当选择"Compiler Tool"命令时，将打开如图 3.24 所示的"Compiler Tool"窗口。该窗口详细罗列了"Analysis ＆ Synthesis"(分析综合)、"Fitter"(布局)、"Assembler"(汇编)和"Classic Timing Analyzer"(时序分析)四大模块功能，每个模块下各有 4 个快捷工具按钮，功能如下。

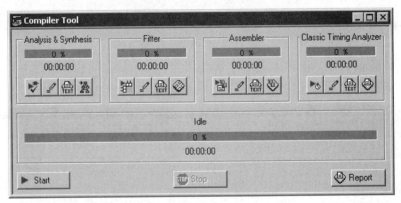

图 3.24　"Compiler Tool"窗口

(1)　"Analysis & Synthesis"模块：

表示运行分析和综合模块；

表示打开分析和综合模块设置对话框，设置分析和综合选项；

表示查看分析和综合结果报告；

表示显示设计的顶层结构图。

(2)　"Fitter"模块：

表示运行布局模块；

表示打开布局模块设置对话框，设置布局模块选项；

表示显示布局结果报告；

表示打开如图 3.25 所示的"Chip Planner"窗口，用户可以在该窗口内进行布局手动调整。

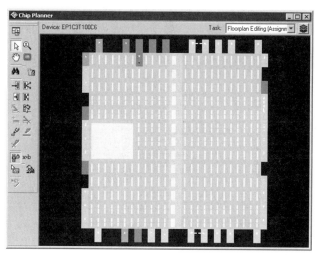

图 3.25 "Chip Planner"窗口

(3) "Assembler"模块:

表示运行汇编模块;

表示打开"Device and Pin Option"对话框,设置器件和引脚的汇编选项;

表示显示汇编结果报告;

表示打开如图 3.26 所示的编程窗口,用户可以在该窗口内将生成的文件下载到器件。

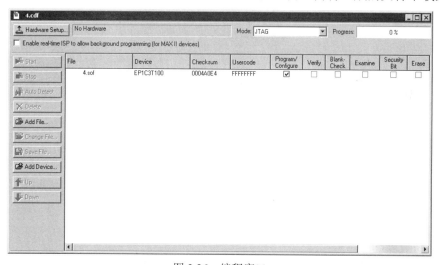

图 3.26 编程窗口

(4) "Classic Timing Analyzer"模块:

表示运行时序分析;

表示打开时序分析设置对话框,设置时序分析选项;

表示显示时序分析结果报告;

表示显示时序分析结果摘要。

单击"Start"按钮即可依次执行所有的模块,单击"Report"按钮可显示如图 3.27 所示的"Compilation Report"窗口。用户可以在该窗口中查看所有的编译结果报告。

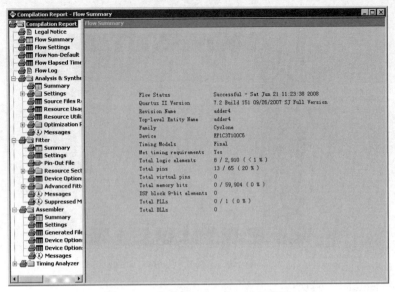

图 3.27　"Compilation Report"窗口

"Tools"菜单如图 3.28 所示，该菜单中包含大部分的辅助设计工具。

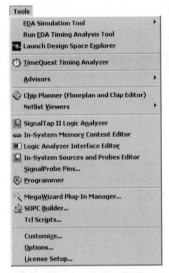

图 3.28　"Tools"菜单

　　选择"Tools"菜单中的"Advisors"菜单，将弹出如图 3.29 所示的子菜单，其中的命令可以打开相应的"Advisor"，用来显示 Quartus Ⅱ 7.2 对设计的一些建议，有利于使用者提高设计水平。如图 3.30 所示的就是"Resource Optimization Advisor"窗口，显示设计的可改进的部分。

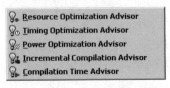

图 3.29　"Advisors"子菜单

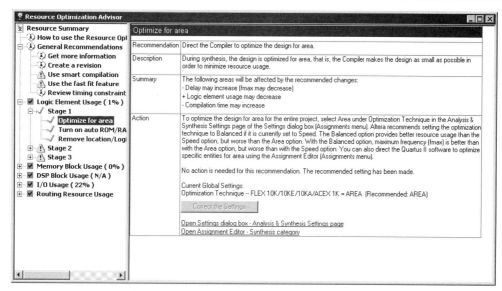

图 3.30　"Resource Optimization Advisor" 窗口

选择 "Tools" 菜单中的 "Netlist Viewer" 命令，将弹出如图 3.31 所示的 "Netlist Viewer" 子菜单，其中的命令可以打开对应的视图窗口，显示设计的逻辑结构图。如图 3.32 所示的就是设计的 "RTL Viewer" 视图窗口。

图 3.31　"Netlist Viewer" 子菜单

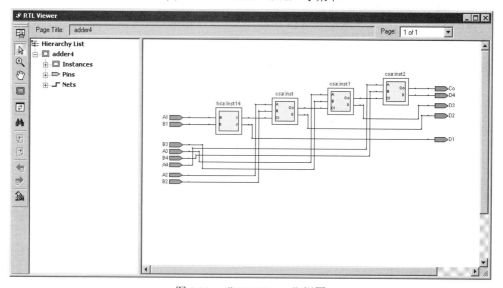

图 3.32　"RTL Viewer" 视图

选择 "Tools" 菜单中的 "SignalTap Ⅱ Logic Analyzer" 命令，将启动如图 3.33 所示的 Quartus Ⅱ 7.2 内置的 "SignalTap Ⅱ" 逻辑分析器，通过下载器件可以对硬件进行在线调试。

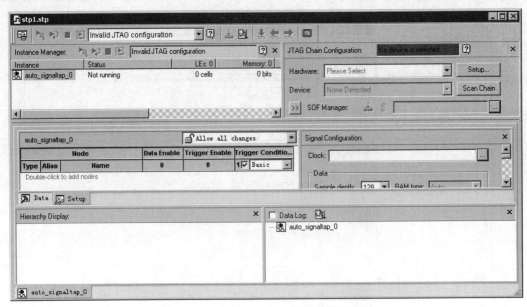

图 3.33　"SignalTap Ⅱ"逻辑分析器界面

　　SignalTap Ⅱ 逻辑分析器是第二代系统级调试工具，可以捕获和显示实时信号行为，允许观察系统设计中的硬件和软件之间的交互作用。Quartus Ⅱ 7.2 软件允许选择要捕获的信号、开始捕获信号的时间以及要捕获多少数据样。还可以选择是将数据从器件的存储器块通过 JTAG 端口路由至 SignalTap Ⅱ逻辑分析器，或是至 I/O 引脚以供外部逻辑分析器或示波器使用。每个 SignalTap Ⅱ逻辑分析器在单个器件上支持多达 1024 个通道和 128 K 数据样。

　　SignalTap Ⅱ 逻辑分析器可以使用 MasterBlaster™、ByteBlasterMV™、ByteBlaster™ Ⅱ 或 USB-Blaster 通信电缆下载配置数据到器件上。这些电缆还用于将捕获的信号数据从器件的 RAM 资源上载至 Quartus Ⅱ 7.2 软件。然后，Quartus Ⅱ 7.2 软件将 SignalTap Ⅱ逻辑分析器采集的数据以波形显示。

　　通过建立包括所有配置设置并以波形显示捕获到的信号的 SignalTap Ⅱ文件(.stp)，完成编译工程。对器件进行编程后，逻辑分析器实例均嵌入到器件上的逻辑之中。此时，用户可以使用逻辑分析器采集和分析运行数据，对设计进行调试。

第 4 章 图形输入设计方法

Quartus II 7.2 支持图形输入设计方法，用户输入系统的原理图，就可以实现数字电路的逻辑功能，其设计过程具有简洁、直观的特点。本章将通过具体的实例介绍 Quartus II 7.2 图形输入的设计方法。

4.1 4 位加法器设计实例

本节将通过一个 4 位加法器的设计实例来介绍采用图形输入方式进行简单逻辑设计的步骤。

4.1.1 4 位加法器逻辑设计

4 位加法器是一种可实现两个 4 位二进制数的加法操作的器件，其输入/输出端口如图 4.1 所示。输入为两个 4 位二进制的被加数 A 和 B，以及输入进位位 C_i，输出为一个 4 位二进制和数 D 和输出进位位 C_o。

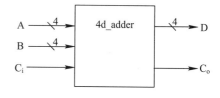

图 4.1 4 位加法器端口

4 位加法器的顶层结构如图 4.2 所示，由一个半加器和三个全加器串接而成。工作时，首先是低位 A_1 与 B_1 两位数相加，得出最低位的和数 D_1 和进位位 C_1，然后第二位加数 A_2、B_2 以及第一位全加运算后的进位输出 C_1 进行全加操作，得到和数的第二位 D_2 和进位位 C_2，依次类推，最终获得 4 位和数 D_4 和进位位 C_o。

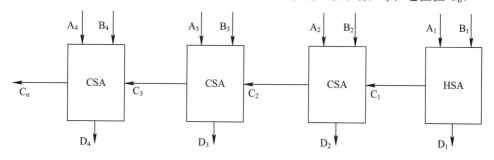

图 4.2 4 位加法器的顶层结构

半加操作就是求两个加数 A、B 的和，输出本位和数 S 及进位数 C，其逻辑状态如表 4.1 所示。

表 4.1　半加器逻辑状态表

A	B	C	S
0	0	0	0
0	1	0	1
1	0	0	1
1	1	1	0

由逻辑状态表可写出逻辑式：

$$S = A\overline{B} + B\overline{A} = A \oplus B = \overline{A \odot B}$$

$$C = AB$$

由逻辑式可获得如图 4.3 所示的逻辑图。

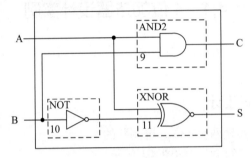

图 4.3　半加器逻辑结构

每个全加器有 3 位输入，分别是加数 A、B 和一个进位位 C_i。将这三个数相加，得出本位和数(全加和数)D 和进位数 C_o。这个过程称为"全加"，全加器的逻辑状态如表 4.2 所示。

表 4.2　全加器的逻辑状态表

A	B	C_i	C_o	D
0	0	0	0	0
0	0	1	0	1
0	1	0	0	1
0	1	1	1	0
1	0	0	0	1
1	0	1	1	0
1	1	0	1	0
1	1	1	1	1

全加器如图 4.4 所示，由两个半加器和一个"或"门组成。

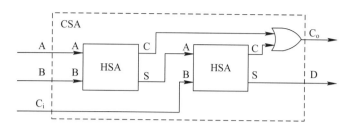

图 4.4　全加器逻辑结构

　　工作时 A 和 B 在第一个半加器中相加，得出的结果再和 C_i 在第二个半加器中相加，即得出全加和 D。两个半加器的进位数通过"或"门输出作为本位的进位数 C_o。

4.1.2　半加器模块设计过程

　　在进行半加器模块逻辑设计时，采用由上至下的设计方法，在进行设计输入时，需要由下至上分级输入，本节将介绍使用 Quartus Ⅱ 7.2 "Graphic Editor"进行设计输入的步骤。

　　(1) 双击桌面上的 Quartus Ⅱ 7.2 快捷图标，打开如图 4.5 所示的"Quartus Ⅱ"窗口。

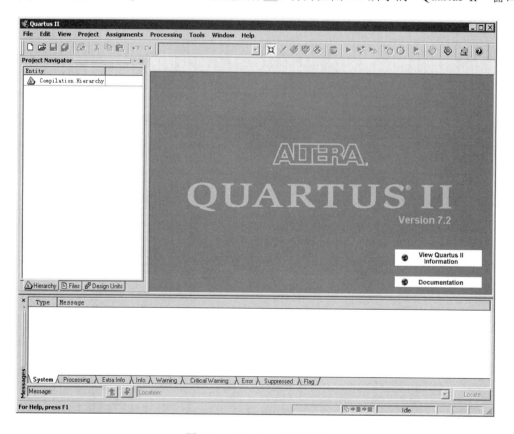

图 4.5　"Quartus Ⅱ"窗口

　　(2) 选择如图 4.6 所示的"File"→"New Project Wizard…"命令，打开如图 4.7 所示的"New Project Wizard：Introduction"对话框。

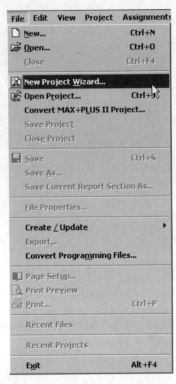

图 4.6　选择"File"→"New Project Wizard…"命令

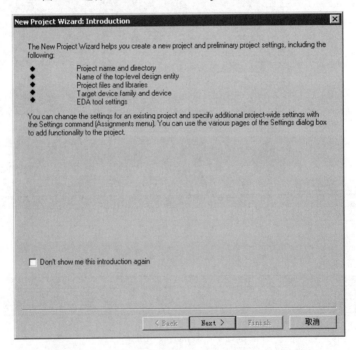

图 4.7　"New Project Wizard：Introduction"对话框

(3) 在如图 4.7 所示的对话框中单击"Next"按钮，打开如图 4.8 所示的"New Project Wizard：Directory，Name，Top-LevelEntity[page 1 of 5]"对话框。

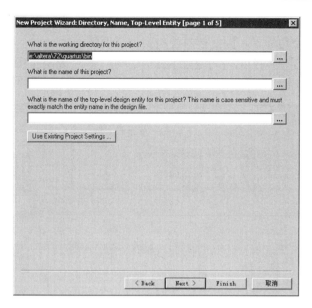

图 4.8　"New Project Wizard：Directory，Name，Top-LevelEntity[page 1 of 5]"对话框

(4) 在如图 4.8 所示的对话框中的 "What is the working directory for this project？"编辑框内输入新建项目的地址路径，本例中设置路径为 "d:\example"。在 "What is the name of this project?"编辑框内输入项目的名称，本例中设置项目名称为 "hsa"。在 "What is the name of the top-level design entity for this project? This name is case sensitive and must exactly match the entity name in the design file"编辑框内输入设计实体的名称，本例中设置设计实体的名称为 "hsa"，单击 "Next"按钮，打开如图 4.9 所示的 "New Project Wizard：Add Files[page 2 of 5]"对话框。

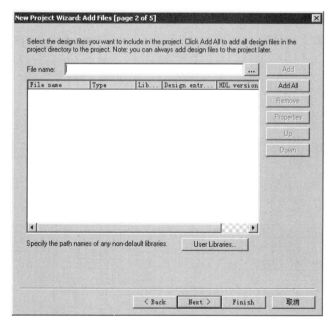

图 4.9　"New Project Wizard：Add Files[page 2 of 5]"对话框

　　"New Project Wizard：Add Files[page 2 of 5]"对话框用于向项目中添加已存在的文件，由于本例中新建的是空白项目，因此暂时没有文件需要添加。

　　(5) 在如图 4.9 所示的对话框中单击"Next"按钮，打开如图 4.10 所示的"New Project Wizard：Family & Device Settings [page 3 of 5]"对话框。

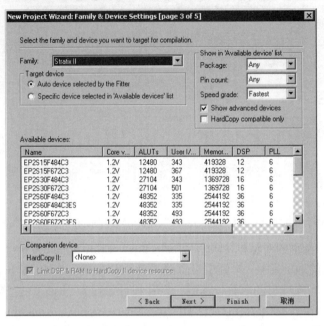

图 4.10　　"New Project Wizard：Family & Device Settings [page 3 of 5]"对话框

　　(6) 在如图 4.10 所示的对话框中的"Family"下拉列表中选择"FLEX10K"，在"Target device"区域中选择"Specific device selected in 'Available devices' list"单选项。然后在对话框下方的"Available devices"列表中选择"EPF10K10LC84-4"，单击"Next"按钮，打开如图 4.11 所示的"New Project Wizard：EDA Tool Settings [page 4 of 5]"对话框。

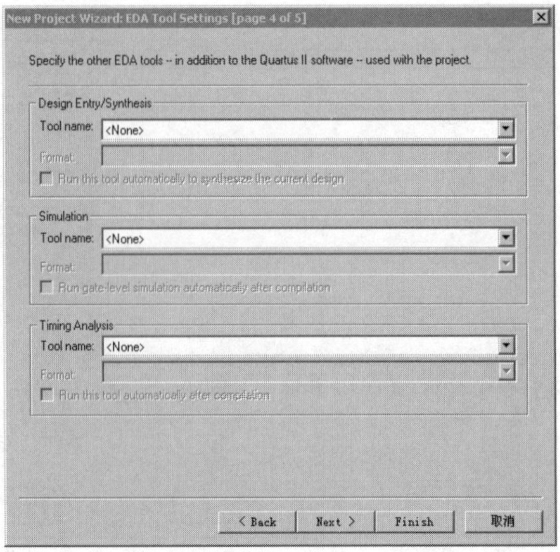

图 4.11　　"New Project Wizard：EDA Tool Settings [page 4 of 5]"对话框

"New Project Wizard：EDA Tool Settings [page 4 of 5]"对话框用于设置第三方软件。Quartus Ⅱ软件允许使用第三方软件进行综合、仿真和分析，在新建项目时就可以指定使用其他软件进行这些处理。本例中使用 Quartus Ⅱ自带的综合、仿真和分析工具，所以不需要设置该对话框中的内容。

(7) 在如图 4.11 所示的对话框中单击"Next"按钮，打开如图 4.12 所示的"New Project Wizard：Summary[page 5 of 5]"对话框。

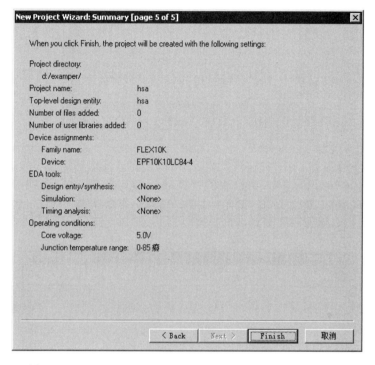

图 4.12　"New Project Wizard：Summary[page 5 of 5]"对话框

(8) 在如图 4.12 所示的对话框中单击"Finish"按钮，结束项目的新建操作。

此时 Quartus Ⅱ操作界面内的"Project Navigator"面板将显示新建的"hsa"项目，如图 4.13 所示。

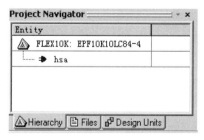

图 4.13　"Project Navigator"面板

完成了项目的新建操作后，接下来要在项目中新建图形设计文件。

(9) 单击"Quartus Ⅱ"工具栏中的新建文件工具按钮 ，打开如图 4.14 所示的"New"对话框。

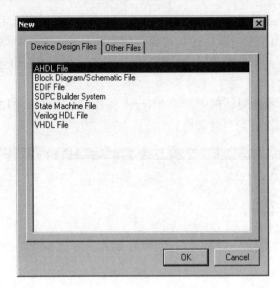

图 4.14   "New"对话框

(10) 在如图 4.14 所示的对话框中的"Device Design Files"选项卡中选择"Block Diagram/Schematic File"项,单击"OK"按钮,新建一个默认名为"Block1.bdf"的模块原理图文件,如图 4.15 所示。

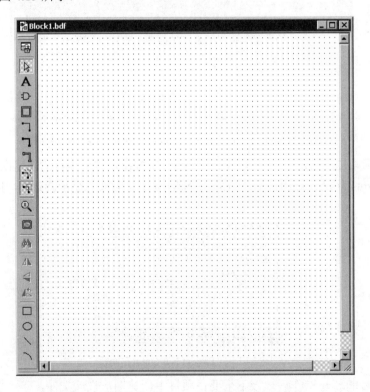

图 4.15   新建的"Block1.bdf"模块原理图文件

(11) 在图形输入工作界面中单击鼠标右键,在弹出的菜单中选择"Insert"→"Symbol"命令,打开如图 4.16 所示的"Symbol"对话框。

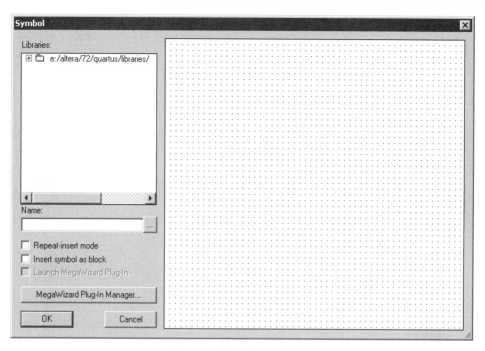

图 4.16　"Symbol" 对话框

(12) 单击如图 4.16 所示的对话框左上角的 "Libraries" 列表中的 "+" 符号，展开该树形列表，选择 "Libraries" → "primitives" → "pin" → "input" 符号，如图 4.17 所示。

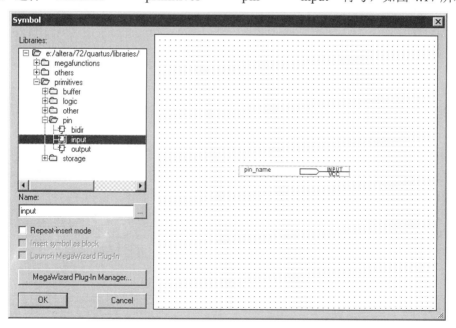

图 4.17　选择 "input" 符号

(13) 单击 "OK" 按钮，在图形输入工作区中单击鼠标左键两次，添加两个输入端口符号，如图 4.18 所示。

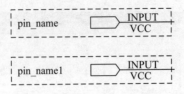

图 4.18　添加的两个输入端口

(14) 按照步骤(11)～(13)中的方法，在"Block1.bdf"文件窗口中分别添加一个"AND2"、"NOT"和"XNOR"元件符号，以及两个"OUTPUT"元件符号，如图 4.19 所示。

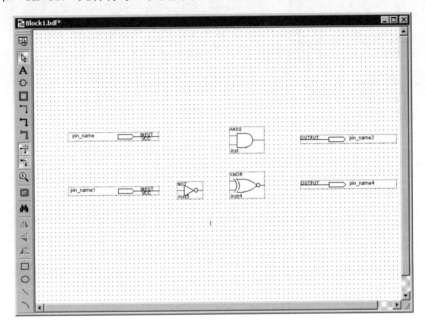

图 4.19　添加元件后的"Graphic Editor"窗口

当需要重复添加元件时，可以按住"Ctrl"键，用鼠标单击并拖动需要重复添加的元件符号至另一个位置，松开鼠标，即可复制一个相同的元件。

(15) 将鼠标移动到元件的引脚端，鼠标形状将自动变为"＋"形，单击并拖动鼠标至另一个元件符号的引脚端，生成一条连线将这两个元件引脚连接起来。按照如图 4.20 所示的半加器原理图，将"Block1.bdf"文件窗口中的元件连接起来。

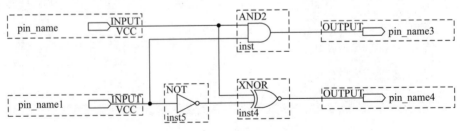

图 4.20　半加器原理图

(16) 双击图 4.20 所示工作区左上角的名称为"pin_name"的"INPUT"元件，打开如图 4.21 所示的"Pin Properties"对话框。

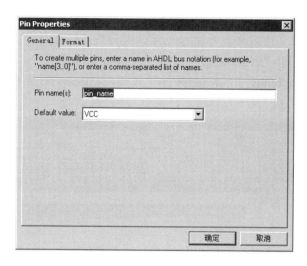

图 4.21　"Pin Properties"对话框

(17) 在"Pin Properties"对话框中的"Pin name(s):"编辑框中输入"a",单击"确定"按钮,将选中"INPUT"元件端口的名称设置为"a"。

(18) 按照步骤(17)中的方法,将"INPUT"和"OUTPUT"元件的名称改为如图 4.22 所示的自定义的引脚名称。

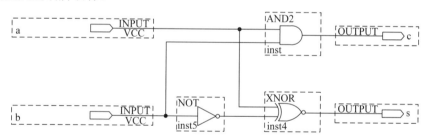

图 4.22　自定义的引脚名称

(19) 选择主菜单中的"File"→"Save"命令,打开如图 4.23 所示的"另存为"对话框。

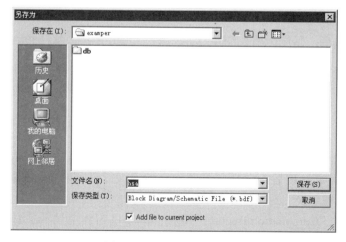

图 4.23　"另存为"对话框

(20) 在如图 4.23 所示的"另存为"对话框中的"文件名"编辑框内输入"hsa",然后单击"保存"按钮,将文件名称改为"hsa.gdf",并且将文件存盘于新建项目的文件夹中。

(21) 在主菜单中选择"Processing"→"Start Compilation"命令,系统对设计进行编译,同时打开"Compilation Report-Flow Summary"窗体,"Status"视图中将显示编译的进程,界面如图 4.24 所示。

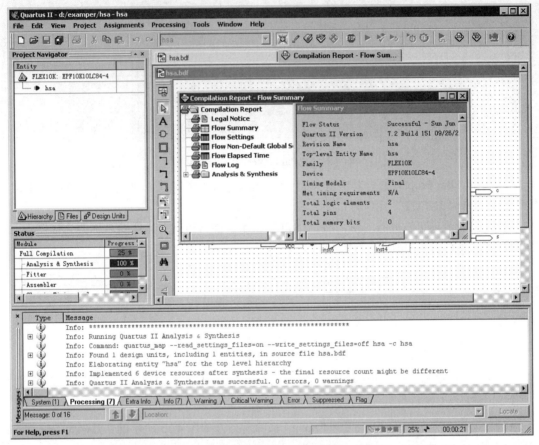

图 4.24　编译过程中的"Quartus Ⅱ"窗体

(22) 编译完成后,系统弹出如图 4.25 所示的"Quartus Ⅱ"消息框,提示编译完成。

图 4.25　"Quartus Ⅱ"消息框

(23) 单击"确定"按钮,关闭该消息框。编译完成后的"Compilation Report-Flow Summary"窗体如图 4.26 所示。

图 4.26 所示的"Compilation Report-Flow Summary"窗体中显示了编译的结果信息,通过该窗体,可知半加器单元占用 2 个逻辑单元,4 个引脚,没有占用存储单元。

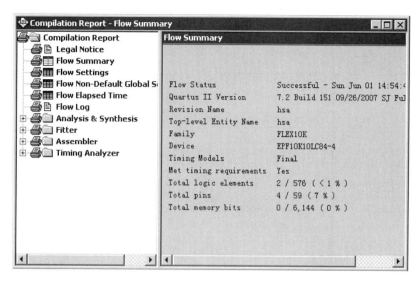

图 4.26　"Compilation Report-Flow Summary"窗体

在完成设计文件的编译后，为检验设计的正确性，下一步就是对设计进行功能校验。

(24) 在主菜单中选择"File"→"New"命令，打开"New"对话框。

(25) 单击"New"对话框中的"Other Files"选项卡标签，打开如图 4.27 所示的"Other Files"选项卡。

图 4.27　"Other Files"选项卡

(26) 在如图 4.27 所示的选项卡中选择"Vector Waveform File"选项，单击"OK"按钮，新建一个如图 4.28 所示的默认名称为"Waveform1.vwf"的波形文件。

・58・ EDA 技术入门与提高

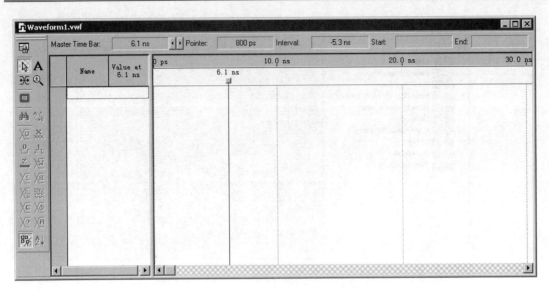

图 4.28 新建的"Waveform1.vwf"波形文件

(27) 在"Waveform1.vwf"的波形文件左侧的节点列表中单击鼠标右键，在弹出的菜单中选择"Insert"→"Insert Node or Bus…"命令(如图 4.29 所示)，打开如图 4.30 所示的"Insert Node or Bus"对话框。

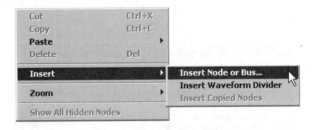

图 4.29 选择"Insert"→"Insert Node or Bus"命令

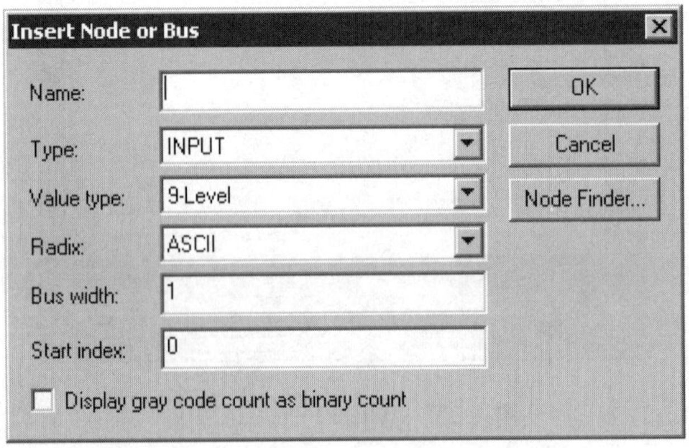

图 4.30 "Insert Node or Bus"对话框

(28) 在如图 4.30 所示的对话框中单击"Node Finder…"按钮，打开如图 4.31 所示的"Node Finder"对话框。

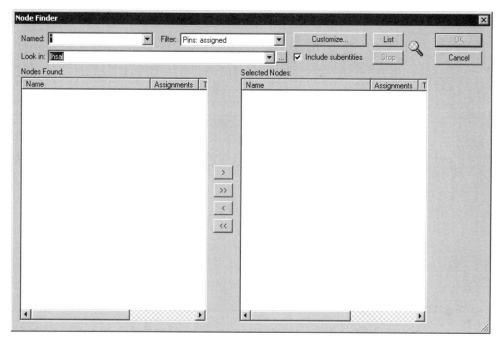

图 4.31　"Node Finder"对话框

(29) 在如图 4.31 所示的对话框中的"Filter"下拉列表中选择"Pins：all"项，单击"List"按钮，在"Nodes Found"列表中显示项目中所有的引脚节点，如图 4.32 所示。

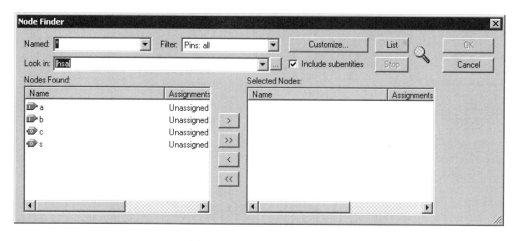

图 4.32　显示所有引脚节点

(30) 单击 ⟫ 按钮，将所有的节点都添加到"Selected Nodes"列表中，单击"OK"按钮，关闭"Node Finder"对话框。

(31) 单击"Insert Node or Bus"对话框中的"OK"按钮，将所选择的节点添加到空白波形文件中。添加节点后的"Waveform1.vwf"文件窗口如图 4.33 所示。

(32) 选择主菜单中的"Edit"→"End Time"命令，打开如图 4.34 所示的"End Time"对话框。

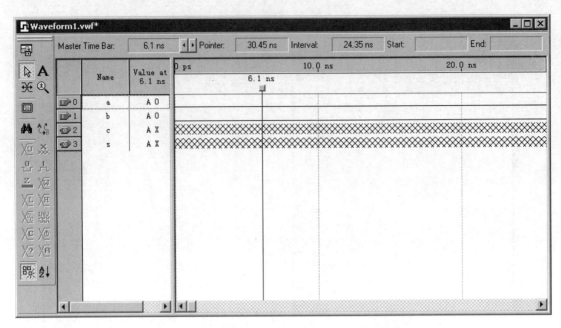

图 4.33　添加节点后的"Waveform 1.vwf"文件窗口

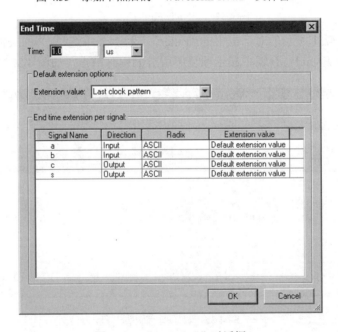

图 4.34　"End Time"对话框

(33) 在如图 4.34 所示的对话框的"Time"编辑框中输入"100",单位为"μs",单击"OK"按钮,即表示设置仿真时间为 100 μs。

(34) 在如图 4.33 所示的左侧的工具栏中单击 按钮,或者按住"Ctrl"键,同时向下滚动鼠标滚轮,将"Waveform1.vwf"窗口中的显示比例缩小,拖动选择节点"a"的一段波形,使其被选中,然后单击左侧工具栏的 按钮,使选中的一段波形状态变为"1"。采用同样的方法,将输入节点波形设置为如图 4.35 所示的状态。

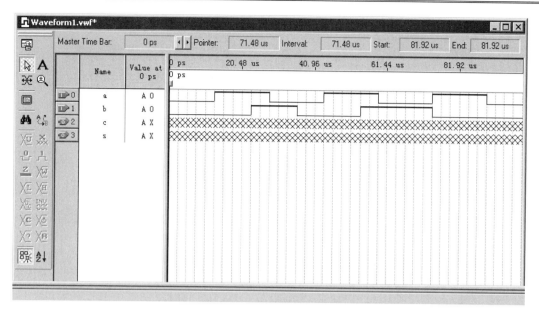

图 4.35　调整节点波形

(35) 选择 "File" → "Save" 命令，或者单击保存按钮 ⊟，或按 "Ctrl+S" 快捷键，打开如图 4.36 所示的 "另存为" 对话框。

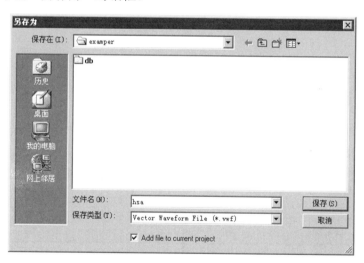

图 4.36　"另存为" 对话框

(36) 接受系统的默认名称 "hsa.scf"，单击 "OK" 按钮，将波形文件存盘。

为了对设计进行仿真，创建的波形文件的名称必须与设计文件的名称相同，并且它们要被保存在同一个子目录下。

(37) 选择 "Processing" → "Start Simulation" 命令，或者单击工具栏中的仿真工具按钮 ⚡，启动仿真。

仿真过程中的 Quartus Ⅱ 界面如图 4.37 所示，系统自动弹出 "Simulation Waveform" 窗口，"Status" 视图中显示仿真进程条，下方的消息栏中显示仿真过程的信息。

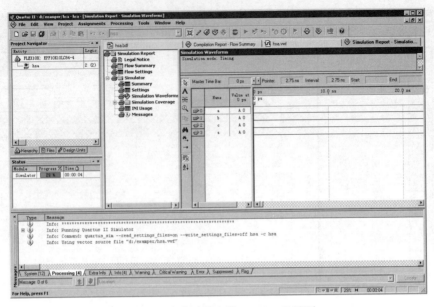

图 4.37　仿真过程中的 Quartus Ⅱ 界面

仿真结束后，弹出如图 4.38 所示的"Quartus Ⅱ"消息框，提示仿真结束。

图 4.38　"Quartus Ⅱ"消息框

(38) 单击如图 4.38 所示的"Quartus Ⅱ"消息框中的"确定"按钮，关闭该消息框。仿真结果波形如图 4.39 所示。

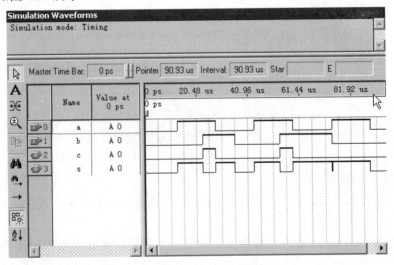

图 4.39　仿真结果波形

　　从校验仿真后得到的"hsa.scf"文件的波形，可以确定半加器设计不存在逻辑错误。将其打包，该设计可被上层设计调用，但是在 a 和 b 同时发生变化的时候，会出现毛刺，这就是竞争现象引起的，关于这种毛刺的去除方法，将在以后章节中介绍。

　　（39）选择"File"→"Create/Update"→"Create Symbol Files for current file"命令，打开如图 4.40 所示的"Create Symbol File"对话框。

图 4.40　　"Create Symbol File"对话框

　　（40）接受如图 4.40 所示的对话框内默认的名称"hsa.bsf"，单击"保存"按钮，弹出如图 4.41 所示的"Quartus Ⅱ"消息框。

图 4.41　　"Quartus Ⅱ"消息框

　　（41）单击"Quartus Ⅱ"消息框中的"确定"按钮，系统将生成元件，并保存在上一步设置的"hsa.bsf"文件中。

4.1.3　全加器模块设计过程

　　（1）按照 4.1.2 节介绍的方法，新建一个名称为 csa 的图形项目。新建并打开一个名称为"csa.bdf"的空白图形输入文件。

　　（2）在"csa.bdf"文件的空白处，单击鼠标右键，在弹出的菜单中选择"Insert"→"Symbol"命令，打开如图 4.42 所示的"Symbol"对话框。

　　（3）单击"Symbol"对话框中"Name"编辑框右侧的"..."按钮，打开"打开"对话框。

　　（4）在"打开"对话框中选择 4.1.2 节中创建的半加器元件文件"hsa.bsf"，单击"打开"按钮，将其打开到"Symbol"对话框中，如图 4.43 所示。

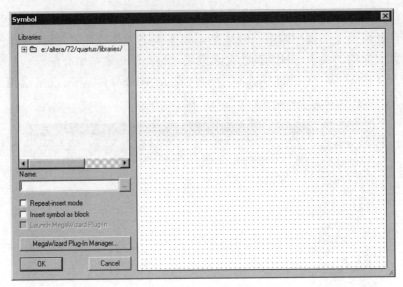

图 4.42   "Symbol" 对话框

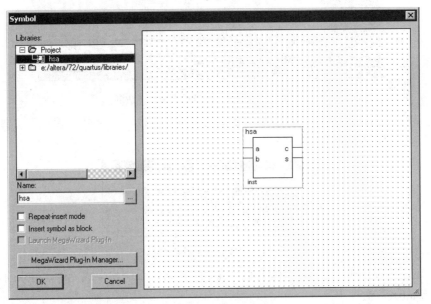

图 4.43   打开半加器元件的 "Symbol" 对话框

(5) 单击如图 4.43 所示的对话框中的 "OK" 按钮,在文件的空白处布置两个 "hsa" 元件,如图 4.44 所示。

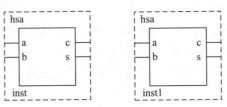

图 4.44   布置的 "hsa" 元件

(6) 按照全加器的设计原理，添加其他元件符号，连接电路，并更改端口名称，完成如图 4.45 所示的全加器原理图。

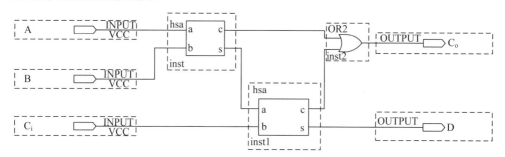

图 4.45 全加器原理图

(7) 选择"File"→"Save"命令，保存全加器原理图。

(8) 选择"File"→"Create/Update"→"Create Symbol Files for current file"命令，接受"Create Symbol File"对话框内默认的名称"csa.bsf"，生成名称为"csa.bsf"的元件文件。

4.1.4 4 位加法器的设计过程

(1) 创建一个名称为"adder4"的项目，在该项目中新建一个空白图形文件。

(2) 在文件的空白处，单击鼠标右键，在弹出的菜单中选择"Insert"→"Symbol"命令，打开"Symbol"对话框。

(3) 单击"Symbol"对话框中的"…"按钮，选择 4.1.3 节创建的"csa.bsf"文件，将其添加到"Symbol"对话框中，如图 4.46 所示。

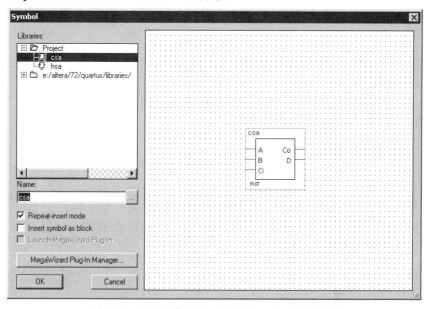

图 4.46 添加了全加器元件的"Symbol"对话框

(4) 单击"Symbol"对话框中的"OK"按钮，在文件空白处添加 3 个"csa"元件，如图 4.47 所示。

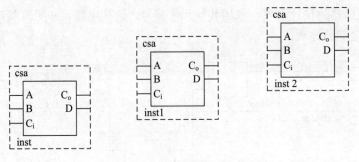

图 4.47　添加的"csa"元件符号

(5) 按照 4 位加法器的原理，在文件窗口添加其他元件符号，并用导线连接起来，绘制如图 4.48 所示的原理图。

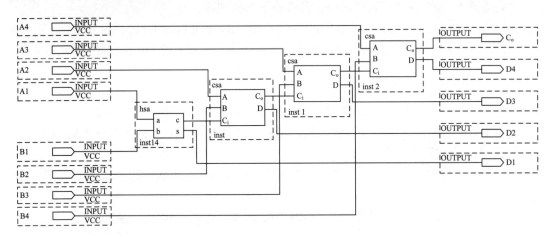

图 4.48　4 位全加器原理图

(6) 选择"File"→"Save As"命令，打开"Save As"对话框，在"Save As"对话框的"File Name"编辑框中输入"adder4.gdf"，单击"OK"按钮，保存 4 位加法器原理图。

(7) 选择"Processing"→"Start Compilation"命令，开始对 adder4 项目进行综合、编译，过程如图 4.49 所示。

编译完成后，弹出如图 4.50 所示的"Quartus Ⅱ"消息框，提示编译成功结束。

(8) 在"adder4"项目中新建一个空白波形文件。

(9) 选择"Edit"→"End Time"命令，打开"End Time"对话框。

(10) 在"End Time"对话框中的"Time"编辑框内输入"100"与"μs"，单击"OK"按钮，将仿真时间设置为 100 μs。

(11) 在节点列表空白处单击鼠标右键，在弹出的菜单中选择"Insert"→"Insert Node or Bus…"命令，打开"Insert Node or Bus"对话框。

(12) 单击"Insert Node or Bus"对话框中的"Node Finder…"按钮，打开"Node Finder"对话框。

(13) 在"Node Finder"对话框中的"Filter"下拉列表中选择"Pins：all"，然后单击"List"按钮，列出项目 adder4 所有的引脚，如图 4.51 所示。

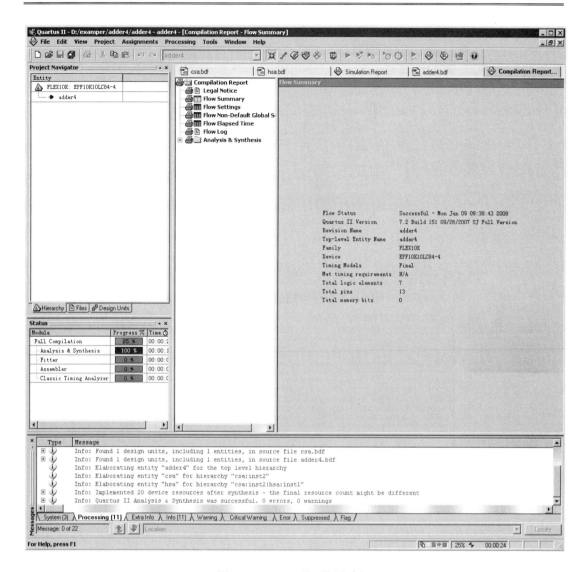

图 4.49 adder4 项目编译过程

图 4.50 "Quartus Ⅱ"消息框

(14) 单击"Node Finder"对话框中的">>"按钮,将选中所有引脚节点,单击"OK"按钮。

(15) 单击"Insert Node or Bus"对话框中的"OK"按钮,将选中的引脚节点添加到波形图文件中。添加引脚节点后的波形图如图 4.52 所示。

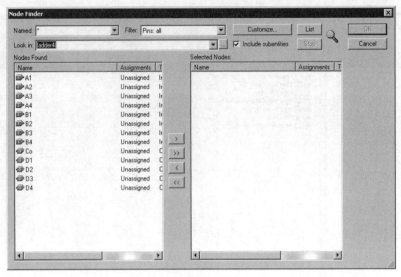

图 4.51　adder4 的引脚列表的 "Node Finder" 对话框

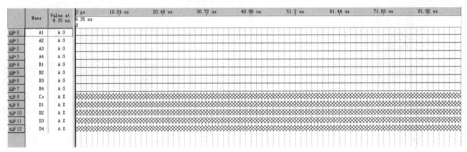

图 4.52　添加引脚节点后的波形图

(16) 使用鼠标单击并拖动波形文件窗口中 "Name" 列下的 "B1" ～ "B4" 项，将其选中，单击鼠标右键打开下拉菜单，选中 "Grouping" → "Group…" 命令(如图 4.53 所示)，打开如图 4.54 所示的 "Group" 对话框。

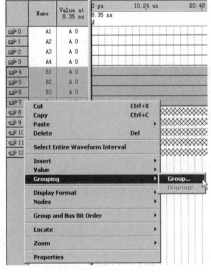

图 4.53　选择 "Grouping" → "Group…" 命令

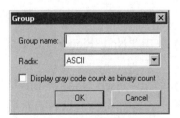

图 4.54　"Group" 对话框

(17) 在如图 4.54 所示的对话框的"Radix"下拉列表中选择"Unsigned Decimal"项，在"Group name"编辑栏内输入组名"B"，单击"OK"按钮，将节点"B1"～"B4"合成一个名为"B"的组，并且用十进制数值表示。

(18) 按照同样的方法，将节点"A1"～"A4"合成一个名为"A"的组，并且用十进制数值表示。将节点"Co"移动至节点"D4"上方，将"Co"、"D4"、"D3"、"D2"和"D1"依次序合成一个名为"Dout"的组，并用十进制表示，此时波形文件窗口如图 4.55 所示。

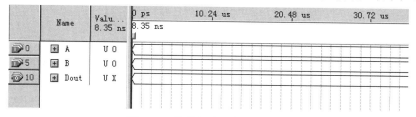

图 4.55　信号组合后的波形文件

(19) 选择"Edit"→"Grid Size"命令，打开如图 4.56 所示的"Grid Size"对话框。

图 4.56　"Grid Size"对话框

(20) 在如图 4.56 所示的对话框的"Period"编辑框内输入"1 μs"，单击"OK"按钮，将仿真的最小时间段设置为 1 μs。

(21) 使用鼠标双击选中 A 组的所有波形，单击鼠标右键，在弹出的菜单中选择如图 4.57 所示的"Value"→"Random Values…"命令，打开如图 4.58 所示的"Random Values"对话框。

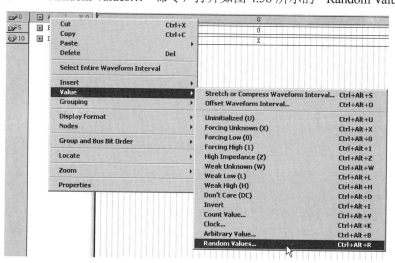

图 4.57　选择"Value"→"Random Values…"命令

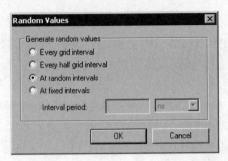

图 4.58　　"Random Values"对话框

(22) 在如图 4.58 所示的"Random Values" 对话框中选择"At fixed intervals"单选项，在"Interval period"编辑框内输入"8 μs"，即设置数据变化的周期为 8 μs，单击"OK"按钮。

(23) 按照步骤(16)和(17)的方法，设置 B 输入信号的周期为 10 μs 的随机数据，得到的波形文件如图 4.59 所示。

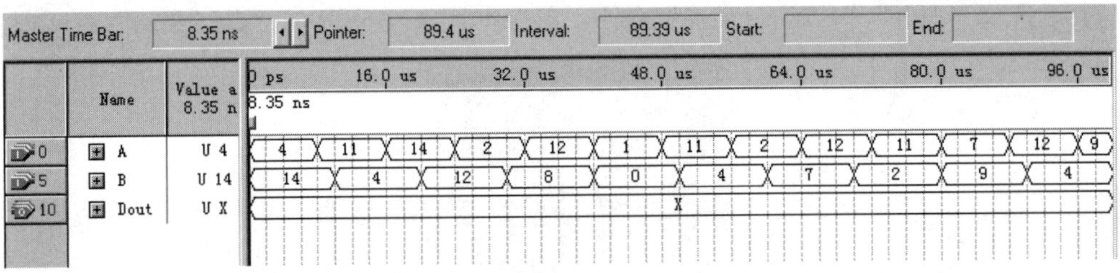

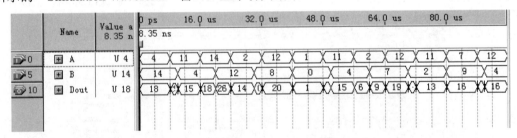

图 4.59　波形文件

(24) 单击保存文件按钮▣，打开"Save As"对话框，接受系统默认的名称"adder4.vwf"，单击"OK"按钮，保存波形文件。

(25) 选择"Processing"→"Start Simulation"命令，系统开始仿真。

(26) 仿真结束后，在弹出的"Quartus Ⅱ"消息框内单击"确定"按钮，打开如图 4.60 所示的"Simulation Waveform"窗口，显示仿真结果。

	Name	Value a 8.35 n															

图 4.60　　"Simulation Waveform"窗口

根据仿真结果波形，可知 4 位加法器实现了加法功能，所有加法运算结果正确，功能符合设计要求。

接下来要进行时序分析，确定各引脚之间的延时参数。

(27) 选择"Processing"→"Start"→"Start Classic Timing analyzer"命令，进行时序分析。

(28) 时序分析结束后，单击"Compilation Report"窗口左侧的树形列表中的"Timing

Analyzer"项，选择"Summary"报告，显示如图 4.61 所示的"Timing Analyzer Summary"
列表。

Timing Analyzer Summary									
	Type	Slack	Required Time	Actual Time	From	To	From Clock	To Clock	Failed Paths	
1	Worst-case tpd	N/A	None	20.900 ns	B2	Co	--	--	0	
2	Total number of failed paths								0	

图 4.61　"Timing Analyzer Summary"列表

"Timing Analyzer Summary"列表中显示了信号的最长延迟时间为 20.9 ns，该信号的
路径是从 B2 引脚到 Co 引脚，说明加法模块一次运算所需时间至少为 20.9 ns。

(29) 单击"Compilation Report"窗口左侧的树形列表中的"Timing Analyzer"项内的"tpd"
项，打开"tpd"报告，如图 4.62 所示。

tpd					
	Slack	Required P2P Time	Actual P2P Time	From	To
1	N/A	None	20.900 ns	A2	Co
2	N/A	None	20.900 ns	B2	Co
3	N/A	None	20.100 ns	A2	D4
4	N/A	None	20.100 ns	B2	D4
5	N/A	None	19.000 ns	A1	Co
6	N/A	None	18.500 ns	A2	D3
7	N/A	None	18.500 ns	B2	D3
8	N/A	None	18.500 ns	B1	Co
9	N/A	None	18.200 ns	A1	D4
10	N/A	None	17.700 ns	B1	D4
11	N/A	None	16.600 ns	A1	D3
12	N/A	None	16.600 ns	A3	Co
13	N/A	None	16.600 ns	B3	Co
14	N/A	None	16.100 ns	B1	D3
15	N/A	None	15.800 ns	A3	D4
16	N/A	None	15.800 ns	B3	D4
17	N/A	None	15.300 ns	A2	D2
18	N/A	None	14.800 ns	B2	D2
19	N/A	None	14.200 ns	A3	D3
20	N/A	None	14.200 ns	B3	D3
21	N/A	None	14.200 ns	A4	Co
22	N/A	None	14.200 ns	B4	Co
23	N/A	None	13.400 ns	A1	D1
24	N/A	None	13.400 ns	A1	D2
25	N/A	None	13.400 ns	B1	D2
26	N/A	None	13.400 ns	A4	D4
27	N/A	None	13.400 ns	B4	D4
28	N/A	None	12.900 ns	B1	D1

图 4.62　"tpd"报告

通过分析延时阵列表可以发现，D1、D2、D3、Co、D4 的延时依次增大，这一现象是
由设计的串行结构所造成的。在确定引脚间的延时满足设计要求后，最后就是将设计下载
到器件中做进一步的硬件测试。

(30) 在主菜单中选择"Assignments"→"Pin"命令，打开如图 4.63 所示的"Pin Planner"窗口。

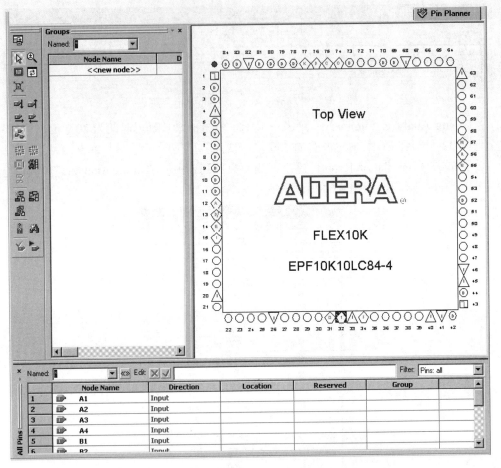

图 4.63　"Pin Planner"窗口

(31) 单击"Pin Planner"窗口下方的列表中"A1"所处的行对应的"Location"列的单元格，在弹出的下拉列表中选择"Pin16　Row / IO"项，将第 16 号引脚设置为 A1 信号输入引脚。

(32) 双击"Pin Planner"窗口内的"FLEX10K"器件的"17"号引脚，打开如图 4.64 所示的"Pin Properties"对话框。

(33) 在"Pin Properties"对话框中的"Node name"下拉列表中选择"A2"，单击"OK"按钮，将 Pin17 引脚设置为 A2 信号输入引脚。

(34) 按照以上方法，为设计中的其他端口定义引脚，定义好端口引脚的"Pin Planner"窗口如图 4.65 所示。

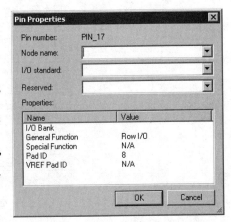

图 4.64　"Pin Properties"对话框

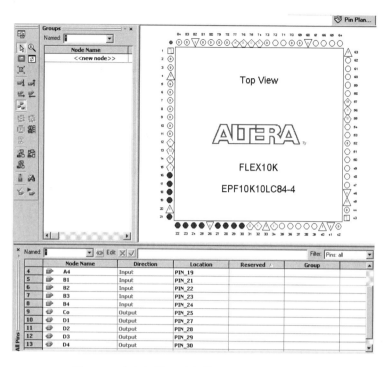

图 4.65　定义好端口引脚的"Pin Planner"窗口

(35) 选择"Processing"→"Start Compilation"命令，对设计进行重新编译，将引脚设置编入配置文件中，编译完成后，在弹出的"Quartus II"消息栏内单击"确定"按钮。

(36) 使用下载电缆将计算机的打印口与目标板连接好，打开电源，选择"Tools"→"Programmer"命令，打开如图 4.66 所示的"adder4.cdf"窗口。

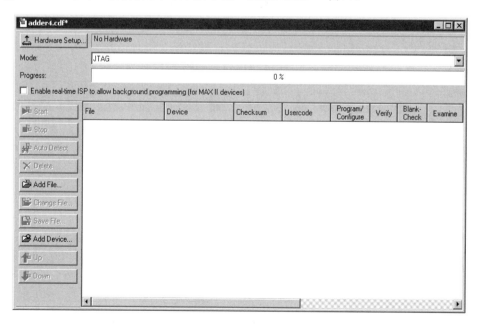

图 4.66　"adder4.cdf"窗口

(37) 单击如图 4.66 所示窗口中的"Hardware Setup…"按钮，打开如图 4.67 所示的"Hardware Setup"对话框。

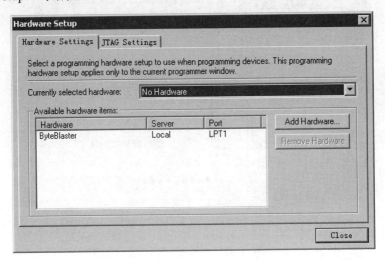

图 4.67　"Hardware Setup"对话框

(38) 在"Currently selected hardware"下拉列表中选择"ByteBlaster(MV)"项，单击"Close"按钮。

ByteBlaster(MV)对应计算机的并行通信口下载通道。"MV"是指对于混合电压均适用的意思。Altera 公司的各类芯核电压的 FPGA/CPLD 都能使用该下载电缆下载。用户只需要在第一次编程下载时设置"Hardware Type"项，设置完成后的"adder4.cdf"文件窗口如图 4.68 所示。

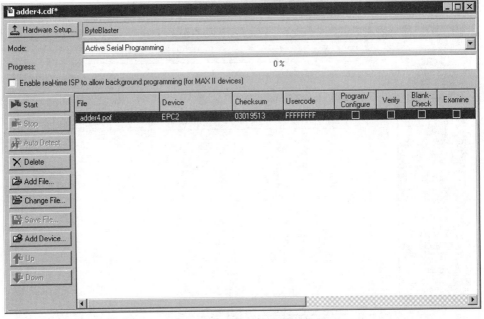

图 4.68　设置完成后的"adder4.cdf"文件窗口

(39) 在"adder4.cdf"文件窗口中勾选"Program/Configure"、"Verify"、"Blank-Check"和"Examine"项，然后单击"Start"按钮，将配置下载到器件中。

(40) 下载完成后，系统将弹出一个"Quartus Ⅱ"消息框，提示下载完成。取下下载电缆即可使用。

至此，4 位加法器的设计基本完成。

4.2　宏功能模块及其使用

除了基本的门电路，Quartus Ⅱ还提供了大量的宏模块供用户调用，其中有从 Altera 公司上一代 EDA 软件 MAX PLUS Ⅱ继承的大量宏模块，按照其功能，可分为时序电路宏模块和运算电路宏模块。本节将简要介绍这些系统提供的宏模块，然后通过一个设计实例，介绍宏模块的使用。

4.2.1　时序电路宏模块

1. 触发器

触发器是数字电路中的常用器件。规模比较大的数字电路中，都使用了触发器。常用的触发器类型主要有 D 触发器、T 触发器、JK 触发器以及带有各种使能端口和控制端口的扩展型触发器等。

D 触发器输出和输入的状态变化之间存在一个时钟周期的延时，其输出为时钟脉冲到来之前的输入端 D 的状态，所以又被称为延时触发器。D 触发器的符号如图 4.69 所示。表 4.3 所示为 D 触发器的逻辑参数表。

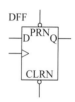

图 4.69　D 触发器的符号

表 4.3　D 触发器的逻辑参数表

输　入　端　口				输出端口
PRN	CLRN	CLK	D	Q
L	H	×	×	H
H	L	×	×	L
L	L	×	×	非法
H	H	↑	L	L
H	H	↑	H	H
H	H	H	×	保持原状态
H	H	L	×	保持原状态

注："H"表示高电平，"L"表示低电平，"↑"表示信号上升沿，"×"表示信号处于任意状态。

T 触发器与 D 触发器类似，只有一个数据输入端和一个时钟输入端。如图 4.70 所示即为 T 触发器的符号。表 4.4 所示即为 T 触发器的逻辑参数表。

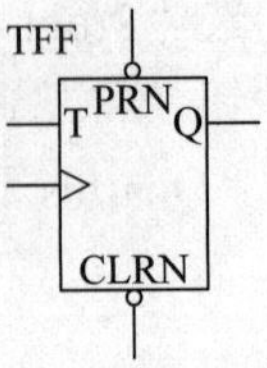

图 4.70   T 触发器的符号

表 4.4   T 触发器的逻辑参数表

输 入 端 口				输出端口
PRN	CLRN	CLK	T	Q
L	H	×	×	H
H	L	×	×	L
L	L	×	×	非法
H	H	↑	L	保持原状态
H	H	↑	H	翻转
H	H	L	×	保持原状态

比较表 4.3 和表 4.4 可知，T 触发器与 D 触发器之间最基本的区别在于 D 触发器的输出状态与 D 输入端的状态有关，而 T 触发器的输出状态与 T 输入端的状态并没有直接的关系，只有 T 输入是高电平时，在时钟的激励下，输出状态才改变一次。通常 D 触发器用于组成寄存器，而 T 触发器常用来实现二分频功能。

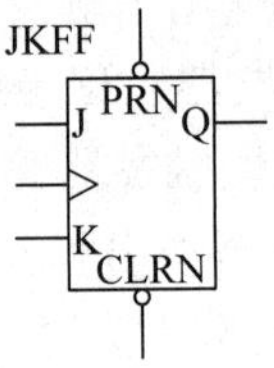

图 4.71   JK 触发器的符号

JK 触发器是多功能触发器，其符号如图 4.71 所示。表 4.5 所示即为 JK 触发器的逻辑参数表。

表 4.5   JK 触发器的逻辑参数表

输 入 端 口					输出端口
PRN	CLRN	CLK	J	K	Q
L	H	×	×	×	H
H	L	×	×	×	L
L	L	×	×	×	非法
H	H	↑	×	×	保持原状态
H	H	↑	L	L	保持原状态
H	H	↑	H	L	H
H	H	↑	L	H	L
H	H	↑	H	H	翻转

在普通 JK 型、D 型和 T 型触发器的基础上，Quartus Ⅱ 7.2 还提供了大量具有扩展功能的触发器宏模块，如具有预置、清零端和三态输出端的触发器，如果在电路设计中灵活加以运用，则可以大大提高电路设计的效率和性能。表 4.6 所示即为 Quartus Ⅱ 7.2 提供的触

发器宏模块的目录，具体模块参数的设置可以参考该软件提供的帮助信息。

表 4.6　Quartus Ⅱ 7.2 提供的触发器宏模块的目录

宏模块名称	功 能 描 述
enadff	带使能端的 D 触发器
exvdff	用扩展电路实现的 D 触发器
7470	带预置和清零端的与门 JK 触发器
7471	带预置端的 JK 触发器
7472	带预置和清零端的与门 JK 触发器
7473	带清零端的双 JK 触发器
7474	带异步预置和异步清零端的双 D 触发器
7476	带异步预置和异步清零端的双 JK 触发器
7478	带异步预置、公共清零和公共时钟端的双 JK 触发器
74107	带清零端的双 JK 触发器
74109	带预置和清零端的双 JK 触发器
74112	带预置和清零端的双 JK 时钟下降沿触发器
74113	带预置端的双 JK 时钟下降沿触发器
74114	带异步预置、公共清零和公共时钟端的双 JK 时钟下降沿触发器
74171	带清零端的四 D 触发器
74172	带三态输出的多端口寄存器
74173	4 位 D 型寄存器
74174	带公共清零端的十六进制 D 触发器
74174b	带公共清零端的十六进制 D 触发器
74175	带公共时钟和清零端的四 D 触发器
74273	带异步清零端的八进制 D 触发器
74273b	带异步清零端的八进制 D 触发器
74276	带公共预置和清零端的四 JK 触发器
74374	带三态输出和输出使能端的八进制 D 触发器
74374b	带三态输出和输出使能端的八进制 D 触发器
74376	带公共时钟和公共清零端的四 JK 触发器
74377	带使能端的八进制 D 触发器
74377b	带使能端的八进制 D 触发器
74378	带使能端的十六进制 D 触发器
74379	带使能端的四 D 触发器
74396	八进制存储寄存器
74548	带三态输出的 8 位二级流水线寄存器
74670	带三态输出的 4 位寄存器文件
74821	带三态输出的 10 位总线接口触发器

续表

宏模块名称	功 能 描 述
74821b	带三态输出的 10 位 D 触发器
74822	带三态反相输出的 10 位总线接口触发器
74822b	带三态反相输出的 10 位反相输出 D 触发器
74823	带三态输出的 9 位总线接口触发器
74823b	带三态输出的 9 位 D 触发器
74824	带三态反相输出的 9 位总线接口触发器
74824b	带三态反相输出的 9 位反相输出 D 触发器
74825	带三态输出的 8 位总线接口触发器
74825b	带三态输出的八进制 D 触发器
74826	带三态反相输出的 9 位总线接口触发器
74826b	带三态反相输出的八进制反相输出 D 触发器

2. 锁存器

锁存器的功能是将某一特定时刻的输入信号的状态保存起来。常用的锁存器有 RS 锁存器、门控 RS 锁存器和 D 锁存器。

触发器可认为是一种带有时钟控制的锁存器。锁存器和触发器的状态均跟随输入信号的电平值变化，二者的不同之处在于锁存器的状态随输入信号实时变化，而触发器的状态要等到时钟信号边沿到来时才改变。表 4.7 所示为 Quartus Ⅱ 7.2 提供的锁存器宏模块的目录。

表 4.7　Quartus Ⅱ 7.2 提供的锁存器宏模块的目录

宏模块名称	功 能 描 述
explatch	用扩展电路实现的锁存器
mvltch	用扩展电路实现的输入锁存器
nandltch	用扩展电路实现的 $\overline{S}\,\overline{R}$ 与非门锁存器
norltch	用扩展电路实现的 SR 或非门锁存器
7475	4 位双稳态锁存器
7477	4 位双稳态锁存器
74116	带清零端的双 4 位锁存器
74259	带有清零端、可设定地址的锁存器
74279	4 路 RS 锁存器
74373	带三态输出的八进制透明 D 锁存器
74373b	带三态输出的八进制透明 D 锁存器
74375	4 位双稳态锁存器
74549	8 位二级流水线锁存器
74604	带三态输出的八进制 2 输入多路锁存器
74841	带三态输出的 10 位总线接口 D 锁存器

续表

宏模块名称	功 能 描 述
74841b	带三态输出的 10 位总线接口 D 锁存器
74842	带三态输出的 10 位总线接口 D 锁存器
74842b	带三态输出的 10 位总线接口 D 反相锁存器
74843	带三态输出的 9 位总线接口 D 锁存器
74844	带三态输出的 9 位总线接口 D 反相锁存器
74845	带三态输出的 8 位总线接口 D 锁存器
74846	带三态输出的 8 位总线接口 D 反相锁存器
74990	8 位透明读回锁存器

3. 计数器

计数器是数字系统中使用最广泛的时序电路，几乎每一个数字系统都离不开计数器。计数器可以对时钟或脉冲信号计数，还可以完成定时、分频、控制和数学运算等功能。根据输入脉冲的引入方式不同，计数器可分为同步计数器和异步计数器；根据计数过程中数字的增减趋势不同，计数器可分为加法计数器、减法计数器和可逆计数器；根据计数器计数进制的不同，计数器还可分为二进制计数器和非二进制计数器。Quartus Ⅱ 7.2 提供了几十种计数器宏模块，在设计中可以任意调用。表 4.8 所示即为 Quartus Ⅱ 7.2 提供的计数器宏模块的目录。

表 4.8 Quartus Ⅱ 7.2 提供的计数器宏模块的目录

宏模块名称	功 能 描 述
gray4	格雷码计数器
unicnt	通用 4 位加/减计数器，带有异步设置、读取、清零和级联功能的左/右移位寄存器
16cudslr	16 位二进制加/减计数器，带有异步设置的左/右移位寄存器
16cudsrb	16 位二进制加/减计数器，带有异步清零和设置的左/右移位寄存器
4count	4 位二进制加/减计数器，同步/异步读取，异步清零
8count	8 位二进制加/减计数器，同步/异步读取，异步清零
7468	二单元十进制计数器
7469	二单元二进制计数器
7490	十进制/二进制计数器(不推荐使用)
7492	十二进制计数器
7493	4 位二进制计数器
74143	4 位计数/锁存器，带有 7 位输出驱动器
74160	4 位十进制计数器，同步读取，异步清零
74161	4 位二进制加法计数器，同步读取，异步清零
74162	4 位二进制加法计数器，同步读取，同步清零
74163	4 位二进制加法计数器，同步读取，同步清零

续表

宏模块名称	功 能 描 述
74168	同步 4 位十进制加/减计数器
74159	同步 4 位二进制加/减计数器
74176	可预置十进制计数器
74177	可预置二进制计数器
74190	4 位十进制加/减计数器，异步读取
74191	4 位二进制加/减计数据，异步读取
74192	4 位十进制加/减计数器，异步清零
74193	4 位二进制加/减计数器，异步清零
74196	可预置十进制计数器
74197	可预置二进制计数器
74290	十进制计数器
74292	可编程分频器/数字定时器
74293	二进制计数器
74294	可编程分频器/数字定时器
74390	二单元十进制计数器
74393	二单元 4 位加法计数器，异步清零
74490	二单元 4 位十进制计数器
74568	十进制加/减计数器，同步读取，同步和异步清零
74569	二进制加/减计数器，同步读取，同步和异步清零
74590	8 位二进制计数器，带有三态输出寄存器
74592	8 位二进制计数器，带有输入寄存器
74668	同步十进制加/减计数器
74669	同步 4 位二进制加/减计数器
74690	同步十进制计数器，带有输出寄存器，多重三态输出，异步清零
74691	同步二进制计数器，带有输出寄存器，多重三态输出，异步清零
74693	同步二进制计数器，带有输出寄存器，多重三态输出，同步清零
74696	同步十进制加/减计数器，带有输出寄存器，多重三态输出，异步清零
74697	同步二进制加/减计数器，带有输出寄存器，多重三态输出，异步清零
74698	同步十进制加/减计数器，带有输出寄存器，多重三态输出，同步清零
74699	同步二进制加/减计数器，带有输出寄存器，多重三态输出，同步清零

4．分频器

常见的时序电路系统中常常需要不同频率的时钟信号，为保证信号的同步，系统通常只使用一个时钟源输入，而各个子系统所需的时钟则由该时钟源经过分频电路或倍频电路得到。实现分频功能的电路称为分频器。Quartus Ⅱ 7.2 提供了 3 种分频器宏模块，见表 4.9。

表 4.9　Quartus Ⅱ 7.2 提供的分频器宏模块的目录

宏模块名称	功　能　描　述
freqdiv	2、4、8、16 分频器
7456	双时钟 5、10 分频器
7457	双时钟 5、6、10 分频器

5. 多路复用器

多路复用器类似于一个多路选择开关，在多路数据传送过程中，将多路数据中的任意一路信号挑选输出，完成这种功能的逻辑电路称为多路复用器。多路复用器是一个多输入、单输出的逻辑电路，它在地址码(或选择控制信号)的控制下，从几路输入数据中选择一个，并将其送到输出端，所以有时也被称为多路数据选择器、多路开关或多路转换器。多路选择器常用于计算机、DSP 中的数据和地址之间的切换，以及数字通信中的并/串变换、通道选择等。表 4.10 所示为 Quartus Ⅱ 7.2 提供的多路复用器宏模块的目录。

表 4.10　Quartus Ⅱ 7.2 提供的多路复用器宏模块的目录

宏模块名称	功　能　描　述
21mux	2 选 1 线多路复用器
161mux	16 选 1 线多路复用器
2×8mux	8 位总线的 2 选 1 多路复用器
81mux	8 选 1 线多路复用器
74151	8 选 1 线多路复用器
74151b	8 选 1 线多路复用器
74153	二单元 4 选 1 线多路复用器
74157	四单元 2 选 1 线多路复用器
74158	带反相输出的四单元 2 选 1 线多路复用器
74251	带三态输出的 8 选 1 线数据选择器
74253	带三态输出的二单元 4 选 1 线数据选择器
74257	带三态输出的四单元 2 选 1 线多路复用器
74258	带三态反相输出的四单元 2 选 1 线多路复用器
74298	带存储功能的四单元 2 输入多路复用器
74352	带反相输出的双 4 选 1 线数据选择器/多路复用器
74353	带三态反相输出的双 4 选 1 线数据选择器/多路复用器
74354	带三态输出的 8 选 1 线数据选择器/多路复用器
74356	带三态输出的 8 选 1 线数据选择器/多路复用器
74398	带存储功能的四单元 2 输入多路复用器
74399	带存储功能的四单元 2 输入多路复用器

6. 移位寄存器

移位寄存器是具有移位功能的寄存器，常用于数据的串/并变换、并/串变换以及乘法移位操作、周期序列产生等。移位寄存器可分为左移移位寄存器、右移移位寄存器、双向移

位寄存器、可预置移位寄存器以及环形移位寄存器等。其中双向移位寄存器同时具有左移
和右移的功能，它是在一般移位寄存器的基础上，加上左、右移位控制信号构成的。表 4.11
所示为 Quartus Ⅱ 7.2 提供的移位寄存器宏模块的目录。

表 4.11　Quartus Ⅱ 7.2 提供的移位寄存器宏模块的目录

宏模块名称	功　能　描　述
barrelst	8 位桶形移位寄存器
barrlstb	8 位桶形移位寄存器
7491	串入串出移位寄存器
7494	带异步预置和异步清零端的 4 位移位寄存器
7495	4 位并行移位寄存器
7496	5 位移位寄存器
7499	带 JK 串行输入和并行输出端的 4 位移位寄存器
74164	串行输入并行输出移位寄存器
74164b	串行输入并行输出移位寄存器
74165	并行读入 8 位移位寄存器
74165b	并行读入 8 位移位寄存器
74166	带时钟禁止端的 8 位移位寄存器
74178	4 位移位寄存器
74179	带清零端的 4 位移位寄存器
74194	带并行读入端的 4 位双向移位寄存器
74195	4 位并行移位寄存器
74198	8 位双向移位寄存器
74199	8 位并行移位寄存器
74295	带三态输出端的 4 位右移/左移移位寄存器
74299	8 位通用移位/存储寄存器
74350	带三态输出端的 4 位移位寄存器
74395	带三态输出端的 4 位可级联移位寄存器
74589	带输入锁存和三态输出的 8 位移位寄存器
74594	带输出锁存的 8 位移位寄存器
74595	带输出锁存和三态输出的 8 位移位寄存器
74597	带输入寄存器的 8 位移位寄存器
74671	带强制清零和三态输出的 4 位通用移位寄存器/锁存器

4.2.2　运算电路宏模块

1．加法器和减法器

加法器是数字系统中最基本的运算电路。Quartus Ⅱ 7.2 提供了大量的加法器和减法器
宏模块供用户调用。表 4.12 所示为 Quartus Ⅱ 7.2 提供的加法器和减法器宏模块的目录。

表 4.12　Quartus Ⅱ 7.2 提供的加法器和减法器宏模块的目录

宏模块名称	功　能　描　述
8ladd	8 位全加器
8faddb	8 位全加器
7480	门控全加器
7482	2 位二进制全加器
7483	带快速进位的 4 位二进制全加器
74183	双进位存储全加器
74283	带快速进位的 4 位全加器
74385	带清零端的 4 位加法器/减法器

2．乘法器

在数字通信系统和数字信号处理中，乘法器是必不可少的。利用加法器虽然可以构造出乘法器，但使用模块化的通用乘法器可以大大减小系统资源的消耗，提高效率。表 4.13 所示为 Quartus Ⅱ 7.2 提供的乘法器宏模块的目录。

表 4.13　Quartus Ⅱ 7.2 提供的乘法器宏模块的目录

宏模块名称	功　能　描　述
mult2	2 位带符号数值乘法器
mult24	2×4 位并行二进制乘法器
muh4	4 位并行二进制乘法器
mult4b	4 位并行二进制乘法器
tmuh4	4×4 位并行二进制乘法器
7497	同步 6 位速率乘法器
74261	2 位并行二进制乘法器
74284	4×4 位并行二进制乘法器(输出结果的最高 4 位)
74285	4×4 位并行二进制乘法器(输出结果的最低 4 位)

3．数值比较器

数值比较器用于对输入的两个二进制数 A 和 B 的大小关系进行判断，其结果总共有 6 种，分别是 A＝B、A≠B、A≥B、A≤B、A＞B 和 A＜B。数值比较器常用于信号检测和门限判决电路中。表 4.14 所示为 Quartus Ⅱ 7.2 提供的数值比较器宏模块的目录。

表 4.14　Quartus Ⅱ 7.2 提供的数值比较器宏模块的目录

宏模块名称	功　能　描　述
8mcomp	8 位数值比较器
8mcompb	8 位数值比较器
7485	4 位数值比较器
74518	8 位恒等比较器
74518b	8 位恒等比较器
74684	8 位数值/恒等比较器
74686	8 位数值/恒等比较器
74688	8 位恒等比较器

4．编码器和译码器

"编码"即将若干二进制数码按照一定规律编排，编成不同代码，并用特定的代码去表示特定的信号，以减少数据总线数量。完成这种逻辑的电路称为编码器。它是多输入、多输出的组合电路。编码器可分为二进制编码器、二-十进制编码器和优先编码器。二进制编码器将一般信号编成二进制代码。二-十进制编码器又称 BCD 编码器，是用 BCD 码对十个数码进行编码的电路。二进制编码器和二-十进制编码器同时只允许一个输入端有信号输入。优先编码器则允许几个输入端同时有信号到来，但各个输入端的优先权不同，输出自动对优先权较高的输入进行编码，优先编码器常用于控制系统中。表 4.15 所示为 Quartus Ⅱ 7.2 提供的编码器宏模块的目录。

表 4.15　Quartus Ⅱ 7.2 提供的编码器宏模块的目录

宏模块名称	功　能　描　述
74147	10 线-4 线 BCD 编码器
74148	8 线-3 线八进制编码器
74348	带三态输出的 8 线-3 线优先编码器

"译码"过程是"编码"过程的逆过程。所谓译码，就是"翻译"给定的码组，使输出通道中对应的一路有信号输出。能实现译码功能的电路称为译码器。译码器也是多输入、多输出的组合逻辑电路，在数字装置中用途比较广泛。译码器除了把二进制代码译成十进制代码外，还经常用于各种数字显示的译码、组合控制信号等。表 4.16 所示为 Quartus Ⅱ 7.2 提供的译码器宏模块的目录。

表 4.16　Quartus Ⅱ 7.2 提供的译码器宏模块的目录

宏模块名称	功　能　描　述
16dmux	4 位二进制-16 线译码器
16ndmux	4 位二进制-16 线译码器
7442	4 线-10 线 BCD-十进制译码器
7443	余 3 码-十进制译码器
7444	余 3 格雷码-十进制译码器
7445	BCD 码-十进制译码器
7446	BCD 码-7 段译码器
7447	BCD 码-7 段译码器
7448	BCD 码-7 段译码器
7449	BCD 码-7 段译码器
74137	带地址锁存的 3 线-8 线译码器
74138	3 选 8 线译码器
74139	双 2 选 4 线译码器
74145	BCD 码-十进制译码器
74154	4 线-16 线译码器
74155	双 2 线-4 线译码器/多路输出选择器
74156	双 2 线-4 线译码器/多路输出选择器
74246	BCD 码-7 段译码器
74247	BCD 码-7 段译码器
74248	BCD 码-7 段译码器
74445	BCD 码-十进制译码器

5. 奇偶校验器

在数据通信过程中，信号常受到信道或传输线中各种干扰的影响，接收到的数据有时会发生一些差错。在设计中常采用奇偶校验的方法检测数据传输中是否出现差错。常用的奇偶校验法有两种，即"奇校验"和"偶校验"。

奇偶校验方法的原理如下：

数据发送端给每字节数据添加一个奇偶监督位，在信道中传输的数据包括两部分，一部分是所要传送的信息码，另一部分是奇偶监督位。若采用"奇校验"方法，则保证数据和奇偶监督位中"1"的总个数为"奇数"。若采用"偶校验"方法，则保证信息码和奇偶监督位中"1"的总个数为"偶数"。

接收端收到数据信号后，根据事先约定的奇偶校验方法，对接收的数据进行检验，若不满足要求，则说明数据在传输过程中发生了改变，传送失败，即可要求重新传送数据。

在数字通信系统中，通常采用奇数校验，因为它避免了全"0"情况的出现。如果在传送过程中有两位数据同时发生错误，采用奇偶校验的方法就不可能发现了。

表 4.17 所示为 Quartus Ⅱ 7.2 提供的奇偶校验器宏模块的目录。

表 4.17　Quartus Ⅱ 7.2 提供的奇偶校验器宏模块的目录

宏模块名称	功 能 描 述
74180	9 位奇偶产生器/校验器
74180b	9 位奇偶产生器/校验器
74280	9 位奇偶产生器/校验器
74280b	9 位奇偶产生器/校验器

4.2.3　2 位十进制数字位移测量仪设计实例

本节将通过一个 2 位十进制数字位移测量仪的设计实例来介绍使用宏模块设计较复杂系统的具体方法。

2 位十进制数字位移测量仪可以测量滚轮的直线位移，原理如图 4.72 所示。当滚轮滚动时，光电传感器会产生脉冲信号"distance pulse"。当滚轮朝正方向滚动时，轴上的转向传感器输出"direction"信号为"0"；当滚轮逆向滚动时，"direction"信号为"1"。当"direction"信号为"0"时，对"distance pulse"进行加法计数；当"direction"信号为"1"时，对

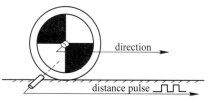

图 4.72　位移测量仪原理

"distance pulse"信号进行减法计数，得到的计数值即为滚轮滚过的位移。

2 位十进制数字位移测量仪需要实现以下功能：

(1) 在"direction"信号的控制下，对"distance pulse"脉冲进行加法计数或减法计数；

(2) 可实时显示 2 位十进制计数值；

(3) 可对计数值手动清零；

(4) 可锁定计数值。

本实例采用自顶向下的方法进行设计，先完成顶层模块的划分，然后再实现底层模块

功能。

1. 顶层设计

分析系统所要实现的功能，系统共有 4 个输入引脚，两路 7 段数码显示管驱动信号输出，如表 4.18 所示。

表 4.18　系统输入/输出引脚定义

名　　称	类型	功　　能
Reset	输入	系统复位信号
Inpulse	输入	位移脉冲信号
Direction	输入	移动方向信号
Lock	输入	锁定显示值
Lower_disp[0..6]	输出	个位数码管驱动信号
High_disp[0..6]	输出	十位数码管驱动信号

可将系统分为计数部分和显示部分。计数部分用于对"distance pulse"信号进行 BCD 码计数，输出个位和十位 BCD 码计数值。计数部分的输入/输出引脚如表 4.19 所示。

表 4.19　计数部分的输入/输出引脚

名　　称	类型	功　　能
Reset	输入	系统复位信号
Inpulse	输入	位移脉冲信号
Direction	输入	移动方向信号
Lock	输入	锁定显示值
Lower_BCD[1..4]	4 位输出	个位计数 BCD 值
High_BCD[1..4]	4 位输出	十位计数 BCD 值

显示部分用于将个位和十位的 BCD 计数值编码为 7 段数码管显示信号。显示部分的输入/输出引脚如表 4.20 所示。

表 4.20　显示部分的输入/输出引脚

名　　称	类型	功　　能
Lower_BCD[1..4]	4 位输入	个位计数 BCD 值
High_BCD[1..4]	4 位输入	十位计数 BCD 值
Lower_disp[1..7]	7 位输出	个位数的数码管显示驱动信号
High_disp[1..7]	7 位输出	十位数的数码管显示驱动信号

使用 Quartus Ⅱ 7.2 的顶层设计步骤如下：

(1) 启动 Quartus Ⅱ 7.2 软件，选择"File"→"New Project Wizard"命令，打开"New Project Wizard"对话框。

(2) 设置项目名称为"Displace_Mea"，然后单击"Finish"按钮，新建一个项目。

(3) 单击新建文件工具按钮，在打开的"New"对话框中选择"Block Diagram、Schematic File"项，单击"OK"按钮，新建一个原理图文件。

(4) 在工作区原理图文件编辑工具条上单击 Block 工具按钮▢，在空白地方画一个合适的 Block，如图 4.73 所示。

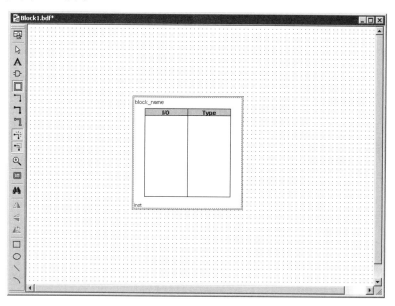

图 4.73　绘制的 Block

(5) 单击工作区原理图文件编辑工具条上的指针工具按钮，将光标改为指针形式，在工作区绘制的 Block 上单击鼠标右键，在弹出的菜单中选择"Block Properties"命令，打开如图 4.74 所示的"Block Properties"对话框。

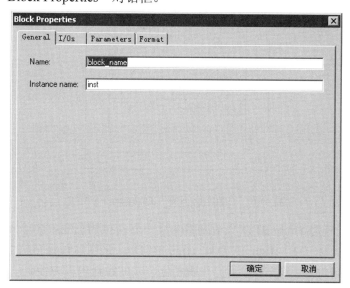

图 4.74　"Block Properties"对话框

(6) 在"Name"编辑栏内输入"dis_counter"，设置 block 的名称为"dis_counter"，单击"I/Os"选项卡标签，在"Block Properties"对话框内显示如图 4.75 所示的"I/Os"选项卡。

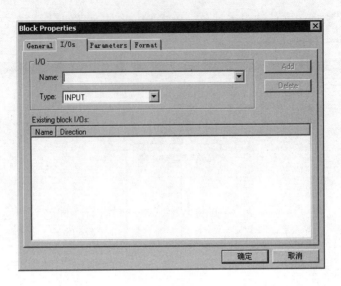

图 4.75　"I/Os" 选项卡

(7) 在 "Name" 编辑栏内输入 "Reset"，在 "Type" 下拉列表中选择 "INPUT"，单击 "Add" 按钮，为 "dis_counter" 模块添加一个名称为 "Reset" 的输入引脚。

(8) 按照表 4.19 的要求，添加其他引脚，引脚添加完成之后，单击 "确定" 按钮，此时 "dis_counter" 模块如图 4.76 所示。

dis_counter

I/O	Type
Reset	INPUT
Inpulse	INPUT
Lock	INPUT
Direction	INPUT
High_BCD[1..4]	OUTPUT
Low_BCD[1..4]	OUTPUT

inst

图 4.76　添加完引脚的 "dis_counter" 模块

把引脚名称设置为 High_BCD[1..4]，即表示一个 4 位的总线，传输 4 位信号，分别是 High_BCD1、High_BCD2、High_BCD3、High_BCD4。采用这种将多位引脚通过一条总线描述的表示方法可以大大降低工作量，在有多位总线的设计中很方便。

(9) 在 "dis_counter" 模块上单击鼠标右键，在弹出的菜单中选择 "Auto fit" 命令，系统自动调整 "dis_counter" 模块的大小，去除多余的空白位置。

(10) 按照同样的方法，根据表 4.20 的设置，新建一个名称为 "dis_coder" 的模块，完成的两个模块如图 4.77 所示。

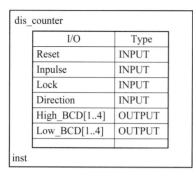
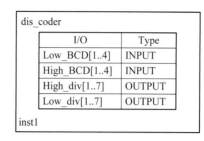

图 4.77　完成的两个模块

Quartus Ⅱ 可以根据 Block 中引脚的名称，自动将具有相同名称的引脚连接起来，而 "dis_counter" 和 "dis_coder" 模块之间需要连接的 "High_BCD[1..4]" 和 "Low_BCD[1..4]" 引脚的名称都相同，所以不需要另行连接。

（11）在图形编辑区域的空白处单击鼠标右键，在弹出的菜单中选择 "Insert" → "Symbol" 命令，打开 "Symbol" 对话框。

（12）在 "Symbol" 对话框中的 "Libraries" 树形列表中选择 "primitives" → "pin" → "input"，单击 "OK" 按钮。

（13）在工作区布置 4 个 "INPUT" 引脚，原理图如图 4.78 所示。

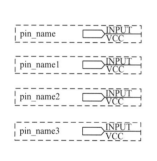

图 4.78　布置 "INPUT" 引脚后的原理图

（14）按照步骤（12）和（13）的方法，在工作区再布置 2 个 "OUTPUT" 引脚，此时原理图如图 4.79 所示。

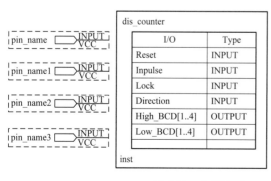
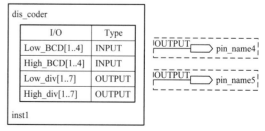

图 4.79　布置完 "OUTPUT" 引脚后的原理图

(15) 在名称为"pin_name"的输入引脚上双击鼠标左键，打开"Pin Properties"对话框，在对话框的"Name"编辑框内输入"Reset"，单击"确定"按钮，将该引脚名称改为"Reset"。

(16) 采用同样的办法，更改其他输入/输出引脚的名称，其中 4 个输入引脚名称分别为"Reset"、"Inpulse"、"Lock"、"Direction"，2 个输出引脚名称分别为"Low_div[1..7]"和"High_div[1..7]"，修改后的原理图如图 4.80 所示。

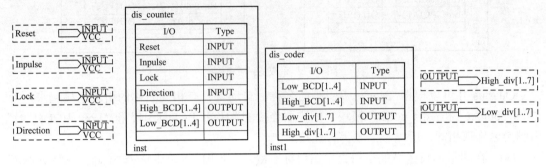

图 4.80　修改引脚名称后的原理图

(17) 将光标移至"dis_counter"模块的蓝色边缘，此时光标形状变为 ╫，按下鼠标左键拖动鼠标，将"dis_counter"模块和 4 个输入引脚按照如图 4.81 所示的连接方式串联起来，连接好之后，松开鼠标。

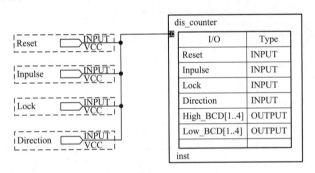

图 4.81　连接的"dis_counter"模块和 4 个输入引脚

Quartus Ⅱ 原理图编辑器中，引脚之间的连接有 3 种形式，分别是"Conduit Line"、"Bus Line"和"Node Line"。"Node Line"最简单，使用细线表示，一次只连接一路信号；"Bus Line"使用粗线表示，一次可以连接一路总线，例如"A[0..7]"表示 A[0]～A[7]共 8 路信号，组合成一路总线，使用总线方式传输；"Conduit Line"使用平行的两根细线表示，可以同时连接多路不同类型的信号，该连接方式内部有一个信号表，可以设置不同名称的信号之间的连接关系。步骤(17)中使用的就是"Conduit Line"，由于需要连接的两端对应的信号名称完全相同，因此不需要再设定信号表。为保险起见，可以查看"Conduit Line"中的信号表，确认信号都已正确连接。

(18) 在"Conduit Line"连接线上单击鼠标右键，在弹出的菜单中选择"Properties"命令，打开如图 4.82 所示的"Conduit Properties"对话框。

(19) 单击"Conduit Properties"对话框中的"Signals"选项卡标签，打开如图 4.83 所示的"Signals"选项卡，显示信号列表。

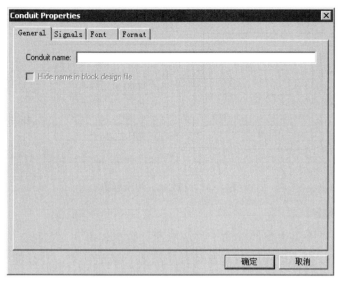

图 4.82 "Conduit Properties" 对话框

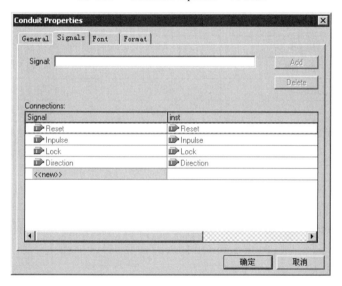

图 4.83 "Signals" 选项卡

从 "Signals" 选项卡的信号列表中可以发现,引脚信号与名称为 "inst" 的 "dis_counter" 模块中的同名引脚已经连接起来了。

(20) 单击 "确定" 按钮,关闭 "Conduit Properties" 对话框。

(21) 采用步骤(17)所示的方法,将 "dis_counter" 模块与 "dis_coder" 模块中同名的信号连接起来,将 "dis_coder" 模块中的输出信号与两路 "OUTPUT" 输出引脚连接起来,原理图如图 4.84 所示。

至此,顶层设计的原理图就已经绘制完毕了,单击保存文件工具按钮█,将该文件名称设置为 "Displace_Mea.bdf",保存在项目文件夹中。

完成了顶层设计后,接下来要分别完成下一层的设计工作,下面将分别介绍计数模块——"dis_counter" 模块和显示译码模块——"dis_coder" 模块的设计。

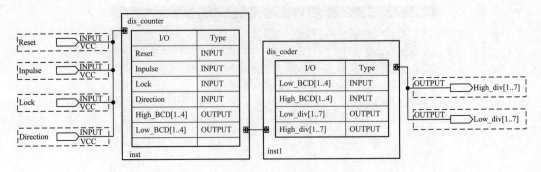

图 4.84　连接好后的原理图

2. 计数部分设计

本实例中采用 2 个带进位的双向十进制脉冲计数模块串联，实现 2 位十进制计数功能，其中的每块计数模块要求既可进行加法计数也可进行减法计数，并且能输出进位信号。带进位的双向计数模块的输入/输出引脚如表 4.21 所示。

表 4.21　带进位的双向计数模块的输入/输出引脚

名　称	类　型	功　能
Reset	输入	系统复位信号
Inpulse	输入	位移脉冲信号
Direction	输入	移动方向信号
Lock	输入	锁定显示值
BCD_out[1..4]	4 位输出	BCD 计数值
Carry	输出	进/退位输出

(1) 启动 Quartus II 7.2 软件，打开上一节创建的项目"Displace_Mea"，打开"Displace_Mea.bdf"文件。

(2) 在"Displace_Mea.bdf"文件中的"dis_counter"模块上单击鼠标右键，在弹出的菜单中选择"Create Design File from Selected Block"命令，打开如图 4.85 所示的"Create Design File from Selected Block"对话框。

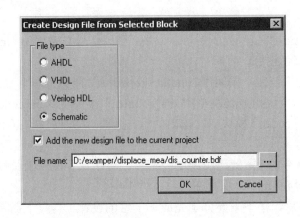

图 4.85　"Create Design File from Selected Block"对话框

(3) 在“Create Design File from Selected Block”对话框中的“File type”区域选择“Schematic”单选项，勾选“Add the new design file to the current project”复选项，单击“OK”按钮，系统弹出如图 4.86 所示的“Quartus Ⅱ”消息框，表示文件已经新建完成。

Quartus II
Created design file dis_counter.bdf
确定

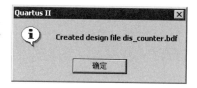

图 4.86　“Quartus Ⅱ”消息框

(4) 单击“Quartus Ⅱ”消息框中的“确定”按钮，关闭该消息框。

(5) 双击“dis_counter”模块，系统自动打开新建的原理图文件“dis_counter.bdf”，并且自动在原理图中插入了“dis_counter”模块的输入/输出引脚，如图 4.87 所示。

Reset
INPUT
VCC
Inpulse
INPUT
VCC
Lock
INPUT
VCC
Direction
INPUT
VCC
OUTPUT
High_BCD[1..4]
OUTPUT
Low_BCD[1..4]

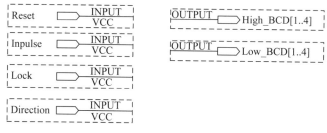

图 4.87　自动插入的输入/输出引脚

(6) 在工作区原理图文件编辑工具条上单击 Block 工具按钮，在空白地方画一个合适的 Block。

(7) 单击工作区原理图文件编辑工具条上的指针工具按钮，将光标改为指针形式，在工作区绘制的 Block 上单击鼠标右键，在弹出的菜单中选择“Block Properties”命令，打开“Block Properties”对话框。

(8) 在“Block Properties”对话框中的“Name”编辑栏内输入“BCD_counter”，设置 block 的类型为“BCD_counter”，在“Instance name”编辑框内输入“Low_counter”，设置该模块的名称为“Low_counter”。

(9) 单击“Block Properties”对话框中的“I/Os”选项卡标签，按照表 4.21 的要求，添加引脚，引脚添加完成之后，单击“确定”按钮，此时“BCD_counter”模块如图 4.88 所示。

BCD_counter
I/O
Type
Lock
INPUT
Inpulse
INPUT
Direction
INPUT
Reset
INPUT
BCD_count[1..4]
OUTPUT
Carry
OUTPUT
Low_counter

图 4.88　“BCD_counter”模块

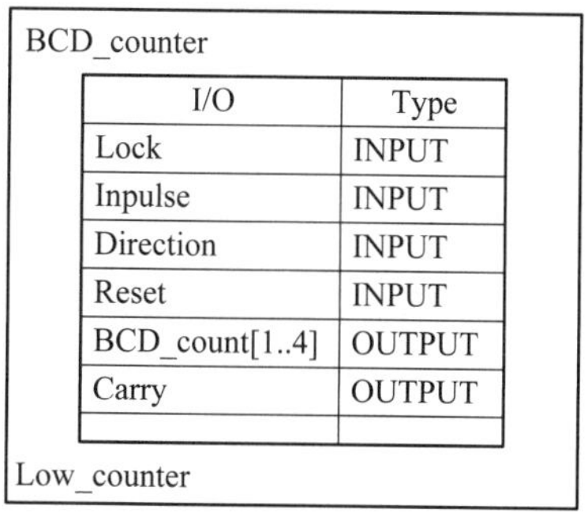

(10) 在新建的“BCD_counter”模块上单击鼠标左键，同时按住“Ctrl”键，拖动鼠标，复制出一个新的名称为“Low_counter1”的“BCD_counter”模块。

(11) 在名称为“Low_counter1”的“BCD_counter”模块上单击鼠标右键，在弹出的菜单中选择“Block Properties”命令，打开“Block Properties”对话框。

(12) 在“Block Properties”对话框中的“Instance name”编辑框内输入“High_counter”，将新建的“BCD_counter”模块命名为“High_counter”，单击“确定”按钮，关闭该对话框，此时的原理图如图 4.89 所示。

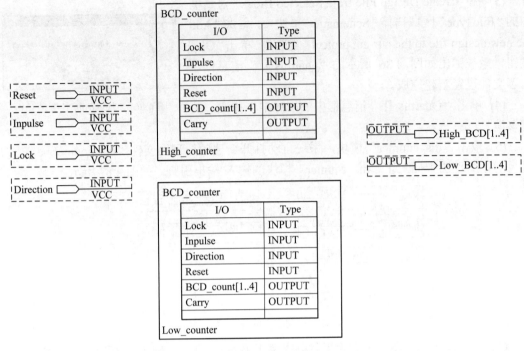

图 4.89　添加 BCD_counter 模块后的原理图

(13) 单击工具栏的管道工具按钮，此时光标形状变为，在"Low_counter"模块边缘按下鼠标左键并拖动鼠标，将"Low_counter"模块、"High_counter"模块按照如图 4.90 所示的连接方式串联起来，连接好之后，松开鼠标。

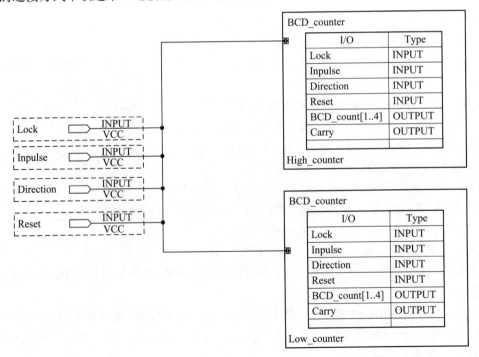

图 4.90　连接"Low_counter"、"High_counter"模块和 4 个输入引脚

（14）单击工具栏的节点连接工具按钮 ，在"Low_counter"和"High_counter"模块之间绘制一条节点连接线，如图 4.91 所示。

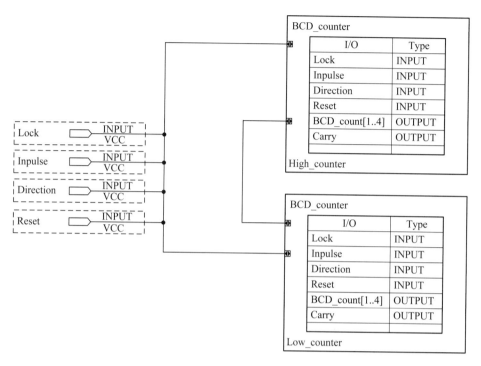

图 4.91　绘制节点连接线后的原理图

（15）在节点连接线上单击鼠标右键，在弹出的菜单中选择"Properties"命令，打开如图 4.92 所示的"Node Properties"对话框。

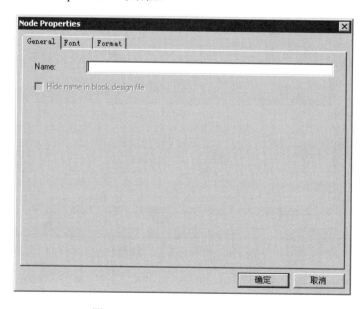

图 4.92　"Node Properties"对话框

(16) 在 "Node Properties" 对话框中的 "Name" 编辑框内输入 "carry_count"，单击 "确定" 按钮，将该 "Node Line" 名称设置为 "carry_count"。

(17) 双击节点连线与 "Low_counter" 模块接合处的绿色标志，打开如图 4.93 所示的 "Mapper Properties" 对话框。

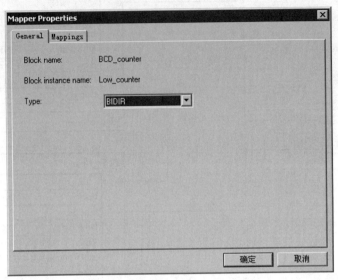

图 4.93　 "Mapper Properties" 对话框

(18) 在 "Mapper Properties" 对话框中的 "Type" 下拉列表中选择 "OUTPUT" 项，单击 "Mappings" 选项卡标签，显示如图 4.94 所示的 "Mappings" 选项卡。

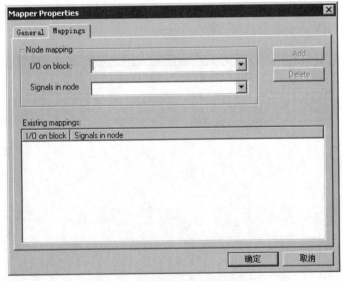

图 4.94　 "Mappings" 选项卡

(19) 在 "Mappings" 选项卡中的 "I/O on block" 下拉列表中选择 "carry" 引脚，在 "Signals in node" 下拉列表中选择 "carry_count"，单击 "Add" 按钮，添加该连接。单击 "确定" 按钮，关闭该对话框，添加连接关系后，原理图上将增加一个连接关系表，如图 4.95 所示。

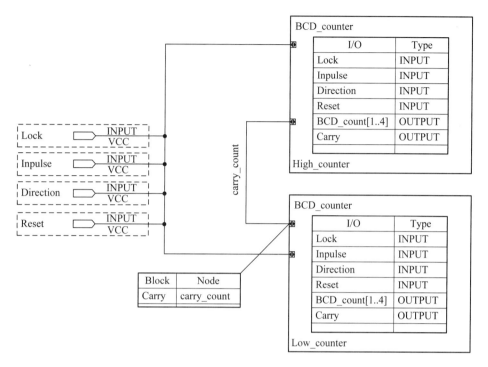

图 4.95　增加的连接关系表

(20) 采用同样的方式，在节点连线与 "High_counter" 模块之间添加 "INPUT" 连接，将节点连线的 "Carry_count" 信号与 "High_counter" 模块的 "Inpulse" 输入引脚连接起来。此时的原理图如图 4.96 所示。

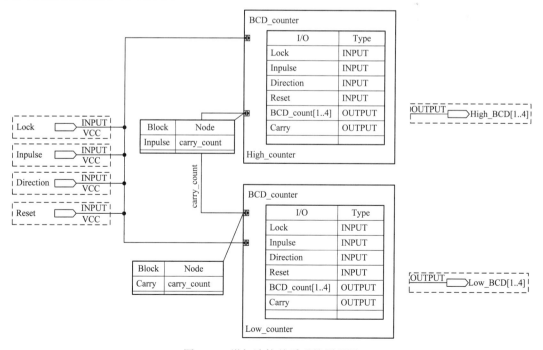

图 4.96　增加连接关系后的原理图

由于系统会自动将同名的信号引脚连接起来，当用户为某一引脚指定了其他连接关系时，还是以用户指定的连接关系为准，因此"High_counter"模块中的"Inpulse"信号是与"carry_count"信号连接，而不是与"Inpulse"输入引脚连接。这一点可以从编译后的"RTL View"中得到证实。

(21) 单击工具栏中的总线工具按钮 ，将输出引脚"Low_BCD[1..4]"与"Low_counter"连接起来，同时将输出引脚"High_BCD[1..4]"与"High_counter"连接起来。

(22) 在"Low_BCD[1..4]"输出引脚相连的总线连接线上单击鼠标右键，选择"Properties"命令，打开"Bus Properties"对话框，在"Name"编辑框内输入"Low_BCD[1..4]"，使其名称与输出引脚相同。单击"确定"按钮，关闭"Bus Properties"对话框。

(23) 在"Low_counter"模块与"Low_BCD[1..4]"总线之间添加"OUTPUT"连接，将"BCD_count[1..4]"与"Low_BCD[1..4]"连接起来。

(24) 采用与步骤(22)和(23)同样的方法，将"High_counter"模块的"BCD_count[1..4]"与"High_BCD"输出引脚连接起来，得到的原理图如图 4.97 所示。

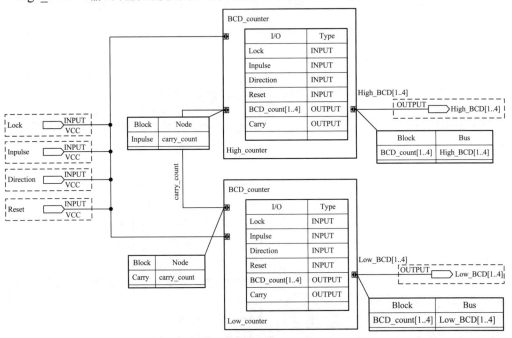

图 4.97　连接输出引脚后的原理图

(25) 单击保存文件工具按钮 ，将文件保存。

至此，"dis_counter"模块的第一层完成了。接下来要具体设计带进位位的 BCD 计数器，要求该计数器能提供加/减法计数，而且在进行减法计数时，进位位能自动切换为退位位。为同时实现加法计数和减法计数，本实例选择 Quartus Ⅱ 7.2 提供的 74192 宏模块，该模块的符号如图 4.98 所示，其逻辑参数表如表 4.22 所示。

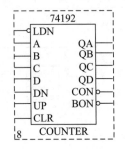

图 4.98　74192 宏模块的符号

表 4.22　74192 宏模块的逻辑参数表

输　入　端　口								输　出　端　口					
CLR	UP	DN	LDN	D	C	B	A	QD	QC	QB	QA	CON	BON
H	×	×	×	×	×	×	×	L	L	L	L	×	×
L	×	×	L	d	c	b	a	d	c	b	a	×	×
L	↑	H	H	×	×	×	×	加法计数				H	H
L	H	↑	H	×	×	×	×	减法计数				H	H
L	↑	H	H	×	×	×	×	H	L	L	H	L	H
L	H	↑	H	×	×	×	×	L	L	L	L	H	L
L	H	H	H	×	×	×	×	锁定计数值				×	×
L	↑	↑	H	×	×	×	×	非法				×	×

由表 4.22 可知，使用 74192 宏模块可实现加/减法计数、清零和保存计数值的功能，接下来即可使用 74192 模块设计一个带进位功能的 1 位十进制双向计数器模块。

(26) 在"dis_counter.bdf"文件中的任意一个"BCD_counter"模块上单击鼠标右键，在弹出的菜单中选择"Create Design File from Selected Block"命令，打开 "Create Design File from Selected Block"对话框。

(27) 在"Create Design File from Selected Block"对话框中的"File type"区域选择"Schematic"单选项，勾选"Add the new design file to the current project"复选项，单击"OK"按钮，系统弹出"Quartus Ⅱ"消息框，表示文件已经新建完成。

(28) 单击"Quartus Ⅱ"消息框中的"确定"按钮，关闭该消息框。

(29) 双击"BCD_counter"模块，打开新建的"BCD_counter.bdf"文件，文件中已经自动添加了输入/输出引脚。

(30) 单击添加符号工具按钮 ，打开"Symbol"对话框。

(31) 在"Symbol"对话框左侧的树形列表中选择"others"→ "maxplus2"→ "74192"，单击"确定"按钮，在工作区布置一个"74192"器件。

(32) 重复操作步骤(30)和(31)，在工作区中插入如图 4.99 所示的符号，将其分别添加到原理图文件中。

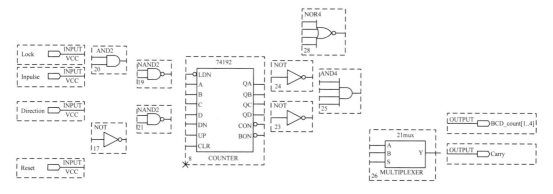

图 4.99　添加符号后的原理图

原理图中添加的符号如表 4.23 所示。

表 4.23　添加的符号

符 号 类 型	数　量
AND2	1
AND4	1
NAND2	2
NOT	3
74192	1

(33) 单击工具栏的节点连接工具按钮 ⅂，按照如图 4.100 所示的原理图，连接各图元符号，并设置节点连线的名称。

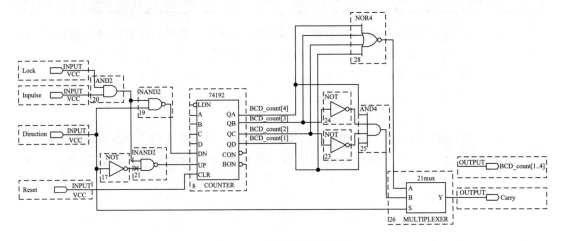

图 4.100　连接后的原理图

(34) 单击保存文件工具按钮 ▣，保存该文件。

至此，带进位位的双向十进制计数模块原理图就设计完毕了。

3. 显示译码部分设计

为实现实时同步显示数字，显示译码部分采用 BCD 码-7 段译码器宏模块 74247，该模块的符号如图 4.101 所示，其逻辑参数表如表 4.24 所示。

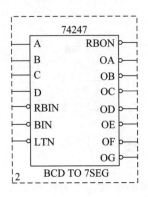

图 4.101　74247 宏模块的符号

表 4.24　74247 宏模块的逻辑参数表

输　入　端　口							输　出　端　口							
LTN	RBIN	BIN	D	C	B	A	OA	OB	OC	OD	OE	OF	OG	RBON
H	H	H	L	L	L	L	On	On	On	On	On	On	Off	H
H	L	H	L	L	L	L	Off	Off	Off	Off	Off	Off	Off	L
H	×	H	L	L	L	H	Off	On	On	Off	Off	Off	Off	H
H	×	H	L	L	H	L	On	On	Off	On	On	Off	On	H
H	×	H	L	L	H	H	On	On	On	On	Off	Off	On	H
H	×	H	L	H	L	L	Off	On	On	Off	Off	On	On	H
H	×	H	L	H	L	H	On	Off	On	On	Off	On	On	H
H	×	H	L	H	H	L	On	Off	On	On	On	On	On	H
H	×	H	L	H	H	H	On	On	On	Off	Off	Off	Off	H
H	×	H	H	L	L	L	On	On	On	On	On	On	On	H
H	×	H	H	L	L	H	On	On	On	On	Off	On	On	H
H	×	H	H	L	H	L	Off	Off	Off	On	On	Off	On	H
H	×	H	H	L	H	H	Off	Off	On	On	Off	Off	On	H
H	×	H	H	H	L	L	Off	On	Off	Off	Off	On	On	H
H	×	H	H	H	L	H	On	Off	On	On	Off	On	On	H
H	×	H	H	H	H	L	Off	Off	Off	On	On	On	On	H
H	×	H	H	H	H	H	Off	Off	Off	Off	Off	Off	Off	H
L	×	H	×	×	×	×	On	On	On	On	On	On	On	H
H	×	L	×	×	×	×	Off	Off	Off	Off	Off	Off	Off	H

由于 74247 显示译码器已经可以独立完成 1 位十进制数字的显示译码任务，因此显示译码模块中将包含两个 74247 模块，同时对十位和个位进行并行译码。

（1）启动 Quartus Ⅱ 7.2 软件，打开上一节创建的项目 "Displace_Mea"，打开 "Displace_Mea.bdf" 文件。

（2）在 "Displace_Mea.bdf" 文件中的 "dis_coder" 模块上单击鼠标右键，在弹出的菜单中选择 "Create Design File from Selected Block" 命令，打开 "Create Design File from Selected Block" 对话框。

（3）在 "Create Design File from Selected Block" 对话框中的 "File type" 区域选择 "Schematic" 单选项，勾选 "Add the new design file to the current project" 复选项，单击 "OK" 按钮，系统弹出 "Quartus Ⅱ" 消息框，表示文件已经新建完成。

（4）单击 "Quartus Ⅱ" 消息框中的 "确定" 按钮，关闭该消息框。

（5）双击 "dis_coder" 模块，系统自动打开新建的原理图文件 "dis_coder.bdf"，并且自动在原理图中插入了 "dis_coder" 模块的输入/输出引脚。

（6）在原理图空白处双击鼠标，打开 "Symbol" 对话框，在 "Symbol" 对话框左侧的树形列表中选择 "others" → "maxplus2" → "74247"，单击 "确定" 按钮，在工作区布置一个 74247 器件。

(7) 重复操作步骤(5)和(6)，在工作区中插入如图 4.102 所示的符号，将其分别添加到原理图文件中。

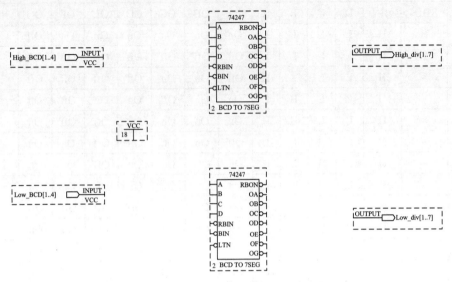

图 4.102　完成的原理图

(8) 使用节点连线工具和总线连线工具将原理图中的各端口连接起来，并设置连线的名称，确定连接关系，得到如图 4.103 所示的原理图。

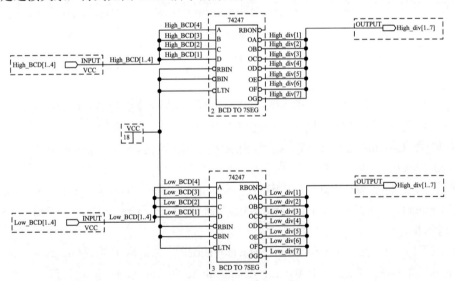

图 4.103　连线完成后的原理图

(9) 单击保存文件工具按钮 ⬛，保存该文件。

至此，显示译码模块原理图就设计完毕了。接下来要对设计进行编译、仿真检验，最后下载到器件中运行。

4．编译、仿真检验

完成逻辑设计后，需要设置设计的目标器件、器件的输入/输出引脚，编译设计，对设计进行时序仿真，最后下载到硬件中使用。

(1) 选择"Assignment"→"Device"命令，打开如图 4.104 所示的"Settings-displace_mea"对话框。

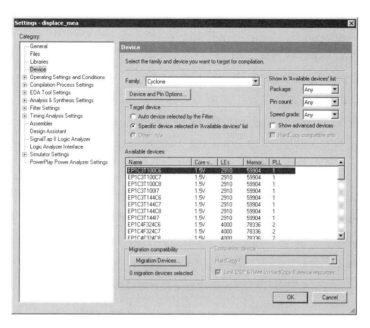

图 4.104　"Settings-displace_mea"对话框

(2) 在"Settings-displace_mea"对话框右侧"Device"视图中的"Family"下拉列表中选择"MAX3000A"，然后在"Available devices"列表中选择"EMP3032ALC44-10"，单击"OK"按钮。

(3) 选择"Assignment"→"Pin"命令，打开如图 4.105 所示的"Pin Planner"窗口。

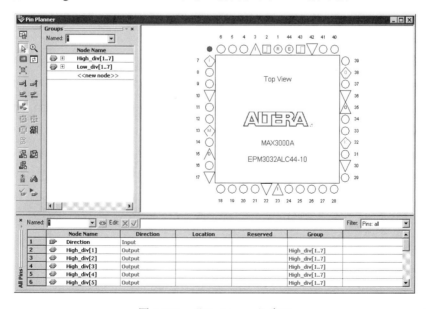

图 4.105　"Pin Planner"窗口

(4) 双击"Pin Planner"窗口右上方的"MAX3000A"器件俯视图中的 4 号引脚，打开如图 4.106 所示的"Pin Properties"对话框。

(5) 在"Pin Properties"对话框中的"Node name"下拉列表中选择"direction"，单击"OK"按钮，将 4 号引脚设置为"direction"信号输入引脚。

(6) 采用步骤(4)和(5)介绍的方法设置其他的信号输入/输出引脚对应的物理引脚。

(7) 单 击 完 全 编 译 工 具 按 钮 或 者 选 择 "Processing"→"Start Compilation"命令，开始编译。

(8) 单击新建文件工具按钮，打开"New"对话框，选择"Other Files"选项卡，然后选择"Vector Waveform File"项，单击"OK"按钮，新建一个波形文件。

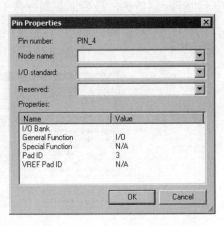

图 4.106　"Pin Properties"对话框

(9) 在波形文件的左侧节点列表中，单击鼠标右键，在弹出的菜单中选择"Insert"→"Insert Node or Bus"命令，打开如图 4.107 所示的"Insert Node or Bus"对话框。

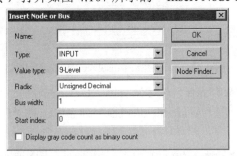

图 4.107　"Insert Node or Bus"对话框

(10) 在"Insert Node or Bus"对话框中单击"Node Finder"按钮，打开如图 4.108 所示的"Node Finder"对话框。

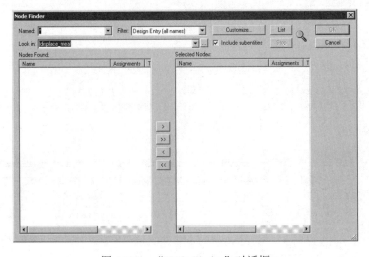

图 4.108　"Node Finder"对话框

（11）在"Node Finder"对话框的"Filter"下拉列表中选择"Pin：all"项，单击"List"按钮，将所有引脚在"Nodes Found"列表中显示出来。

（12）单击">>"按钮，将"Nodes Found"列表中的所有引脚都选中，移到"Selected Nodes"列表中，然后单击"OK"按钮，关闭"Node Finder"对话框。

（13）单击"Insert Node or Bus"对话框中的"OK"按钮，将所有选中的节点均添加到波形文件中。

（14）选择主菜单中的"Edit"→"End Time"命令，打开如图 4.109 所示的"End Time"对话框。

（15）在"End Time"对话框中的"Time"编辑框内输入"100"，在右侧的时间单位下拉列表中选择"ms"，单击"OK"按钮，将仿真时间设置为 100 ms。

（16）在信号节点列表中单击"Inpulse"信号标志，选中该信号，单击鼠标右键，在弹出的菜单中选择"Value"→"Clock"命令，打开如图 4.110 所示的"Clock"对话框。

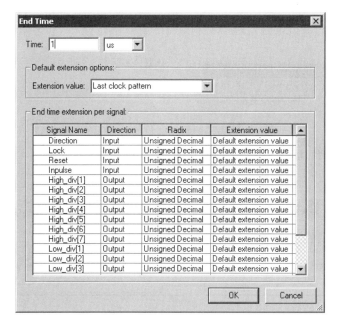

图 4.109　　"End Time"对话框

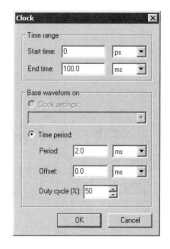

图 4.110　　"Clock"对话框

（17）在"Clock"对话框中的"Period"编辑框内输入"2.0"，时间单位选择"ms"，在"Offset"编辑框内输入"0.0"，在"Duty cycle"编辑框内输入"50"，单击"OK"按钮，将"Inpulse"信号设置为周期为 2 ms，占空比为 50% 的方波信号。

（18）使用工具栏中的置零工具按钮和置位工具按钮，将输入信号"Reset"、"Lock"和"Direction"设置成如图 4.111 所示的状态。

（19）单击保存工具按钮，打开"另存为"对话框，接受系统默认的文件名称"displace_mea.vwf"，单击"确定"按钮，保存该文件。

（20）单击开始仿真工具按钮，或者选择"Processing"→"Start Simulation"命令，启动仿真过程。

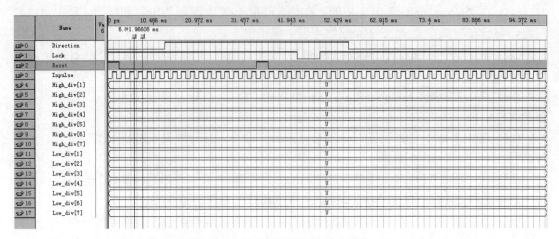

图 4.111　完成输入设置的波形文件

仿真结束后，系统弹出如图 4.112 所示的"Quartus Ⅱ"消息框，提示仿真结束，自动打开如图 4.113 所示的时序仿真报告。

图 4.112　"Quartus Ⅱ"消息框

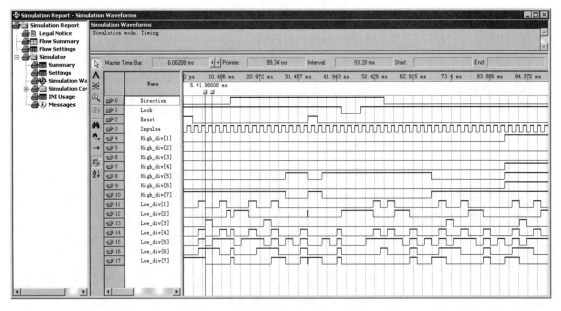

图 4.113　时序仿真报告

检查时序仿真报告，发现输出的时序基本符合设计要求。表 4.25 所示为 7 段显示译码值与显示数字之间的关系。读者可以对照仿真结果，对系统功能进行检测。

表 4.25　7 段显示译码值与显示数字之间的关系

7 段显示译码值							显示的数值
a	b	c	d	e	f	g	
0	0	0	0	0	0	1	0
1	0	0	1	1	1	1	1
0	0	1	0	0	1	0	2
0	0	0	0	1	1	0	3
1	0	0	1	1	0	0	4
0	1	0	0	1	0	0	5
0	1	0	0	0	0	0	6
0	0	0	1	1	1	1	7
0	0	0	0	0	0	0	8
0	0	0	1	1	0	0	9

仿真结果满足要求后，接下来就可以将程序下载到芯片上，进行硬件测试，完成整个芯片产品。

(21) 选择 "Programmer" 命令，打开 "Compiler" 窗口，单击 "Start" 按钮，对设计进行重新编译，将引脚设置编入配置文件中，编译完成后，在弹出的 "Quartus Ⅱ-compiler" 消息栏内单击 "确定" 按钮。

(22) 使用下载电缆将计算机的打印口与目标板连接好，打开电源，选择 "Tools" → "Programmer" 命令，或者单击工具栏中的编程工具按钮 🖑，打开 "Programmer" 窗口。

(23) 单击 "Programmer" 窗口中的 "Configure" 按钮，向 CPLD 目标器件写入配置文件。写入完成后，弹出 "Quartus Ⅱ" 消息框，提示用户完成编程工作。单击 "确定" 按钮，关闭该消息框。

至此，2 位十进制数字位移测量仪芯片就设计完成了，读者也可以自己扩展位移测量和显示的位数。

4.3　LPM 宏模块及其使用

LPM(Library Parameterized Modules)是参数化宏模块库。与 4.2 节中介绍的宏模块不同的是，在参数化的宏模块内设计者可以自行定义宏模块中的功能参数，使设计更加灵活。在设计中使用 LPM 模块可以大大简化 IC 设计的工作量，提高 IC 面积利用率。

Quartus Ⅱ 提供的 LPM 库如表 4.26 所示。模块分为 LPM 时序单元宏模块、LPM 算术运算宏模块、LPM 存储器宏模块和其他 LPM 宏模块，本节将分别进行介绍。

4.3.1　参数化时序单元宏模块

Quartus Ⅱ 7.2 提供的参数化时序单元宏模块如表 4.26 所示。

表 4.26　Quartus Ⅱ 7.2 中的 LPM 时序单元宏模块

LPM 宏模块名称	功 能 描 述
LPM_AND	参数化与门宏模块
LPM_OR	参数化或门宏模块
LPM_XOR	参数化异或门宏模块
LPM_BUSTRI	参数化三态缓冲器宏模块
LPM_CLSHIFT	参数化组合逻辑移位器宏模块
LPM_CONSTANT	参数化常数发生器宏模块
LPM_DECODE	参数化解码器宏模块
LPM_INV	参数化反向器宏模块
LPM_MUX	参数化多路选择器宏模块
BUSMUX	参数化总线选择器宏模块
LPM_FF	参数化 D 触发器
LPM_LATCH	参数化锁存器

以下介绍较常用的 LPM 时序单元宏模块及其参数。

1. LPM_AND 参数化与门宏模块

LPM_AND 宏模块是参数化的与门,用于多个数据的与操作,其符号如图 4.114 所示,其中包含两个端口,"data[][]"为输入端口,"result[]"为输出端口。

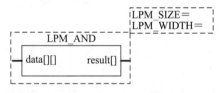

图 4.114　LPM_AND 宏模块的符号

LPM_AND 宏模块有两个参数,其中 LPM_WIDTH 表示进行与操作的数据的位宽,LPM_SIZE 表示进行与操作的数据的个数,输入与输出之间的关系如下:

data[i][1]& data[i][2]&…&data[i][LPM_SIZE]=result[i](i=0,1,…,LPM_WIDTH)

共可连接"LPM_SIZE"个数据输入,每个数据有"LPM_WIDTH"位。

2. LPM_CLSHIFT 参数化组合逻辑移位器宏模块

LPM_CLSHIFT 宏模块的符号如图 4.115 所示,该模块用于对输入的数据进行移位操作。

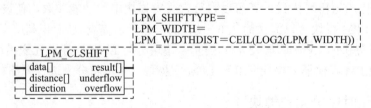

图 4.115　LPM_CLSHIFT 宏模块的符号

LPM_CLSHIFT 宏模块的端口定义如表 4.27 所示。

表 4.27 LPM_CLSHIFT 宏模块的端口定义

名称	端口类型	是否需要连接	功 能 描 述
data[]	输入	需要	进行移位操作的数据，数据位数为"LPM_WIDTH"
distance[]	输入	需要	移位操作中移动的位数，该数据的位数为"LPM_WIDTHDIST"
direction	输入	需要	确定移位操作的方向，"0"表示左移，"1"表示右移，默认情况下为"0"，表示左移
result[]	输出	需要	移位后的数据，数据位数为"LPM_WIDTH"
underflow	输出	不需要	是否有右端溢出
overflow	输出	不需要	是否有左端溢出

LPM_CLSHIFT 宏模块的参数定义如表 4.28 所示。

表 4.28 LPM_CLSHIFT 宏模块的参数定义

名　称	是否需要指定	数值类型	功 能 描 述
LPM_SHIFTTYPE	不需要	"LOGICAL"、"ARITHMETIC"或"ROTATE"	用于设置移位方式，"ROTATE"表示循环移位，"ARITHMETIC"表示数字移位，"LOGICAL"表示逻辑移位，默认参数为"LOGICAL"
LPM_WIDTH	需要	大于 1 的整数	data[]和 result[]端口的位宽
LPM_WIDTHDIST	需要	大于 0 的整数	distance[]端口的位宽，设置为"0"表示不移位，LPM_WIDTHDIST < lb(LPM_WIDTH)

3. LPM_CONSTANT 参数化常数发生器宏模块

LPM_CONSTANT 宏模块用于输出常数，该宏模块的符号如图 4.116 所示。

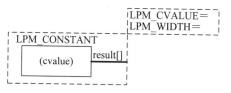

图 4.116 LPM_CONSTANT 宏模块的符号

LPM_CONSTANT 宏模块仅有一个"result[]"输出端口，该端口用于输出生成的数据；参数"LPM_CVALUE"为大于等于 0 的整数，用于设置数据的内容；参数"LPM_WIDTH"为大于 0 的整数，用于设置输出的数据位宽，也就是"result[]"端口的位宽。参数 LPM_CVALUE 和 LPM_WIDTH 之间必须满足 $LPM\_CVALUE < 2^{LPM\_WIDTH}$ 的条件。

4. LPM_DECODE 参数化解码器宏模块

LPM_DECODE 宏模块的符号如图 4.117 所示，用于完成解码功能。

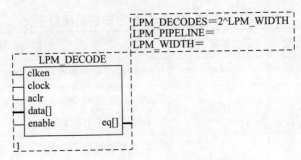

图 4.117　LPM_DECODE 宏模块的符号

LPM_DECODE 宏模块的端口定义如表 4.29 所示。

表 4.29　LPM_DECODE 宏模块的端口定义

名称	端口类型	是否需要连接	功　能　描　述
data[]	输入	需要	数据输入，数据宽度为"LPM_WIDTH"
enable	输入	不需要	解码使能信号输入，当为"0"时，所有输出为"0"，端口悬空时默认为"1"
clock	输入	不需要	用于流水线结构，提供时钟信号输入，如果"LMP_PIPELINE"参数设置为非"0"，则必须连接 clock 端口。"LMP_PIPELINE"参数默认为"0"
clken	输入	不需要	clock 端口使能信号输入
aclr	输入	不需要	使用流水线时的异步清零信号输入
eq[]	输出	需要	输出宽度为"LPM_DECODES"的解码信号，如果 data[]端口的输入值大于 LPM_DECODES，则输出全为"0"

LPM_DECODE 宏模块的参数定义如表 4.30 所示。

表 4.30　LPM_DECODE 宏模块的参数定义

参数名称	是否需要指定	参数类型	功　能　描　述
LPM_WIDTH	需要	整数	data[]输入端口的数据宽度
LPM_DECODES	需要	整数	直接解码输出的端口位数。$LPM\_DECODES \leqslant 2^{LPM\_WIDTH}$
LPM_PIPELINE	不需要	整数	指定流水线的参数，默认为"0"
LPM_HINT	不需要	字符串	指定是否在 VHDL 描述中使用特殊参数，默认为"UNUSED"
LPM_TYPE	不需要	字符串	在 VHDL 设计文件中指定引用的 LPM 实体的名称

5．BUSMUX 参数化总线选择器宏模块

BUSMUX 宏模块的符号如图 4.118 所示，该模块用于进行总线的多路选择。

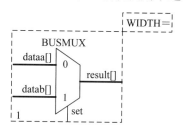

图 4.118　BUSMUX 宏模块的符号

图 4.118 中，dataa[]和 datab[]是两个总线输入端口；总线的宽度由"WIDTH"参数设置；set 输入端口用于输入总线选择信号；result[]为总线输出端口，其宽度由"WIDTH"参数设置。

4.3.2　参数化运算单元宏模块

Quartus Ⅱ 7.2 提供的参数化运算单元宏模块如表 4.31 所示。

表 4.31　Quartus Ⅱ 7.2 中的参数化运算单元宏模块

名　　称	说　　明
LPM_ABS	参数化绝对值运算宏模块
LPM_ADD_SUB	参数化加/减法器宏模块
LPM_COMPARE	参数化比较器宏模块
LPM_COUNTER	参数化计数器宏模块
LPM_MULT	参数化乘法器宏模块

下面介绍较常用的参数化运算单元宏模块及其参数。

1．LPM_ADD_SUB 参数化加/减法器宏模块

LPM_ADD_SUB 宏模块的符号如图 4.119 所示，该宏模块用于进行加/减法运算。

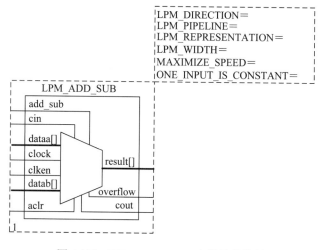

图 4.119　LPM_ADD_SUB 宏模块的符号

LPM_ADD_SUB 宏模块中的输入/输出端口定义如表 4.32 所示。

表 4.32　LPM_ADD_SUB 宏模块中的输入/输出端口定义

名称	端口类型	是否需要连接	功 能 描 述
cin	输入	不需要	输入的进位位或退位位，如果忽略该输入端口，则默认为"0"
dataa[]	输入	需要	被加数或被减数输入，数据位宽为 LPM_WIDTH
datab[]	输入	需要	加数或减数，数据位宽为 LPM_WIDTH
add_sub	输入	不需要	加、减功能选择端口，如果该端口的输入为高，则宏模块的功能为加法，即 result[]= dataa[]+datab[] +cin；如果该端口的输入为低，则宏模块的功能为减法，即 result[]= dataa[]−datab[] +cin−1
clock	输入	不需要	用于流水线结构中的时钟输入，如果"LMP_PIPELINE"参数设置为非"0"，则必须连接 clock 端口。"LMP_PIPELINE"参数默认为"0"
clken	输入	不需要	流水线结构中的时钟使能信号输入端口
aclr	输入	不需要	流水线结构中的异步清零信号输入端口
result[]	输出	需要	输出 dataa[] +datab[] +cin 或者 dataa[]−datab[] +cin−1
cout	输出	不需要	输出的进位位，如果使用 overflow 端口，则 cout 端口就不能使用
overflow	输出	不需要	输出运算溢出标志位，只有在参数 LPM_REPRESENTATION 设置为"SIGNED"，使用有符号参数时该位才有意义

LPM_ADD_SUB 宏模块的参数定义如表 4.33 所示。

表 4.33　LPM_ADD_SUB 宏模块的参数定义

参数名称	是否需要指定	参数类型	功 能 描 述
LPM_WIDTH	需要	整数	dataa[]、datab[]和 result[]端口的位宽
LPM_DIRECTION	不需要	"ADD"、"SUB"和"DEFAULT"字符串	设置 LPM_ADD_SUB 宏模块的功能，如果忽略该参数，则默认为"DEFAULT"，由 add_sub 端口的输入确定 LPM_ADD_SUB 宏模块的功能；如果用户定义该参数的值为"ADD"或者"SUB"，则按照 LPM_DIRECTION 参数的设置确定 LPM_ADD_SUB 宏模块的功能，忽略 add_sub 端口的输入
LPM_REPRESENTATION	不需要	"SIGNED"和"UNSIGNED"字符串	设置加/减法操作的输入数据的性质，"SIGNED"表示有符号数，"UNSIGNED"表示无符号数。若忽略该参数，则默认为"SIGNED"

续表

参数名称	是否需要指定	参数类型	功 能 描 述
LPM_PIPELINE	不需要	整数	设置流水线条数,若忽略该参数,则默认为"0"
ONE_INPUT_IS_CONSTANT	不需要	"Yes"或"No"字符串	Altera 特殊参数,用于指定是否进行常数加/减运算,即确定 LPM_ADD_SUB 宏模块中的 dataa[]、datab[]输入端口中是否有一个输入为常数,这样可以减少模块所需的芯片资源。若忽略该参数,则默认为"No"
MAXIMIZE_SPEED	不需要	1～10 的整数	Altera 特殊参数,设置宏模块的运算速度,数字越大,宏模块运算速度越快,但相应所占用的芯片资源也越多。如果该参数被忽略,则系统在编译综合过程中采用系统设置

2. LPM_COMPARE 参数化比较器宏模块

LPM_COMPARE 宏模块的符号如图 4.120 所示,该模块用于比较输入的参数。

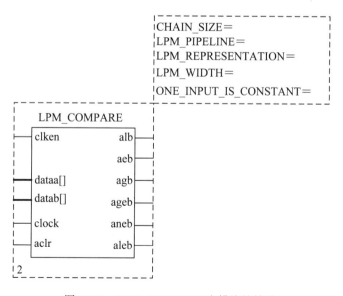

图 4.120　LPM_COMPARE 宏模块的符号

LPM_COMPARE 宏模块中的输入/输出端口定义如表 4.34 所示。

表 4.34　　LPM_COMPARE 宏模块中的输入/输出端口定义

名称	端口类型	是否需要连接	功 能 描 述
dataa[]	输入	需要	参与比较的数字输入端口，位宽为 LPM_WIDTH
datab[]	输入	需要	参与比较的数字输入端口，位宽为 LPM_WIDTH
clock	输入	不需要	用于流水线结构中的时钟输入，如果"LMP_PIPELINE"参数设置为非"0"，则必须连接 clock 端口。"LMP_PIPELINE"参数默认为"0"
clken	输入	不需要	流水线结构中的时钟使能信号输入端口
aclr	输入	不需要	流水线结构中的异步清零信号输入端口
alb	输出	不需要	如果 dataa[] < datab[]，则输出为"1"，否则输出为"0"
aeb	输出	不需要	如果 dataa[] = datab[]，则输出为"1"，否则输出为"0"
agb	输出	不需要	如果 dataa[] > datab[]，则输出为"1"，否则输出为"0"
ageb	输出	不需要	如果 dataa[] ≥ datab[]，则输出为"1"，否则输出为"0"
aneb	输出	不需要	如果 dataa[] ≠ datab[]，则输出为"1"，否则输出为"0"
aleb	输出	不需要	如果 dataa[] ≤ datab[]，则输出为"1"，否则输出为"0"

6 个输出端口不必全部连接，但至少必须连接一个。

LPM_COMPARE 宏模块的参数定义如表 4.35 所示。

表 4.35　　LPM_COMPARE 宏模块的参数定义

参数名称	是否需要指定	参数类型	功 能 描 述
LPM_WIDTH	需要	1～64 的整数	dataa[]和 datab[]端口的位宽
LPM_REPRESENTATION	不需要	"SIGNED"或"UNSIGNED"字符串	设置参与比较的数字类型，"SIGNED"表示有符号数，"UNSIGNED"表示无符号数。如果忽略该参数，则默认为"UNSIGNED"
LPM_PIPELINE	不需要	1～4 的整数	设置流水线的条数，若忽略该参数，则默认为"0"
CHAIN_SIZE	不需要	1～64 的整数	Altera 特殊参数，设置允许的最大的数据链的数量，用于 ACEX1K、FLEX6000、FLEX8000 或 FLEX10K 器件中。如果忽略该参数，则默认为"8"。该参数设置得越小，系统运行速度越快，但占用的芯片资源越多
ONE_INPUT_IS_CONSTANT	不需要	"Yes"或"No"字符串	Altera 特殊参数，用于指定是否进行常数加/减运算，即确定 LPM_ADD_SUB 宏模块中的 dataa[]、datab[]输入端口中是否有一个输入为常数，这样可以减少模块所需的芯片资源。如忽略该参数，则默认为"No"

3. LPM_COUNTER 参数化计数器宏模块

LPM_COUNTER 宏模块的符号如图 4.121 所示，该宏模块用于脉冲计数。

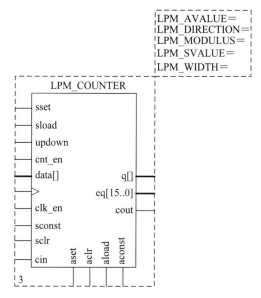

图 4.121 LPM_COUNTER 宏模块的符号

LPM_COUNTER 宏模块中的输入/输出端口定义如表 4.36 所示。

表 4.36 LPM_COUNTER 宏模块中的输入/输出端口定义

端口名称	端口类型	是否需要连接	功 能 描 述
data[]	输入	不需要	计数初值输入端口
clock	输入	需要	计数时钟信号输入端口，由上升沿触发
clk_en	输入	不需要	时钟使能信号输入端口
cnt_en	输入	不需要	计数使能信号输入端口，当为低电平时停止计数，对 sload、sset 或 sclr 无影响
updown	输入	不需要	计数模式控制端口。当输入为"1"时，表示加法计数；当输入为"0"，表示减法计数
cin	输入	不需要	低位的进位位或退位位输入端口，默认为"1"
aclr	输入	不需要	异步数据清零端口。若输入为"1"，则 q[]端口输出全为"0"
aset	输入	不需要	异步数据置位端口。若该端口被置"1"，则 q[]端口输出全为"1"或者为 LPM_AVALUE 参数设置的值。该端口的默认输入为"0"
aload	输入	不需要	异步导入计数初值数据端口。若该端口输入为"1"，则导入 data[]端口的计数初值，此时 data[]端口必须连上。该端口默认为"0"
sclr	输入	不需要	同步清零端口。若该端口被置为"1"，则在下一个时钟边缘到来时将计数器清零，默认为"0"。若 sclr 与 sset 端口同时被置为"1"，则"sset"端口输入无效

续表

端口名称	端口类型	是否需要连接	功 能 描 述
sset	输入	不需要	同步置位端口。若该端口被置为"1"，则在下一个时钟边缘到来时，q[]端口输出全为"1"
sload	输入	不需要	同步导入计数初值数据端口。若该端口输入为"1"，则在下一个时钟边缘导入 data[]端口的计数初值，此时 data[]端口必须连上。该端口默认为"0"
q[]	输出	不需要	计数器数据输出端口。输出计数值，位宽为 LPM_WIDTH
eq[15..0]	输出	不需要	计数器解码输出端口。当计数值在0～16之间时，指定计数值后的对应输出为高。eq[15..0]端口与q[]端口必须有一个连接
cout	输出	不需要	计数值进位位或退位位

LPM_COUNTER 宏模块的参数定义如表 4.37 所示。

表 4.37   LPM_COUNTER 宏模块的参数定义

参数名称	是否需要指定	参数类型	功 能 描 述
LPM_WIDTH	需要	1～64 的整数	计数器位宽及输入 data[]端口和输出 q[]端口的位宽
LPM_DIRECTION	不需要	"UP"或者"DOWN"字符串	控制计数模式的参数。"UP"表示加法计数，"DOWN"表示减法计数。当设置该参数后，updown 端口就不能连接了。如果忽略该参数，且未连接 updown 端口，则默认该参数为"UP"
LPM_MODULUS	不需要	整数	最大的计数值。如果计数初值大于该值，将会出现无法预料的输出
LPM_AVALUE	不需要	整数	设置异步数据置位时载入的计数初值。当 aset 端口被置为"1"时，该值将被载入计数器；如果该参数的数值大于 LPM_MODULUS，则会导致不确定的输出
LPM_SVALUE	不需要	整数	设置同步数据置位时载入的计数初值。当 sset 端口被置为"1"后的第一个时钟上升沿时，该值将被载入计数器；如果该参数的数值大于 LPM_MODULUS，则会导致不确定的输出

4.3.3 参数化存储器宏模块

存储器是数字系统的重要组成部分，数据处理单元的处理结果需要存储，许多处理单元的初始化数据也需要存放在存储器中。存储器还可以完成一些特殊的功能，如多路复用、速率变换、数值计算、脉冲成形、特殊序列产生以及数字频率合成等。Altera 公司的 FPGA 器件内部有 EAB，适于设计存储器。Quartus II 软件提供了 RAM、ROM 和 FIFO 等参数化存储器宏模块，如表 4.38 所示。设计者可以很方便地利用这些宏模块设计各种类型的存储器。

表 4.38　参数化存储器宏模块

LPM 宏模块名称	功　　能
CSDPRAM	参数化循环共享双端口 RAM
LPM_RAM_DQ	输入/输出端口分离的参数化 RAM
LPM_RAM_DP	参数化双端口 RAM
LPM_RAM_IO	输入/输出复用的参数化 RAM
LPM_ROM	参数化 ROM
LPM_SHIFTREG	参数化移位寄存器
CSFIFIO	参数化 FIFO 宏模块
DCFIFO	参数化双时钟 FIFO 宏模块
SCFIFO	参数化单时钟 FIFO 宏模块
LPM_FIFO	参数化单时钟 FIFO 宏模块
LPM_FIFO_DC	参数化双时钟 FIFO 宏模块

1. RAM 宏模块

RAM(Random Access Memory，随机存取存储器)可以随时在任一指定地址写入或读取数据，它的最大优点是可以方便读/写数据，但存在易失性的缺点，断电后所存数据便会丢失。下面就以 LPM_RAM_DQ 为例，介绍参数化 RAM 宏模块。

LPM_RAM_DQ 宏模块的符号如图 4.122 所示，其特点是数据输入和输出的端口相分离。

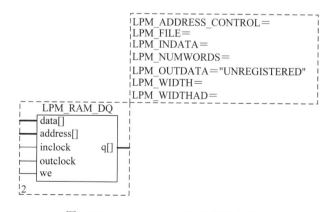

图 4.122　LPM_RAM_DQ 宏模块的符号

LPM_RAM_DQ 宏模块的端口定义如表 4.39 所示。

表 4.39　LPM_RAM_DQ 宏模块的端口定义

端口名称	端口类型	是否需要连接	功 能 描 述
data[]	输入	需要	向存储器写数据的数据输入端口，位宽为 LPM_WIDTH
address[]	输入	需要	存储器地址输入端口，位宽为 LPM_WIDTHAD
we	输入	需要	存储器写数据允许信号输入端口。当该端口输入为高时，将 data[] 输入写到存储器的由 address[] 地址指定的存储空间
inclock	输入	不需要	同步写数据时钟信号输入端口。若使用该端口，则只有在 inclock 输入的时钟信号的上升沿才对存储器进行写操作；若不连接该端口，则由 we 端口控制异步读/写存储器。如果该端口不连接，则 LPM_INDATA 和 LPM_ADDRESS_CONTROL 参数应该设置为 "UNREGISTERED"
outclock	输入	不需要	同步读信号时钟信号输出端口。若 outclock 端口未连接，则 LPM_OUTDATA 参数应该设置为 "UNREGISTERED"
q[]	输出	需要	输出的数据，宽度为 LPM_WIDTH

LPM_RAM_DQ 宏模块的参数定义如表 4.40 所示。

表 4.40　LPM_RAM_DQ 宏模块的参数定义

参数名称	是否需要指定	参数类型	功 能 描 述
LPM_WIDTH	需要	1~64 的整数	数据输入、输出端口 data[] 和 q[] 的位宽
LPM_WIDTHAD	需要	1~64 的整数	地址端口的位宽，建议设置 LPM_WIDTHAD 的大小为 lb(LPM_NUMWORDS)。如果 LPM_WIDTHAD 设置得太小，则会有部分存储器单元无法访问；如果设置得太大，则可能会导致不确定的输出
LPM_NUMWORDS	不需要	整数	存储器的数据容量。如果忽略该参数，则默认为 $2^{LPM\_WIDTHAD}$，通常设置为 $2^{LPM\_WIDTHADS-1}$ ~ $2^{LPM\_NUMWORDS}$ 之间
LPM_FILE	不需要	字符串	存储器初始化时输入的二进制文件的路径和名称。若忽略该参数，则默认所有的存储单元内容为 "0"
LPM_INDATA	不需要	—	用于设置数据输入端口 gata[] 是否添加寄存器，若忽略该参数，则默认为 "REGISTERED"。若 "inclock" 不连接，则该参数应设置为 "UNREGISTERED"

参数名称	是否需要指定	参数类型	功 能 描 述
LPM_ADDRESS_CONTROL	不需要	"REGISTERED"或者"UNREGISTERED"字符串	用于设置地址输入端口 address[]和写控制输入端口 we 是否添加寄存器。如果忽略该参数，则默认为"REGISTERED"。若将 LPM_ADDRESS_ CONTROL 参数设置为"UNREGISTERED"，则 we 端口将变为电平触发模式，即 we 输入信号为高时，将改写 address[]端口输入的地址对应的存储单元。如果未接 inclock 端口，则 LPM_ADDRESS_ CONTROL 参数应设置为"UNREGISTERED"
LPM_OUTDATA	不需要	"REGISTERED"或者"UNREGISTERED"字符串	控制输出端口 q[]是否添加寄存器。若忽略该参数，则默认为"REGISTERED"。如果 outclock 端口未连接，则 LPM_OUTDATA 参数必须设置为"UNREGISTERED"

2. ROM 宏模块

ROM(Read Only Memory，只读存储器)是存储器中结构最简单的一种，它的存储信息需要事先写入，在使用时只能读取，不能写入。ROM 具有不挥发性，即在断电后，ROM 内的信息不会丢失。利用 FPGA 器件可以实现 ROM 功能，但它并不是真正意义上的 ROM，因为断电后，包括 ROM 单元在内的 PPGA 器件中的所有信息都会丢失，再次工作时需要外部存储器重新配置。Quartus Ⅱ 7.2 提供了 LPM_ROM 宏模块。LPM_ROM 宏模块的符号如图 4.123 所示。

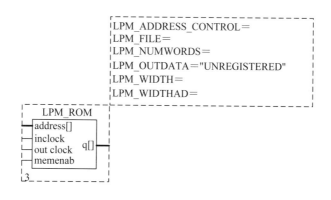

图 4.123　LPM_ROM 宏模块的符号

LPM_ROM 宏模块的端口定义如表 4.41 所示。

表 4.41　　LPM_ROM 宏模块的端口定义

端口名称	端口类型	是否需要连接	功　能　描　述
address[]	输入	需要	ROM 地址输入端口，位宽为 LPM_WIDTHAD
inclock	输入	不需要	输入寄存器的时钟信号输入端口。当连接该端口时，address[]端口采用时钟同步方式；若不连接 inclock 端口，则 address[]端口采用异步方式
outclock	输入	不需要	输出寄存器的时钟输入信号端口
memenab	输入	不需要	存储器输出使能信号输入端口。该端口被置为"1"时，q[]输出数据；该端口被置为"0"时，q[]输出高阻
q[]	输出	需要	ROM 数据输入端口，位宽为 LPM_WIDTHAD

LPM_ROM 宏模块的参数定义如表 4.42 所示。

表 4.42　　LPM_ROM 宏模块的参数定义

参数名称	是否需要指定	参数类型	功　能　描　述
LPM_WIDTH	需要	1～64 的整数	数据输出端口 q[]的位宽
LPM_WIDTHAD	需要	1～64 的整数	地址输入端口 address[]的位宽，建议设置 LPM_WIDTHAD 的大小为 lb(LPM_NUMWORDS)。如果 LPM_WIDTHAD 设置得太小，则会有部分存储器单元无法访问；如果设置得太大，则可能会导致不确定的输出
LPM_NUMWORDS	不需要	整数	存储器的数据容量。如果忽略该参数，则默认为 $2^{LPM\_WIDTHAD}$，通常设置为 $2^{LPM\_WIDTHADS-1}$ 到 $2^{LPM\_NUMWORDS}$ 之间
LPM_FILE	需要	字符串	存储器初始化时输入的二进制文件的路径和名称。若忽略该参数，则默认所有的存储单元内容为"0"
LPM_ADDRESS_CONTROL	不需要	"REGISTERED"或者"UNREGISTERED"字符串	用于设置地址输入端口 address[]是否添加寄存器。如果忽略该参数，则默认为"REGISTERED"
LPM_OUTDATA	不需要	"REGISTERED"或者"UNREGISTERED"字符串	控制输出端口 q[]是否添加寄存器。若忽略该参数，则默认为"REGISTERED"

3. FIFO 宏模块

FIFO(First In First Out，先进先出队列)是一种特殊功能的存储器，数据以到达 FIFO 输入端口的先后顺序依次存储在存储器中，并以相同的顺序从 FIFO 的输出端口送出，所以 FIFO 内数据的写入和读取只受读/写时钟和读/写请求信号的控制，而不需要读/写地址线。

FIFO 分为同步 FIFO 和异步 FIFO。同步 FIFO 是指数据输入、输出的时钟频率相同；异步 FIFO 是指数据输入、输出的时钟频率可以不相同。下面就以 LPM_FIFO 为例，介绍参数化 FIFO 宏模块。LPM_FIFO 宏模块的符号如图 4.124 所示。

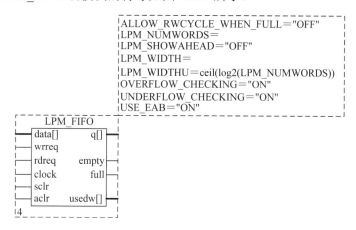

图 4.124　LPM_FIFO 宏模块的符号

LPM_FIFO 宏模块的端口定义如表 4.43 所示。

表 4.43　LPM_FIFO 宏模块的端口定义

端口名称	端口类型	是否需要连接	功 能 描 述
data[]	输入	需要	FIFO 数据输入端口，位宽为 LPM_WIDTH
wrreq	输入	需要	写数据控制端口，用于控制 FIFO 中数据的写入。如果 full 信号为高，则无法写入
rdreq	输入	需要	读数据控制端口。若该端口被置为"1"，则最先输入的数据将被发送到 q[]端口。如果 empty 端口输出为"1"，则无法读出
clock	输入	需要	时钟信号输入端口
aclr	输入	不需要	异步清零端口，将 FIFO 中的数据清空
sclr	输入	不需要	同步清零端口，将 FIFO 中的数据清空
q[]	输出	需要	FIFO 数据输出端口，位宽为 LPM_WIDTH
full	输出	不需要	FIFO 写满信号输出端。当 FIFO 中数据充满后，该信号被置为"1"，并禁止写入
empty	输出	不需要	FIFO 读空信号输出端。当 FIFO 中数据被读空后，该信号被置为"1"，并禁止读出
usedw[]	输出	不需要	当前 FIFO 中的数据数量输出端口，输出当前 FIFO 中的数据数量，位宽为 LPM_WIDTHU

LPM_FIFO 宏模块的参数定义如表 4.44 所示。

表 4.44　LPM_FIFO 宏模块的参数定义

参数名称	是否需要指定	参数类型	功 能 描 述
LPM_WIDTH	1~64 的整数	需要	data[]和 q[]端口的位宽
LPM_NUMWORDS	整数	需要	FIFO 中的数据字节数，即 FIFO 中能保存的数据位数，常设置为 2 的幂
LPM_WIDTHU	1~64 的整数	需要	usedw[]端口的位宽，建议大小为 lb(LPM_NUMWORDS)
LPM_SHOWAHEAD	"ON"或者"OFF"字符串	不需要	当设置为"ON"时，表示允许数据直接从 q[]端口输出，不用确认 rdreq 信号，默认"OFF"
OVERFLOW_CHECKING	"ON"或者"OFF"字符串	不需要	Altera 特殊参数。设置为"ON"后，启动溢出检测逻辑电路，在 wrreq 信号输入时，会检测 FIFO 是否已满；如果设置为"OFF"，则将停止溢出检测逻辑。如果向一个已经写满的 FIFO 写入数据，则会导致无法预料的结果。默认为"ON"
UNDERFLOW_CHECKING	"ON"或者"OFF"字符串	不需要	Altera 特殊参数。设置为"ON"后，启动下溢检测逻辑电路，在 rdreq 信号输入时，会检测 FIFO 是否已经读空；如果设置为"OFF"，则将停止下溢检测逻辑。如果向一个已经读空的 FIFO 读出数据，则会导致不确定的输出。默认为"ON"
ALLOW_RWCYCLE_WHEN_FULL	"ON"或者"OFF"字符串	不需要	Altera 特殊参数。如果将该参数设置为"ON"，则表示允许对一个已经写满的 FIFO 模块进行复合的读、写操作，以保持 FIFO 为满的状态。默认为"OFF"。仅当 OVERFLOW_CHECKING 参数为"ON"时，该参数有效
USE_EAB	"ON"或者"OFF"字符串	不需要	Altera 特殊参数，用于设置在编译综合时是否使用 EAB 单元

　　FIFO 在数字系统中有着十分广泛的应用，可以用作并行数据延迟线、数据缓冲存储器以及速率变换器等。

4．存储器设计中应注意的一个问题

　　RAM、FIFO 和 ROM 等存储器在许多计算机中是不可或缺的关键部件，在 FPGA 器件中实现存储器功能，需要占用芯片的存储单元，而这种资源是十分有限的。例如，Altera 公司 FLEX10K 系列的 FPGA 器件，存储容量在 6114～20 480 b 之间，EAB 的数目在 3～10 个之间。在实际情况中，一个存储器至少要占用一个 EAB，因此整个设计中所需要的存储器单元的数目既受存储容量的限制，又受 EAB 数目的限制。如果一个设计中使用了过多的存储单元，设计人员就必须选用更大规模的器件，而此时往往导致大量的逻辑单元未被利用，这无疑会使得成本大大增加，给开发和调试工作带来不利的影响。

如何在 FPGA 器件的存储单元和逻辑单元的使用效率上取得最佳折衷，这是设计人员应该细心思考的一个问题。其实在很多情况下，一个功能单元可以有多种不同的设计思路和实现方法，逻辑单元可以完成一定的存储功能，而存储单元也可执行逻辑操作。一个好的设计应该是速度、可靠性和资源利用率三者的最佳结合。

4.3.4 其他模块

Quartus Ⅱ 7.2 还提供了其他的参数化宏模块，用于实现其他功能，其中有 PLL(参数化锁相环宏模块)和 NTSC(图像控制信号发生器宏模块)等。

4.3.5 参数化宏模块的使用方法

本节将通过一个使用参数化 ROM 设计查表式的 BCD 码乘法器的实例来介绍定义参数化宏模块的方法。

BCD 码乘法器的输入为两个 4 位 BCD 码，输出为 8 位 BCD 码。为提高运算速度和系统的稳定性，采用对高速 ROM 查表的方法，实现 BCD 码的乘法运算，即将输入的两个 4 位的 BCD 码作为地址，其乘积作为该地址下的数据，通过输入的乘数和被乘数查找对应的乘法表，获得乘法结果输出。其具体步骤如下：

(1) 启动 Quartus Ⅱ 7.2 软件，选择主菜单的"File"→"New Project Wizard"命令，打开"New Project Wizard"对话框。

(2) 在"New Project Wizard"对话框中设置项目名称为"BCD_Mult"，设置目标器件为"Cyclone"系列器件中的"EP1C3T100C8"，然后单击"Finish"按钮，新建一个项目。

(3) 单击新建文件工具按钮▢，打开"New"对话框。

(4) 在"New"对话框的"File Type"区域中选择"Block Diagram/Schematic File"项，单击"OK"按钮，新建一个原理图文件。

(5) 在原理图文件中双击鼠标，打开"Symbol"对话框，在"Symbol Library"列表中选择"Libraries\Megafunctions\storage\lpm_rom"项，单击"OK"按钮，打开如图 4.125 所示的"MegaWizard Plug-In Manager[page 2c]"对话框。

(6) 在"MegaWizard Plug-In Manager[page 2c]"对话框中选择"AHDL"单选项，单击"Next"按钮，打开如图 4.126 所示的"MegaWizard Plug-In Manager-LPM_ROM[page 3 of 7]"对话框。

(7) 在"MegaWizard Plug-In Manager-LPM_ROM[page 3 of 7]"对话框中的"How many 8-bit words of memory？"下拉列表中选择"256"，设置 ROM 的容量为 256 B，然后单击"Next"按钮，打开如图 4.127 所示的"MegaWizard Plug-In Manager-LPM_ROM[page 4 of 7]"对话框。

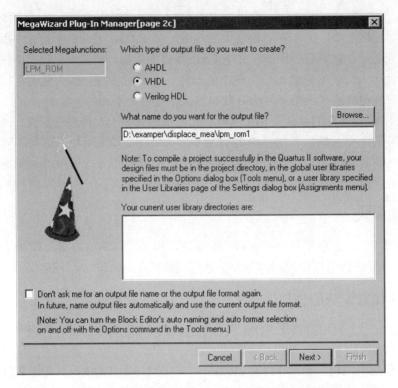

图 4.125　"MegaWizard Plug-In Manager[page 2c]" 对话框

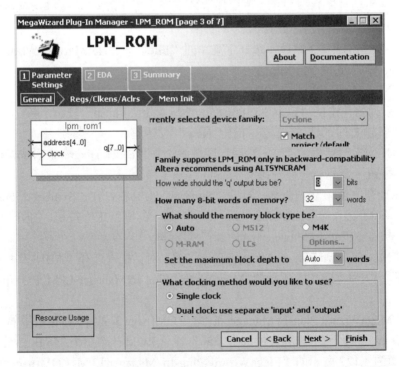

图 4.126　"MegaWizard Plug-In Manager-LPM_ROM[page 3 of 7]" 对话框

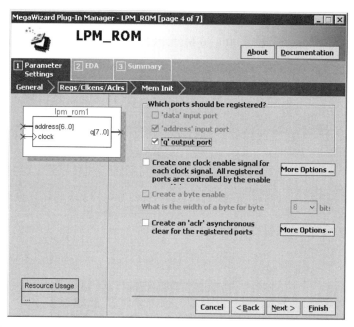

图 4.127　"MegaWizard Plug-In Manager-LPM_ROM[page 4 of 7]"对话框

"MegaWizard Plug-In Manager-LPM_ROM[page 4 of 7]"对话框用于自定义功能引脚，其中"Create one clock enable signal for each clock signal. All registered ports are controlled by the enable"项表示将新建一个时钟使能信号引脚，用于控制 ROM 的工作。当有时钟使能信号输入时，ROM 模块才工作，否则 ROM 模块将不工作。

"Create an 'aclr' asynchronous clear for the registered ports"项表示将添加一个同步清零引脚，该引脚有信号输入时，将清除输出寄存器的值。

(8) 本例中不需要设置其他的功能引脚。单击"Next"按钮，打开如图 4.128 所示的"MegaWizard Plug-In Manager-LPM_ROM[page 5 of 7]"对话框。

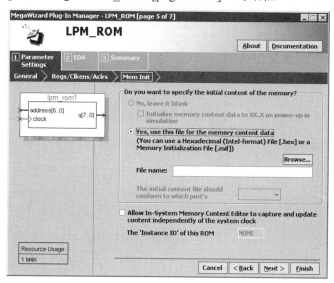

图 4.128　"MegaWizard Plug-In Manager-LPM_ROM[page 5 of 7]"对话框

(9) 在"File name"编辑框内输入"d:\example\BCD_mult.mif"，单击"Next"按钮，打开如图 4.129 所示的"MegaWizard Plug-In Manager-LPM_ROM[page 6 of 7]"对话框。

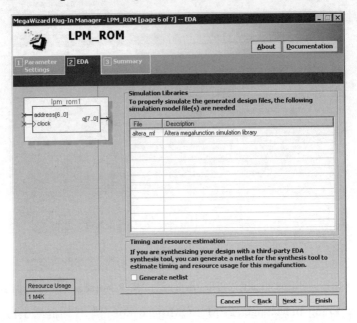

图 4.129　　"MegaWizard Plug-In Manager-LPM_ROM[page 6 of 7]"对话框

(10) 单击"Next"按钮，打开如图 4.130 所示的"MegaWizard Plug-In Manager-LPM_ROM[page 7 of 7] --Summary"对话框。

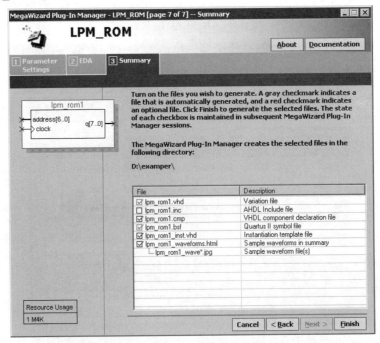

图 4.130　　"MegaWizard Plug-In Manager-LPM_ROM[page 7 of 7]--Summary"对话框

(11) 确认"MegaWizard Plug-In Manager-LPM_ROM[page 7 of 7]--Summary"对话框中的信息，然后单击"Finish"按钮，关闭该对话框，同时将 LPM_ROM 符号布置于原理图中。

(12) 按照图 4.131 所示，添加输入和输出原理图符号，并连接原理图，设置网络名称。

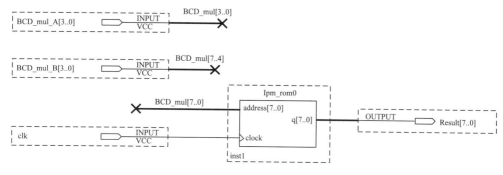

图 4.131   绘制的原理图

(13) 选择"File"→"Save"命令，或者单击保存按钮🖫，或按"Ctrl + S"快捷键，打开"另存为"对话框。

(14) 在"另存为"对话框的"File Name"编辑框中输入"BCD_mult.gdf"，单击"OK"按钮，将原理图保存为"BCD_mult.gdf"。

(15) 单击新建文件工具按钮🗋，打开"New"对话框。

(16) 在"New"对话框的"Other Files"区域中选择"Memory Initialization File"项，单击"OK"按钮，打开如图 4.132 所示的"Number of Words & Word Size"对话框。

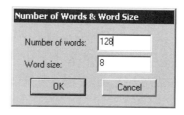

图 4.132   "Number of Words & Word Size"对话框

(17) 在"Number of Words & Word Size"对话框中的"Number of words"编辑框内输入"256"，在"Word size"编辑框内输入"8"，单击"OK"按钮，新建如图 4.133 所示的 256字节的存储器初始化文件"Mif1.mif"。

Addr	+0	+1	+2	+3	+4	+5	+6	+7	+8	+9	+10	+11	+12	+13	+14	+15
0	0	0	0	0	0	0	0	0	0	0	0	0	0	0	0	0
16	0	0	0	0	0	0	0	0	0	0	0	0	0	0	0	0
32	0	0	0	0	0	0	0	0	0	0	0	0	0	0	0	0
48	0	0	0	0	0	0	0	0	0	0	0	0	0	0	0	0
64	0	0	0	0	0	0	0	0	0	0	0	0	0	0	0	0
80	0	0	0	0	0	0	0	0	0	0	0	0	0	0	0	0
96	0	0	0	0	0	0	0	0	0	0	0	0	0	0	0	0
112	0	0	0	0	0	0	0	0	0	0	0	0	0	0	0	0
128	0	0	0	0	0	0	0	0	0	0	0	0	0	0	0	0
144	0	0	0	0	0	0	0	0	0	0	0	0	0	0	0	0
160	0	0	0	0	0	0	0	0	0	0	0	0	0	0	0	0
176	0	0	0	0	0	0	0	0	0	0	0	0	0	0	0	0
192	0	0	0	0	0	0	0	0	0	0	0	0	0	0	0	0
208	0	0	0	0	0	0	0	0	0	0	0	0	0	0	0	0
224	0	0	0	0	0	0	0	0	0	0	0	0	0	0	0	0
240	0	0	0	0	0	0	0	0	0	0	0	0	0	0	0	0

图 4.133   新建的存储器初始化文件"Mif1.mif"

(18) 在 "Mif1.mif" 文件中输入表 4.45 所示的内容。

表 4.45 存储器内的数据值

地址	数据	地址	数据	地址	数据	地址	数据	地址	数据	地址	数据	地址	数据	地址	数据	地址	数据	地址	数据
00	00	01	00	02	00	03	00	04	00	05	00	06	00	07	00	08	00	09	00
16	00	17	01	18	02	19	03	20	04	21	05	22	06	23	07	24	08	25	09
32	00	33	02	34	04	35	06	36	08	37	10	38	12	39	14	40	16	41	18
48	00	49	03	50	06	51	09	52	12	53	15	54	18	55	21	56	24	57	27
64	00	65	04	66	08	67	12	68	16	69	20	70	24	71	28	72	32	73	36
80	00	81	05	82	10	83	15	84	20	85	25	86	30	87	35	88	40	89	45
96	00	97	06	98	12	99	18	100	24	101	30	102	36	103	42	104	48	105	54
112	00	113	07	114	14	115	21	116	28	117	35	118	42	119	49	120	56	121	63
128	00	129	08	130	16	131	24	132	32	133	40	134	48	135	56	136	64	137	72
144	00	145	09	146	18	147	27	148	36	149	45	150	54	151	63	152	72	153	81

(19) 单击保存文件工具按钮 ▢，打开 "另存为" 对话框。

(20) 在 "另存为" 对话框中的 "文件名" 编辑框内输入 "BCD_mult"，设置存储目录为 "d:\example"，单击保存工具按钮，将存储器初始化文件保存起来。

(21) 单击完全编译工具按钮 ▶，或者选择 "Processing" → "Start Compilation" 命令，开始编译。

(22) 编译完成后，新建如图 4.134 所示的波形仿真文件，并以 "BCD_mult.vwf" 保存该波形文件。

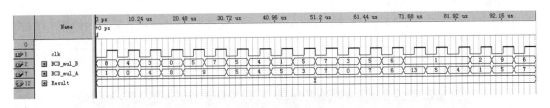

图 4.134 波形仿真文件

(23) 单击开始仿真工具按钮 ，或者选择 "Processing" → "Start Simulation" 命令，启动仿真过程。

仿真结束后，系统弹出 "Quartus II" 消息框，提示仿真结束，自动打开如图 4.135 所示的时序仿真报告。

由图中的仿真结果可知，计算结果将延迟一个时钟周期输出，系统可以获得预期的乘法输出。

至此，BCD 乘法器的设计就完成了。

用户也可以在文本编辑器中手工输入数据，生成 ".mif" 文件。".mif" 文件的格式如图 4.136 所示。

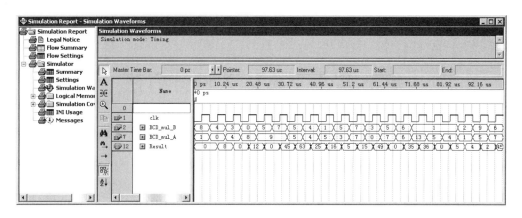

图 4.135 时序仿真报告

第一部分	-- Quartus Ⅱ generated Memory Initialization File (.mif)	以"--"符号开始,无实际意义,声明文件版权及其他信息
第二部分	WIDTH = 8; DEPTH = 256;	数据宽度 存储单元数量设置语句
第三部分	ADDRESS_RADIX = HEX; DATA_RADIX = HEX;	地址参数和数据输入的数制, "HEX"为十六进制 "DEC"为十进制 "BIN"为二进制 "OCT"为八进制
第四部分	CONTENT BEGIN	存储内容起始点标志
	0 : 00; 1 : 00; 2 : 00; 3 : 00; 4 : 00; [42..48] : 0;	存储内容: "地址码":"数据码" 使用[42..48]表示地址段,"[42..48]: 0;" 表示地址从 42~48 的存储空间的数据内 容设置为 0
	END;	存储内容结束标志

图 4.136 ".mif"文件的格式

第 5 章　文本输入设计方法

对于简单的逻辑，采用原始逻辑图或布尔方程输入可以获得非常有效的结果，但对于复杂的系统设计，应用以上两种方案就很容易产生错误，而必须依靠一种高层的逻辑输入方式，这样就产生了硬件描述语言(HDL)。Quartus Ⅱ 7.2 支持 VHDL、Verilog HDL 和 Altera 公司的 AHDL 3 种硬件描述语言的设计输入。

5.1　文本输入界面

新建一个文本文件，即可开启如图 5.1 所示的文本编辑界面，在该界面中可以输入、编辑、查看各种文本文件，包括使用 VHDL 描述的电路设计文件"*.vhd"、使用 Verilog HDL 描述的设计文件"*.v"、使用 AHDL 描述的电路设计文件"*.tdf"以及其他的 ASCII 码文本文件。

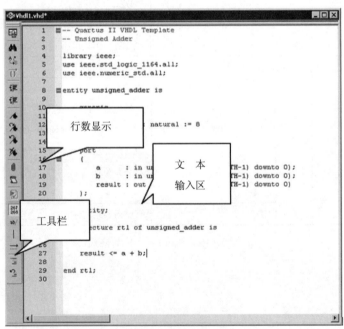

图 5.1　文本编辑界面

文本编辑界面对于 HDL 输入文件提供了语法辅助功能。在文本编辑界面中能使用不同的颜色显示 HDL 的关键字，同时还对进行自动缩排输入的 HDL 文本提供了 HDL 模板"Template"，方便 HDL 的输入和编辑。

5.2　用 VHDL 实现 8 位加法器设计

本节将以一个简单的 8 位加法器的设计实例来介绍通过文本输入方式使用 VHDL 进行设计的步骤。由于本章的主要目的是介绍 Quartus II 7.2 中的文本输入设计方法，因此并没有涉及 VHDL 的细节，有关 VHDL 的详细内容将在第 6 章进行介绍。

(1) 打开 Quartus II 7.2，选择主菜单的"File"→"New Project Wizard"命令，打开"New Project Wizard"对话框。

(2) 在"New Project Wizard"对话框中设置项目名称为"unsigned_adder"，然后单击"Finish"按钮，新建一个名称为"adder"的项目。

(3) 单击新建文件工具按钮 ，打开如图 5.2 所示的"New"对话框。

图 5.2　"New"对话框

(4) 在"New"对话框中的"Device Design Files"选项卡内选择"VHDL File"选项，单击"OK"按钮，新建一个默认名称为"VHDL1.vhd"的 VHDL 文件。

(5) 单击工具栏中的保存按钮 ，打开如图 5.3 所示的"另存为"对话框，在"文件名编辑框内输入"adder.vhd"，单击"保存"按钮，将该文本文件保存为"unsigned_adder.vhd"文件。

图 5.3　"另存为"对话框

(6) 单击"adder.vhd"文件窗口左侧的工具条中的插入模板工具按钮 ⬚，或者选择"Edit" → "Insert Template"命令，打开如图 5.4 所示的"Insert Template"对话框。

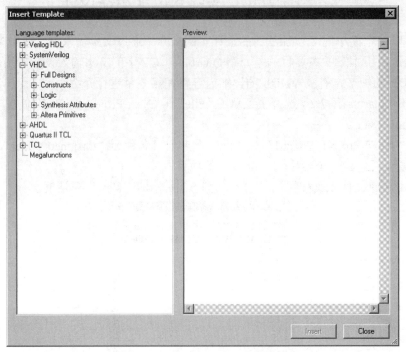

图 5.4   "Insert Template"对话框

(7) 在"Insert Template"对话框中的"Language templates"树形列表中选择"VHDL" → "Full Designs" → "Arithmetics" → "Adders" → "Unsigned adders"项，在右侧的"Preview"窗口中将显示无符号加法器的 VHDL 完整设计文本。

(8) 单击"Insert"按钮，将如下 VHDL 文本插入到 adder.vhd 文件中。

```
-- Quartus Ⅱ  VHDL Template
-- Unsigned Adder

LIBRARY IEEE;
USE IEEE.STD_LOGIC_1164.ALL;
USE IEEE.NUMERIC_STD.ALL;

ENTITY unsigned_adder IS

    GENERIC(
        DATA_WIDTH : natural := 8
    );

    PORT (   a : IN UNSIGNED    ((DATA_WIDTH−1) DOWNTO 0);
             b : IN UNSIGNED    ((DATA_WIDTH−1) DOWNTO 0);
```

result : OUT UNSIGNED ((DATA_WIDTH−1) DOWNTO 0)

```
    );
END ENTITY;


ARCHITECTURE rtl OF unsigned_adder IS
BEGIN
    result <= a + b;
END rtl;
```

上述 VHDL 代码由 3 部分组成，分别是"LIBRARY"库文件说明部分、"ENTITY"实体说明部分和"ARCHITECTURE"结构描述部分。

① "LIBRARY"库文件部分描述文件中引用的库文件。在上述的实例中通过"LIBRARY"关键字引用了"IEEE"库，并通过"USE"关键字使用了该库中的 STD_LOGIC_1164 和 NUMERIC_STD 标准程序包。

② "ENTITY"实体说明部分由"ENTITY"关键字引导，结束于"END ENTITY；"语句。该部分定义设计实体与使用设计实体的环境之间的端口。

③ "ARCHITECTURE"结构体描述部分由"ARCHITECTURE"关键字引导，结束于"END rtl;"语句。该部分定义设计实体的体，指定设计实体输入和输出之间的关系，可以采用结构、数据流或行为的形式进行描述，上述的加法器的实例中采用的就是行为描述方法。

(9) 单击工具栏中的保存按钮，保存"unsigned_adder.vhd"文件。

(10) 选择"Assignment"→"Device"命令，打开"Settings"对话框。

(11) 在"Settings"对话框中的"Device Family"下拉列表栏中选择"FLEX10K"系列，然后在"Available Device"列表中选择具体芯片型号"EPF10K10LC84-3"，单击"OK"按钮。

(12) 选择"Processing"→"Start Compilation"命令或者直接单击开始编译工具按钮，启动编译过程。

(13) 编译结束后，系统弹出"Quartus Ⅱ"消息框，提示编译完成，同时显示如图 5.5 所示的编译报告，单击消息框中的"确定"按钮，关闭该消息框。

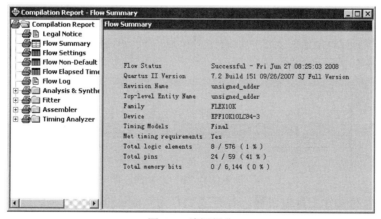

图 5.5　编译报告

(14) 单击新建工具按钮，打开"New"对话框。在"Other Files"选项卡中选择"Vector Waveform File"选项，单击"OK"按钮，新建一个波形文件。

(15) 选择"Edit"→"Insert Node or Bus"命令，打开"Insert Node or Bus"对话框，单击"Node Finder"按钮，打开"Node Finder"对话框。

(16) 在"Node Finder"对话框中的"Filter"下拉列表中选择"Pins：all"选项，然后单击"List"按钮，在"Nodes Found"列表中列出所有引脚节点。

(17) 在"Nodes Found"列表中选择"a"、"b"和"result"节点，然后单击">"按钮，将选中的节点移动到"Selected Nodes"列表中，然后单击"OK"按钮，关闭"Node Finder"对话框。

(18) 单击"Insert Node or Bus"对话框中的"OK"按钮，将选中的节点插入波形文件编辑器中。

(19) 选择"Edit"→"End Time"命令，打开"End Time"对话框，在对话框中的"Time"编辑框中输入"100 μs"，设定仿真时间长度为 100 μs。

(20) 在波形编辑器左侧的信号节点列表中的信号节点"a"上单击鼠标右键，在弹出的菜单中选择"Value"→"RandomValues"命令，打开如图 5.6 所示的"Random Values"对话框。

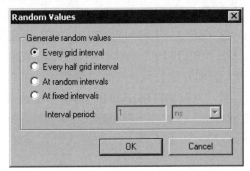

图 5.6　"Random Values"对话框

(21) 在"Random Values"对话框中选择"At fixed intervals"单选项，在"Interval period"编辑框内输入"5"，选择时间单位为"μs"，然后单击"OK"按钮，设置信号节点"a"的内容为如图 5.7 所示的 5 μs 更新一次的随机数字信号。

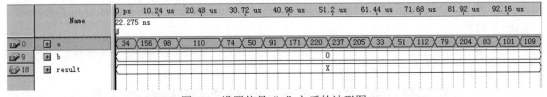

图 5.7　设置信号"a"之后的波形图

(22) 采用步骤(21)介绍的方法，设置信号节点"b"的内容为 8 μs 更新一次的随机数字信号，得到如图 5.8 所示的波形图。

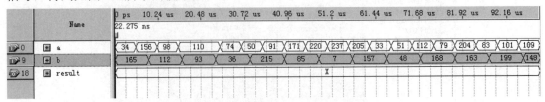

图 5.8　设置信号"b"之后的波形图

(23) 单击保存文件工具按钮 🖫，打开"另存为"对话框，按照系统默认，将波形文件保存为默认名称"unsigned_adder.vwf"。

(24) 单击开始仿真工具按钮 🖎，或者选择"Processing"→"Start Simulation"命令，

开始仿真，仿真完成后，弹出如图 5.9 所示的仿真报告。

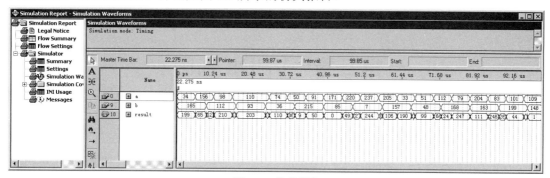

图 5.9　仿真报告

由图 5.9 可知，仿真后的数据结果与设计要求相符，设计是正确的。

(25) 按照第 4 章介绍的方法定义器件和引脚，重新编译后，将数据下载到芯片上。

至此，采用 VHDL 描述的无符号加法器的设计就完成了。

第 6 章　VHDL 入门

目前应用较广泛的硬件描述语言(HDL)主要有 VHDL 与 Verilog HDL 两种，其中使用最广泛的是 VHDL。1982 年在美国国防部的一个专案小组的规划下，IBM 及 TI 等公司于 1983 年开始开发 VHDL(VHSIC HDL)，其中的 VHSIC 为 "Very High Speed Integrated Circuit" (超高速集成电路)的缩写。1987 年，该语言由 IEEE 组织标准化，定为 IEEE Std. 1076-1987 标准，1993 年又进一步修订为 ANSI/IEEE Std. 1076-1993 标准。后来又添加了一种可配合集成工具的 VHDL 程序包，特别命名为 IEEE 1076.3，并成为 1076 号 IEEE 标准的一部分。随后，标准包 IEEE 1076.4(VITAL)被开发出来，成为了建立 ASIC 及 FPGA 的模型函数库。

本章将通过简单的实例，介绍 VHDL 的结构、语法要素等基本知识，使初次接触 VHDL 的读者能快速上手。

6.1　VHDL 的结构

一个完整的 VHDL 程序由实体(ENTITY)、结构体(ARCHITECTURE)、配置(CONFIGURATION)、包(PACKAGE)和库(LIBRARY) 5 个部分组成。实体用于定义所设计的系统的外部接口信号；结构体用于描述系统内部的结构和行为；配置用于从库中选取所需单元来组成系统设计的不同版本，对于比较简单只存在一个结构单元的设计，配置部分可以省略；包中存放各设计模块能共享的数据类型、常数和子程序等；库存放已经编译的实体、结构体、包集合和配置。库、包、实体和结构体是一个硬件实体的 VHDL 描述中必不可少的部分。例 6.1 所示的就是一个最简单的与门的 VHDL 完整描述。

[例 6.1]

```
    LIBRARY IEEE;
    USE IEEE.STD_LOGIC_1164.ALL;                --库和包调用语句


    ENTITY  and2  IS
        PORT( a：IN   BIT；
              b：IN   BIT；
              c：OUT   BIT
              );
    END   ENTITY   and2;                         --实体定义
```

```
ARCHITECTURE   behav   OF   and2   IS
BEHIN
    c<=a and b;
END   ARCHITECTURE   behav;                --结构体
```

下面对各部分分别进行介绍。

6.1.1　实体

实体(ENTITY)是 VHDL 程序设计的基本单元,其表示的电路可以像微处理器那样复杂,也可以像单个逻辑门那样简单。实体定义部分用于定义实体的名称、输入/输出接口等实体与外部对象交互的信息。

实体定义是一个初级设计单元，可以单独编译并且可以被并入设计库，它给实体命名并给实体定义一个接口，接口信息用于与其他模块通信。实体定义描述了器件的外部视图，即从外部看到的器件的外貌，包括该器件的名称、端口。在实体定义部分也可以定义参数，并把参数从外部传入模块内部。

实体定义的最简表达式如下：

```
ENTITY   [实体名]   IS
[GENERIC(类属参数说明)];
[PORT(端口说明)];
END   ENTITY   [实体名];
```

或者

```
ENTITY   [实体名]   IS
[GENERIC(类属参数说明)];
[PORT(端口说明)];
END   [实体名];
```

以上所示的格式中，前者为 IEEE VHDL'93 标准，后者为 IEEE VHDL'87 标准，建议采用 IEEE VHDL'93 标准的实体定义格式。

实体定义中"ENTITY"、"IS"、"GENERIC"、"PORT"和"END ENTITY"是定义实体的关键词，实体定义从"ENTITY [实体名] IS"开始，至"END   ENTITY   [实体名];"结束。";"符号表示一句语句的结束，是不可缺少和省略的，否则在编译时会报错，导致编译失败。VHDL 对字母不区分大小写，即"ENTITY"与"entity"是完全一样的。例 6.2 是一个简单实体定义的例子。

[例 6.2]

```
ENTITY   and2   is
    PORT( a: IN   BIT;
          b: IN   BIT;
          c: OUT   BIT
        );
END   ENTITY   and2;
```

该例中"[实体名]"为"and2"。定义中无类属参数说明，"PORT(…);"为端口说明，定义了实体的输入/输出端口。

实体定义中各部分的意义及要求如下：

1. 实体名

实体名由英文字母和数字组合而成，实体的名称必须与描述该实体的.VHD 文件的名称相同，它表示设计电路的器件名称。建议根据设计的电路的功能来命名实体。在定义实体名时，不能用数字作为第一个字符，例如"74ls00"就是不允许的，在编译时系统会报错，导致编译失败。实体名中也不允许有中文字符。

2. 类属参数说明

类属参数说明和端口说明是实体定义部分的第一个描述对象，说明设计实体和其外部环境通信的对象、通信的格式约定和通信通道的大小。类属参数说明为设计实体与外部环境通信的静态信息提供通道，用来规定端口的大小、实体中子元件的数目、实体的定时特性等。类属参数说明必须放在端口说明之前，一般书写格式如下：

GENERIC　　([CONSTANT]参数名称：[IN]子类型标识　　[:=静态表达式], …);

其中：[ ]内的内容是可以省略的；参数名称由英文字母和数字组合而成，其第一个字符必须是英文字母。

例 6.3 所示为应用类属参数说明语句的一个位宽为"datawidth"的二输入与门实体定义。

[例 6.3]

```
ENTITY   bus_and  IS
GENERIC (datawidth： INTEGER:=8);
    PORT ( bus_a： IN   BIT_VECTOR(datawidth−1 DOWNTO 0);
           bus_b： IN   BIT_VECTOR(datawidth−1 DOWNTO 0);
           bus_c： OUT   BIT_VECTOR(datawidth−1 DOWNTO 0)
          );
END   ENTITY  bus_and;
```

实例中的"GENERIC (datawidth：INTEGER:=8)；"定义了一个整数型的类属参数"datawidth"，并给该参数赋初值"8"。在后续的定义中，字符"datawidth"就代表整数"8"。

3. 端口说明

端口是设计实体与外部环境的动态通信通道，是对实体与外部接口的描述。端口由端口说明(即端口表)描述。端口表中每个端口定义由端口名、端口模式和数据类型 3 部分组成。端口名是该端口的标识符；端口模式说明信号通过该端口的流动方向；数据类型说明流过该端口的数据的类型。端口表的格式如下：

PORT([SIGNAL]端口名：[模式]端口模式　数据类型 [:= 静态表达式], …);

因为关键字 PORT 后必须是信号类，故可略去关键字"SIGNAL"。

(1) 端口名。端口名是赋予每个外部引脚的名称，通常用一个或几个英文字母，或用英文字母加数字来命名。名称满足 VHDL 标志符的要求即可，一般情况下，名称的含义最好与惯例一致，例如用以"D"开头的端口名表示数据，用以"A"开头的端口名表示地址。

(2) 端口模式。端口模式用来说明数据和信号通过该端口的方向。VHDL 提供了如下端口模式：

IN——定义端口通道为单向只读模式，规定数据只能由该端口流入实体中，在实体内部结构的描述中只能读取该端口中的值。

OUT——定义端口通道为单向输出模式，规定数据只能由该端口从实体内部向外输出，在实体内部结构的描述中只能向该端口赋值。

INOUT——定义端口通道为输入/输出双向模式，既可输入数据，又可输出数据，在实体内部结构的描述中既能读取该端口的值，又能向该端口赋值；从实体外部看，既可以向该端口输入数据，又可以读取该端口的输出数据。在使用这种端口类型时，还有很多需要考虑的因素。

BUFFER——类似于 INOUT 的双向端口，但此类端口只能有一个源，即只能有一个数据源向该端口写数据，当实体内部向该端口输出数据后，如果实体接着读取该端口的数据，则读取的数据就是刚才输出的数据。

(3) 数据类型。VHDL 作为一种强类型语言，任何一种数据对象(信号、变量、常数)必须严格限定其取值范围，即对其传输或存储的数据的类型作明确的界定。这对于大规模电路描述的排错是十分有益的。VHDL 中提供了 10 种数据类型。IEEE 1706—93 标准规定的数据类型包括布尔型(BOOLEAN)、位型(BIT)、位矢量型(BIT_VECTOR)和整数型(INTEGER)等。当用户使用了 IEEE 库中的标准程序包后，可以使用预先定义的标准逻辑位"STD_LOGIC"数据类型和标准逻辑矢量"STD_LOGIC_VECTOR"数据类型等。

位型数据规定的取值范围是逻辑位"1"和"0"。在 VHDL 中，表示逻辑位"0"和"1"的表达必须加单引号，否则 VHDL 综合器会将未加单引号的 0 和 1 解释为整数数据类型(INTEGER)。

位型数据可以参与逻辑运算或算术运算，其结果仍是位型数据。VHDL 综合器用一个二进制位表示位型。将例 6.1 中的端口信号 a、b、s 和 y 的数据类型都定义为 BIT，即表示 a、b、s 和 y 的取值范围，或者说数据范围被限定在逻辑位"1"和"0"之间。

6.1.2　结构体

结构体是次级设计单元，在其对应的初级设计单元实体说明被编译并被并入设计库之后，它就可以单独地被编译，并且被并入该设计库之中。结构体描述一个设计的结构或行为，把一个设计的输入与输出之间的关系建立起来。一个设计实体可以有多个结构体，分别代表该器件的不同实现方案。按照结构体对结构描述的层次来分，VHDL 对结构体的描述有以下 3 种层次。

(1) 行为级描述：又称算法级描述，即采用进程语句顺序描述设计实体的行为，这是最高层次的描述方法。

(2) 数据流级描述：又称寄存器级描述，即采用进程语句顺序描述数据流在控制流作用下被加工、处理和存储的全过程。这种描述方式与采用原理图输入方式进行电路设计处于同一个层次。

(3) 结构描述：又称门级描述，即采用并行处理语句，使用最基本的逻辑门单元描述设计实体内的结构组织和元件互联关系。

这 3 种描述方法通常也不是界限分明的，可以在一个结构体中既有行为级描述，又有数据流级的描述。初学者常使用行为描述方法对实体结构功能进行描述，然后由系统自动生成低级的硬件配置文件。

结构体由结构体名称、信号定义语句、结构和功能描述语句构成，一般有如下两种格式。

格式 1：

```
ARCHITECTURE  结构体名  OF  实体名  IS
        说明语句
BEGIN
        结构描述语句
END  ARCHITECTURE [结构体名];
```

格式 2：

```
ARCHITECTURE  结构体名  OF  实体名  IS
        说明语句
BEGIN
        结构描述语句
END  [结构体名];
```

这两种描述分别对应于 IEEE VHDL'93 标准和 IEEE VHDL'87 标准，建议按照 IEEE VHDL'93 标准规定的格式描述结构体。

"ARCHITECTURE"、"OF"、"IS"、"BEGIN"和"END ARCHITECTURE"是结构体描述中的关键词。例 6.4 所示为一个多路选择器的完整 VHDL 描述。

[例 6.4]

```
ENTITY  mux2  IS
        PORT( a，b：IN  BIT；
              s ： IN  BIT；
              y ： OUT  BIT
              )；
END  ENTITY  mux2；


ARCHITECTURE  behav  OF  mux2  IS
BEGIN
        y <=a  WHEN  s='0'  ELSE  b；
END  ARCHITECTURE  behav；
```

1. 结构体名称

结构体的名称可自由设定，建议根据结构体中对实体描述的层次把结构体的名称命名为 behav(行为级)、dataflow(数据流级)或者 struc(门级)。这 3 个名称实际上是 3 种结构体描述方式的名称。当设计者采用某一种描述方式来描述结构体时，该结构体的结构名称就命名为那个名称。这样，阅读 VHDL 程序的人便能直接了解设计者采用的描述方式了。

命名方式如下：

　　ARCHITECTURE　behav　OF　mux2　IS——用结构体的行为命名；
　　ARCHITECTURE　dataflow　OF　mux　IS——用结构体的数据流命名；
　　ARCHITECTURE　struc　OF　mux　IS——用门级命名。

2. 说明语句

说明语句位于"ARCHITECTURE"和"BEGIN"关键词之间，用于对结构体内部所使用的信号常数、数据类型和函数进行定义。该定义的作用范围局限于其所在的结构体，一个实体中可能有几个结构体。实体定义中的端口表内定义的 I/O 端口为外部信号，而结构体定义的信号为内部信号。结构体内的信号定义与实体的端口说明类似，由信号名称和数据类型组成，但不需要定义信号模式，即不用说明信号的方向。

3. 结构描述语句

结构描述语句用于描述实体内部的结构，这部分是结构体的主要部分。该部分由一个或多个并行的语句构成，其中的每个并行语句又由其他并行或顺序语句构成。

6.1.3　VHDL 库

为了提高 VHDL 设计的效率，实现代码的重复利用，我们将一些有用的代码信息汇集在一起，形成一个 VHDL 库，以供后续设计者调用。这样也能使 VHDL 的设计遵循某些统一的语言标准或使其数据格式更加规范化。VHDL 库中的内容包括程序包或者元件库程序包。所谓程序包，是指预先定义好的数据类型、子程序等设计单元的集合体；元件库程序包是指预先设计好的各种设计实体。通常，库中放置不同数量的程序包，而程序包中又可放置不同数量的子程序，子程序中又含有函数、过程、设计实体(元件)等基础设计单元。如果要在一项 VHDL 设计中用到某一预定的程序包，就必须在编译综合设计之前调用该程序包中的内容。在综合过程中，每当综合器在较高层次的 VHDL 源文件中遇到库语言，就将随库指定的源文件读入，并参与综合。因此，必须在设计实体的描述语句之前，用库语句和 USE 语句声明所使用的库。VHDL 的库分为两类：一类是设计库，如在具体设计项目中设定的目录所对应的 WORK 库；另一类是资源库，即存放常规元件和标准模块的库。VHDL 程序设计中常用的库有 IEEE 库、STD 库和 WORK 库。

1. IEEE 库

IEEE 库是 VHDL 设计中使用最普遍的库，它包含 IEEE 标准的程序包和其他一些支持工业标准的程序包。IEEE 库中的标准程序包主要包括 STD_LOGIC_1164、NUMERIC_BIT 和 NUMERIC_STD 等程序包。其中 STD_LOGIC_1164 是最重要和最常用的程序包，大部分基于数字系统设计的程序包都是以此程序包中设定的标准为基础的。

此外，还有一些程序包虽然不是 IEEE 标准，但由于其已成事实上的工业标准，因此也都并入了 IEEE 库。这些程序包中，最常用的是 Synopsys 公司的 STD_LOGIC_ARITH、STD_LOGIC_SIGNED 和 STD_LOGIC_UNSIGNED 程序包。一般的基于 FPGA/CPLD 的开发，IEEE 库中的 4 个程序包 STD_LOGIC_1164、STD_LOGIC_ARITH、STD_LOGIC_SIGNED 和 STD_LOGIC_UNSIGNED 已足够使用。另外需要注意的是，在 IEEE 库中符合 IEEE 标准

的程序包并非符合 VHDL 标准，如 STD_LOGIC_1164 程序包。因此，在使用 VHDL 设计实体的前面必须使用如下语句显式表达出要使用 STD_LOGIC_1164 程序包：

    LIBRARY IEEE；

    USE   IEEE.STD_LOGIC_1164.ALL；

2．STD 库

STD 库中收录了 VHDL 标准定义的两个标准程序包，即 STANDARD(标准)程序包和 TEXTIO(文件输入/输出)程序包。由于 STD 库符合 VHDL 标准，因此只要在 VHDL 应用环境中，即可随时调用这两个程序包中的所有内容，不必使用如下所示的库使用声明语句：

    LIBRARY STD；

    USE   STD.STANDARD.ALL；

3．WORK 库

WORK 库是由用户的设计构成的工作库，用于存放用户设计及自定义的一些设计单元和程序包，用户先期设计完成的成品、模块均自动存放在其中。WORK 库自动满足 VHDL 标准。VHDL 标准规定工作库总是可见的，在实际调用中，不必预先声明。基于 VHDL 所要求的 WORK 库的基本概念，在 PC 或工作站上利用 VHDL 进行项目设计时，不允许在根目录下进行，而必须设定一个目录，用于保存所有与此项目相关的设计文件，VHDL 综合器将此目录默认为 WORK 库。但必须注意，工作库并不是这个目录的目录名，而是一个逻辑名。综合器将指示器指向该目录的路径。

除以上这些常用的库之外，用户还可以在一个项目中自定义 VHDL 库，便于重复使用自己的设计成果，以及与其他人共享设计成果，减小设计工作量。

在 VHDL 语言中，库的说明语句总是放在实体单元前面。这样，在设计实体内的语句就可以使用库中的数据和文件。由此可见，库的作用在于使设计者可以共享已经编译过的设计成果。VHDL 允许在一个设计实体中同时打开多个不同的库，但库之间必须是相互独立的。

对于必须以显式表达的库及其程序包的语言表达式，应放在每一项设计实体的最前面，成为这项设计的最高层次的设计单元。库语句一般必须与 USE 语句同用。库语句关键词 LIBRARY 指明所使用的库名，USE 语句指明库中的程序包。一旦说明了库和程序包，整个设计实体都可被访问或调用，但其作用范围仅限于所说明的设计实体。VHDL 要求在每项含有多个设计实体的更大的系统中，每个设计实体都必须有自己完整的库说明语句和 USE 语句。USE 语句的使用将使所说明的程序包对本设计实体部分或全部开放，即是可视的。

USE 语句的使用有两种常用格式：

    USE 库名.程序包名.项目名；

    USE 库名.程序包名.ALL；

第一个语句的作用是向其所在设计实体开放指定库中的特定程序包内所选定的项目。

第二个语句的作用是向其所在设计实体开放指定库中的特定程序包内所有的内容。

合法的 USE 语句的使用方法是将 USE 语句说明中所要开放的设计实体对象紧跟在 USE 语句之后，如"USE IEEE.STD_LOGIC_1164.ALL；"表明打开 IEEE 库中的 STD_LOGIC_1164 程序包，并使程序包中所有的公共资源对于本语句后面的 VHDL 设计实体程序全部开放，即该语句后的程序可任意使用程序包中的公共资源。这里用到了关键词"ALL"，表示将使用程序包中的所有资源。又如：

LIBRARY　IEEE；

USE　IEEE.STD_LOGIC_1164.STD_ULOGIC；

USE　IEEE.STD_LOGIC_1164.RISING_EDGE；

该例中向当前设计实体开放了 STD_LOGIC_1164 程序包中的 RISING_EDGE 函数，但由于此函数需要用到 STD_ULOGIC 数据，因此在上一条 USE 语句中开放了同一程序包中的这一数据类型。

6.1.4　VHDL 程序包

为了使已定义的常数、数据类型、元件调用说明以及子程序能被更多其他的设计实体方便地访问和共享，使程序更加标准化，可以将它们收集在一个 VHDL 程序包中。多个程序包可以并入一个 VHDL 库中，使之适用于更一般的访问和调用。这一点对于大系统开发时多个或多组开发人员同步工作尤为重要。程序包主要由常数说明、VHDL 数据类型说明、元件定义和子程序 4 种基本结构组成，一个程序包中至少应包含这些结构中的一种。

(1) 常数说明：定义在程序包中需要用到的常数，类似于 C 语言中的宏定义，这些常数常用于描述系统数据总线通道的宽度。

(2) VHDL 数据类型说明：主要用于在整个设计中通用的数据类型，如通用的地址总线数据类型定义等。

(3) 元件定义：主要规定在 VHDL 设计中参与文件例化的文件接口界面。

(4) 子程序：并入程序包的子程序有利于在设计中对其进行调用。通常程序包中的内容应具有更大的适用面和良好的独立性，以供各种不同设计需求的调用，如 STD_LOGIC_1164 程序包定义的 STD_LOGIC 和 STD_LOGIC_VECTOR 型数据。一旦定义了一个程序包，各种独立的设计就能方便地调用。

定义程序包的一般语句结构如下：

PACKAGE　程序包名　IS　　　　　--程序包首

　　　程序包首说明部分

END　程序包名；

PACKAGE BODY　程序包名　IS　　--程序包体

　　　程序包体说明部分以及包体内容

END　程序包名；

程序包由说明部分(程序包首)和内容部分(程序包体)两部分组成。一个完整的程序包中，程序包首名与程序包体名是同一个名字。

程序包首的说明部分可收集多个不同的 VHDL 设计所需的公共信息，其中包括数据类型说明、信号说明、子程序说明及元件说明等。这些信息虽然也可以在每一个设计实体中进行逐一单独的定义和说明，但如果将这些经常用到并具有一般性的定义和说明放在程序包中供随时调用，显然可以提高设计的效率和程序的可读性。

程序包结构中，程序包体不是必需的。如果只需要共享定义的常数、数据类型等的声明部分，则可以独立定义和使用程序包首。例 6.5 所示就是一个可独立使用的程序包首。

[例 6.5]

```
PACKAGE   myPACKAGE   IS               --程序包首，指定程序包名称
TYPE   byte   IS   RANGE 0 TO 255；      --定义数据类型 byte
SUBTYPE   half_byte   IS   byte RANGE 0 TO 15；   --定义子类型 4 位数据类型 half_byte
CONSTANT   datawidth：half_byte:=8；    --定义常数 datawidth 为 8
SIGNAL   address：byte；                --定义信号 address
END   myPACKAGE；                      --程序包首结束
```

例 6.5 定义了一个程序包首，其程序包名是"myPACKAGE"，在其中定义了一个新的数据类型"byte"和子类型"half_byte"，接着定义了一个"half_byte"类型的常数"datawidth"和一个"byte"类型的信号"address"，还定义了一个元件和函数。由于元件和函数必须有具体的内容，因此将这些内容安排在程序包体中。如果要使用这个程序包中的所有定义，则可利用 USE 语句按如下方式获得访问此程序包的方法：

```
LIBRARY   WORK；
USE   WORK.myPACKAGE.ALL；
ENTITY …
ARCHITHCYURE …
```

由于 WORK 库是默认打开的，因此在使用中可省去"LIBRARY WORK；"语句，只要加入相应的 USE 语句即可。例 6.6 所示为在当前 WORK 库中定义程序包，并调用该程序包完成的 3-8 译码器 VHDL 描述的示例。

[例 6.6]

```
PACKAGE   mypak   IS
   TYPE   output8   IS   BIT_VECTOR(0 TO 7)；
   TYPE   data   IS   RANGE   1 TO 8；
END   mypak；
USE   WORK.mypak.ALL；                    --省略 WORK 库的调用语句
ENTITY   coder   IS
   PORT   (datain：IN   data；
            signout：OUT   output8)；
END   coder；

ARCHITECTURE   behav   OF   coder   IS
BEGIN
WITH   datain   SELECT
signout<=  B"00000001"，WHEN 1，
         B"00000010"，WHEN 2，
         B"00000100"，WHEN 3，
         B"00001000"，WHEN 4，
         B"00010000"，WHEN 5，
         B"00100000"，   WHEN 6，
```

```
        B"01000000",    WHEN 7,
        B"10000000",    WHEN 8,
        B"00000000",    WHEN   OTHERS;
    END   ARCHITECTURE   behav;
```

此例是一个可以直接综合的 3-8 译码器的 VHDL 描述。此例在程序包 mypak 中定义了两个新的数据类型"data"和"output8"。在 3-8 译码器 coder 的实体描述中即使用了这两个数据类型。

程序包体将包括在程序包首中已定义的子程序的子程序体中。程序包体说明部分的组成内容可以是 USE 语句(允许对其他程序包进行调用)、子程序定义、子程序体、数据类型说明、子类型说明和常数说明等。对于没有具体子程序说明的程序包体可以省去。

如例 6.6 所示，如果仅仅是定义数据类型或定义数据对象等内容，则程序包体是不必要的，程序包首可以独立地被使用；但在程序包中若有子程序说明时，则必须有对应的子程序包体。这时，子程序体必须放在程序包体中。程序包常用来封装属于多个设计单元分享的信息。常用的预定义的程序包有 STD_LOGIC_1164、STD_LOGIC_ARITH、STD_LOGIC_UNSIGNED 和 STD_LOGIC_SIGNED 等。下面分别进行介绍。

1. STD_LOGIC_1164 程序包

STD_LOGIC_1164 程序包是 IEEE 库中最常用的程序包，是 IEEE 的标准程序包。其中包含了一些数据类型、子类型和函数的定义，这些定义将 VHDL 扩展为一个能描述多值逻辑的硬件描述语言。STD_LOGIC_1164 程序包中用得最多和最广的是定义了满足工业标准的两个数据类型 STD_LOGIC 和 STD_LOGIC_VECTOR。新定义的数据类型除具有"0"和"1"逻辑量以外，还有其他的逻辑量，如高阻态"z"、不定态"x"等，更能满足实际数字系统设计仿真的需求。

2. STD_LOGIC_ARITH 程序包

STD_LOGIC_ARITH 预先编译在 IEEE 库中，此程序包在 STD_LOGIC_1164 程序包的基础上扩展了 3 个数据类型，即 UNSIGNED、SIGNED 和 SMALL_INT，并为其定义了相关的算术运算符和转换函数。UNSIGNED 数据类型不包含符号位，无法参与有符号的运算；SIGNED 数据类型包含符号位，可以参与有符号的运算。

3. STD_LOGIC_UNSIGNED 和 STD_LOGIC_SIGNED 程序包

STD_LOGIC_UNSIGNED 和 STD_LOGIC_SIGNED 程序包是由 Synopsys 公司提供的，它们都预先编译在 IEEE 库中。这些程序包重载了可用于 INTEGER 型、STD_LOGIC 型和 STD_LOGIC_VECTOR 型混合运算的运算符，并定义了由 STD_LOGIC_VECTOR 型到 INTEGER 型的转换函数。其中：STD_LOGIC_SIGNED 中定义的运算符考虑到了符号，是有符号数的运算；STD_LOGIC_UNSIGNED 程序包定义的运算符没有符号，为无符号运算。

6.1.5　配置

由于对同一种实体可以采用多种结构体描述，因此对拥有多种结构体的实体，可以通过配置语句把特定的结构体关联到一个确定的实体。配置语句就是用来为较大的系统设计提供管理和工程组织的。通常在大而复杂的 VHDL 工程设计中，配置语句可以为实体指定或配属一个结构体，可以利用配置使仿真器为同一实体配置不同的结构体，以使设计者比较不同结构体之间的仿真差别，或者为例化的各元件实体配置指定的结构体，从而形成一个所希望的例化元件层次构成的设计实体。

配置是 VHDL 设计实体中的一个基本单元。在综合或仿真中，可以利用配置语句为确定整个设计提供许多有用信息。对以元件例化的层次方式构成的 VHDL 设计实体，可以将其中的配置语句理解成一个为设计实体选择合适元件结构的表单，以配置语句指定在顶层设计中的某一元件与一特定结构体相衔接，或赋予特定属性。配置语句还能用于对元件的端口连接进行重新安排等。

配置语句的一般格式如下：

```
CONFIGURATION    配置名    OF    实体名    IS
FOR        选配结构体名
END     FOR;
END     配置名;
```

例 6.7 所示为拥有两个结构体的"1"计数器并对其进行配置的完整 VHDL 描述。

[例 6.7]

```
ENTITY    ones_cnt    IS
    PORT (a:  IN    BIT_VECTOR(2 DOWNTO 0);
          c:  OUT    BIT_VECTOR(1 DOWNTO 0)
          );
ARCHITECTURE    algorithmic    OF    ones_cnt    IS
BEGIN
    PROCESS(a)
    VARIABLE num:    INTERGER RANGE 0 TO 3;
    BEGIN
        NUM:=0;
        FOR   I   IN   0   TO   2   LOOP
            IF    A(I)='1'   THEN
            NUM:=NUM + 1;
            END IF
        END LOOP;
        CASE NUM IS
            WHEN 0 => C <="00";
            WHEN 1 => C <="01";
            WHEN 2 => C <="10";
            WHEN 3 => C <="11";
        END CASE;
    END PROCESS;
```

```
END    ARCHITECTURE  algorithmic；          --算法级描述
-----------------------------------------------------------------------------------------------
ARCHITECTURE  dataflow  OF  ones_cnt  IS
BEGIN
c(1)<=(a(1)AND a(0))OR(a(2)AND a(0))OR((a(2)AND a(1))；
c(0)<=(a(2)AND NOTa(1)AND NOTa(0))OR(NOT a(2))
        AND NOT a(1)AND a(0))OR(a(2)AND a(1)AND a(0))
        OR (NOT a(2)AND a(1)AND NOT a(0))；
END    ARCHITECTURE   data_flow；           --数据流级描述
-----------------------------------------------------------------------------------------------
CONFIGURATION  alg  OF  ones_cnt  IS
FOR   algorithmic
END   FOR；
END   alg；                                 --配置算法级结构体
-----------------------------------------------------------------------------------------------
CONFIGURATION  df  OF  ones_cnt  IS
FOR   data_flow
END   FOR；
END   df；                                  --配置数据流结构体
```

6.2　VHDL 的词法元素

　　词法元素指不可以拆分为其他更小元素的字符串，它是 VHDL 中的最小单位。VHDL 设计文件可认为是由词法元素的序列和分隔符组成的。VHDL 中的词法元素的类型有分界符、标识符、注释和字符文字。

　　这些词法元素是组成 VHDL 语句的基础。词法元素必须完全处于同一行中，下面分别进行介绍。

6.2.1　分界符

　　相邻的词法元素通过任意数量的分界符分开，在某些情况下，当两个词法元素连写会被当作一个词法元素时，两个词法元素之间必须加分隔符。常用空格来区分同一个语句中的两个词法元素，例如"ENTITY adder IS"。在一个完整的语句末尾，必须用"；"表示语句的结束。

6.2.2　标识符

　　标识符规则是 VHDL 中符号书写的一般规则，用以表示 VHDL 语句中的变量、块、进程等对象和关键词。基本的 VHDL 文件就是由标识符和分界符构成的。VHDL 有两个标识符标准，分别是 VHDL'87 标准和 VHDL'93 标准。VHDL'93 标准的标识符是在 VHDL'87 标准的标识符语法规则基础上扩展后形成的，因此又称 VHDL'93 标准规定的标识符为扩展标识符，称 VHDL'87 标准规定的标识符为短标识符。

1．短标识符

VHDL 中的短标识符是遵守以下规则的字符序列：

(1) 短标识符由有效字符构成。

(2) 有效字符为大、小写英文字母(A～Z，a～z)、数字(0～9)和下划线(_)。

(3) 短标识符必须以英文字母打头。

(4) 短标识符中的下划线前后必须都有英文字母或数字。

(5) 短标识符不区分大、小写。

字母大写与小写没有区别。在所有的语句中，字母大写、小写以及大小写混合都可以。为使程序易于阅读，建议 VHDL 的关键词大写，其他用户定义的对象名小写，规定所有关键词不能由用户声明为对象名。VHDL'87 标准规定的关键词如下：

ABS	CONFIGURATION	INOUT	OR	THEN
ACCESS	CONSTANT	IS	OTHERS	TO
AFTER	DISCONNECTOR	LABEL	OUT	TRANSPORT
ALIAS	DOWNTO	LIBRARY	PACKAGE	
ALL	ELSE	LINKAGE	PORT	TYPE
AND	ELSIF	LOOP	PROCEDURE	UNITS
ARCHITECTURE	END	MAP	PROCESS	UNTIL
ARRAY	ENTITY	MOD	RANGE	USE
ASSERT	EXIT	NAND	RECORD	VARIABLE
ATTRIBUTE	FILE	NEW	REGISTER	WAIT
BEGIN	FOR	NEXT	REM	WHEN
BLOCK	FUNCTION	NOR	REPORT	WHILE
BODY	GENERATE	NOT	RETURN	WITH
BUFFER	GENERIC	NULL	SELECT	XOR
BUS	GUARDED	OF	SEVERITY	
CASE	IF	ON	SIGNAL	
COMPONENT	IN	OPEN	SUBTYPE	

如下所示是合法的标识符：

COUNT	cout	C_OUT	BB2_5C
VHSIC	WT	FFT	Decoder
A_B_C	xyZ	h333	STORE_NEXTITEM

如表 6.1 所示是不合法的标识符及其错误原因。

表 6.1　非法的标识符及其错误原因

非法标识符	错 误 原 因
My-name	含有非法符号 "-"
H￥B	含有非法符号 "￥"
LOOP	为 VHDL 关键词
_ABC	第一个字符不是英文字母
Decoder_	下划线后没有字母或数字
A__C	含有连续两个下划线，每个下划线前后方都不完全是字母或数字
alDha 2	含有非法的空格
AB AC	含有非法的空格

2．扩展标识符

扩展标识符具有以下特性：

(1) 扩展标识符两端由反斜杠确定。例如，"\valid\"、"_ABC\" 等都是合法的扩展标识符。

(2) 扩展标识符中间允许包含图形符号和空格符。例如，"\&My Name\"、"\$l0ms\"、"*L 50ms\" 等都是合法的扩展标识符。

(3) 反斜杠之间的字符可以用保留字。例如，"\label\"、"\PORT\" 和 "\enitiy\" 等都是合法的扩展标识符。

(4) 每两个反斜杠之间可以用数字打头。例如，"\12mspulse\"、"\20_puls\" 和 "\50\" 都是合法的扩展标识符。

(5) 扩展标识符允许多个下划线相连。例如，"\A_B\"、"\my_projects\" 等都是合法的扩展标识符。

(6) 扩展标识符区分大小写。例如，"\CLK\" 与 "\clk\" 分别表示两个不同的标识符。

(7) 扩展标识符与短标识符不同。例如，"\CLK\" 与 "CLK" 分别表示两个不同的标识符。

6.2.3　注释

注释是用分界符 "--" 开头，必须放在一行语句末的词法元素。它可以跟在一行之中的合法词法元素之后，也可以是该行唯一的词法元素。注释的内容不影响编译器和仿真程序，其目的是为了增加程序的可读性。注释中可包括所有特殊字符。表 6.2 所示的是注释的一些例子。

表 6.2　注释语句示例

注释格式	解　　释
--注释语句……	该行只有一句注释
C <= A；--注释语句……	注释词法元素在 VHDL 赋值语句之后
--较长的注释语句第一行…… --较长的注释语句第二行…… --…… --较长的注释语句最后一行……	对于较长的注释，可以采用分行注释的方法，为便于阅读，每行的分界符要对齐

6.2.4　字符文字

字符文字用来指定用于标量对象初始化的常量值，包括单个字符文字、字符串文字、位串文字和数字。

1．单个字符文字

单个字符文字是仅包括一个字符的词法元素，其格式为在两个撇号之间插入一个字符。该字符可以是任何字符，包括空格和特殊符号。以下是单个字符文字的例子：

'A'，'B'、'！'、'1'、'0'、''

2．字符串文字

字符串文字是在两个引号之间插入一串可显示字符而得到的词法元素。串中可以不包含任何字符。如果串中包含一个引号，则使用两个相连的引号表示。注意，该约定排除了将两个字符串文字写在同一行，而中间没有分隔符进行分隔的情况。一个字符串文字的长度指的是串中字符的个数(将双引号记为一个字符)。下面是一些例子：

"VHDL study"　　　　长度为 10 的字符串，包括一个空格
" "　　　　　　　　　长度为 0 的字符串，不包括任何内容
"A"　　　　　　　　　长度为 1 的字符串，与'A'不同
""""　　　　　　　　 长度为 1，包括一个引号
" $，#，|"　　　　　长度为 5 的字符串，包含特殊字符$、#和 |

字符串文字词法元素必须写在一行中，长度超过一行的串在前一行的末尾必须使用连接符"&"将两行连接起来。以下是一个连接示例：

This is a long string literal that will not fit on one"&
line which requires using the concatenation operator. "

3．位串文字

位串文字用来表示数码矢量，它是由进制标志符和数字字符串组成的词法元素。进制标志符及其对应的数字串如表 6.3 所示。

表 6.3　位　串　文　字

进制标志符	表示的意义	对应的数字串	示　例
D	二进制	0，1	D"0100101"
O	八进制	0~7	O"45"
X	十六进制	0~9，A~F	X"1F"

位串文字中的数字串的数字必须和进位标志符相符。类似"D"012""是非法的位串。无论采用何种进位标志符，VHDL 的变异过程中总是将位串解释成一个二进制的位串。例如，"X"A""的值即为"1010"。在任何情况下，位串文字只表示一个位矢量，VHDL 仅将它看做是一个位串，其数字值的定义取决于用户对位串文字的定义。位串文字用于指定二进制寄存器的内容的初始状态。位串文字也可被直接指定为位串，而不使用任何进位标志符。位串文字中可添加下划线字符，以提高文字的可读性，下划线字符不会影响位串的值。位串文字的长度即位串中位的个数，与进位标志符无关。下划线不影响位串文字的长

度。然而，在未指定字符文字的进位标志符时，不允许使用下划线。

4．数字

与位串文字不同之处在于，数字表示的是一个数，是标量，而位串文字所表示的是一串 0、1 位信号，是矢量。数字可分为实型和整型数字。实型数字含有一个小数点；整型数字不包含小数点。根据进制的不同，数字还可分为十进制数字和基数字两类。

十进制数字的格式比较简单。在十进制的数字中添加下划线可以提高数字的可读性，对数字的大小不会有任何影响。例如"100_524"与"100524"就完全相等。十进制数字必须以数字作为第一个字符。对于用科学计数法描述的十进制数，可以使用指数符号"E"或者"e"，只有实型十进制数才允许指数为负。表 6.4 所示是一些十进制整数的例子。

表 6.4　十进制整数及其意义

十进制整数	表示的数量
12	12
25_450	25 450
5E2	500
5e2	500
0	0
015	15
51e0	51

表 6.5 所示的是十进制实数的例子。

表 6.5　十进制实数及其意义

十进制实数	表示的数量
1.2	1.2
5.0e0	5.0
5.25E2	525
5.0e−2	0.05
0.000_1254	0.000 125 4
01.5	1.5
5.1e02	510

在数字中不允许有其他的字符出现。表 6.6 所示为非法十进制数字及其错误原因。

表 6.6　非法十进制数字及其错误原因

非法十进制数	错误原因
1e−2	实数中未确定小数点
.25	未用数字开头
5.25 E2	字符 E 前面有空格
5.0e −2	字符 e 后面有空格
45，458	出现非法字符"，"

基数字用于表示其他进制的数字。基数字包括一个基标志、数字位和可选的指数位，在数字位前后各有一个"#"分界符，为增加可读性，可以在数字位中增加下划线，下划线不会对数值有任何影响。在基数字中不允许出现其他的非法字符。表 6.7 所示即为基数字的例子。

表 6.7　基数字及其意义

基数字	所表示的数值
2#1_0110#	十进制的 46
10#46#	十进制的 46
8#56#	十进制的 46
16#2E#	十进制的 46
16#8F#E1	十进制的 2288，即十进制的 143 × 16
4#3#e2	十进制的 48，即十进制的 3 × 4²
2#1.1111_01#e8	二进制的 111110100，即十进制的 500

6.3　VHDL 的数据对象

在 VHDL 中包括常数(CONSTANT)、变量(VARIABLE)、信号(SIGNAL)和文件(FILE)共四种数据对象。其意义和定义方式如下。

1. 常数

常数指在语句中内容一直固定不变的数据对象，即对某一常数名赋予一个固定的值。常数的值在其定义过程中确定，通常赋值在程序开始前进行，该值的数据类型则在常数定义语句中指明。

常数说明的一般格式如下：

　　CONSTANT 常数名：数据类型:=表达式；

如：

　　CONSTANT　data：INTEGER:=50；

该语句定义了一个名为"data"的整数常数，并且赋予初值 50。

2. 变量

变量是一种内容会发生变化的数据对象，其应用范围仅限于串行语句，如进程语句、函数语句和过程语句结构。它是一个局部量，在仿真过程中执行到变量赋值语句后，变量就被即时赋值。

变量说明语句的一般格式如下：

　　VARIABLE 变量名：数据类型:=初值表达式；

如：

"VARIABLE t，m：INTEGER；"语句表示定义了两个名为 t 和 m 的整型变量。

"VARIABLE a ：INTEGER:=50;"语句表示定义了一个名为 a 的整型变量，并且赋初值 50。

变量赋值使用数字符号":="，如下所示为给一个名为 temp 的整数类型变量赋值的语句：

　　temp:= 15；

3. 信号

信号是电子电路内部硬件连接的抽象，可认为是电路中的连线，它除了没有数据流动方向说明以外，其他性质几乎和前面所述的"端口"概念一致。信号的使用范围是结构体、包集合和实体说明。

　　信号定义语句的一般格式如下：

　　　　SIGNAL 信号名：数据类型约束条件:=表达式；

　　如：

　　　　SIGNAL clk：BIT:= '0'；

　　在 VHDL 中对信号赋值采用"<="作为赋值符号，以下所示为一个给名为 data 的 8 位位矢量信号赋值的语句：

　　　　data <= "01001100"；

　　信号赋值的时刻是按仿真时间，即信号值的改变需要按照仿真时间的计划表行事，某一个正在进行的进程中对信号赋值的操作需要等到该进程结束后才会生效。在接下来的示例中将会详细介绍信号与变量的差别。

4. 文件

　　文件数据类型定义于 VHDL'93 标准之中，文件可以作为参数向子程序传递，通过子程序对文件进行读/写操作，文件参数没有输入/输出模式。其定义如下：

　　　　FILE　　文件名称：类型约束条件

　　如："FILE used_file：text"语句定义了一个名称为"used_file"的文本型文件数据。

6.4　VHDL 的数据类型

　　VHDL 对信号、变量及常数等数据对象的定义中都需要指定数据类型，从而定义数据对象允许的值的范围和对该数据对象进行的运算操作的限制。由于是硬件描述语言，所有的语句将对应于硬件实现，因此 VHDL 对运算关系与赋值关系中各量(操作数)的数据类型有严格要求。VHDL 要求设计实体中的每一个常数、信号、变量、函数以及设定的各种参量都必须具有确定的数据类型。不同类型的数据间无法直接进行操作，数据类型相同而位长不同时，也不能直接代入。例如，整型的数据对象必须赋整型的值。在设置为整型的数据对象上进行的操作必须是限定于整型操作的运算，如加法、乘法等，这样能使 VHDL 编译或综合工具更容易地找出设计中的各种语法错误。VHDL 中的各种预定义数据类型大多数体现了硬件电路的不同特性。VHDL 中的数据类型可以分成四大类，如表 6.8 所示。

表 6.8　VHDL 中的数据类型

数据类型	说　　　　明
标量类型"Scalar Type"	枚举类型
	整数类型
	物理类型，例如时间类型等
	浮点(或实数)类型
复合类型"Composite Type"	数组"Array"，其中的所有元素具有相同类型
	记录"Record"，其中的元素的类型可能不同
存取类型"Access Type"	为给定数据类型的数据对象提供存取方式
文件类型"Files Type"	用于提供多值的存取

　　根据这些数据类型定义的位置，数据类型又可分为在现成程序包中可以随时使用的预定义数据类型和用户自定义的数据类型两大类别。预定义的 VHDL 数据类型是 VHDL 最常用、最基本的数据类型，这些数据类型都已在 VHDL 的标准程序包 STANDARD 和 STD_LOGIC_1164 及其他的标准程序包中作了定义，并可在设计中随时调用。除了标准的预定义数据类型外，VHDL 还允许用户自己定义其他的数据类型以及子类型。通常，新定义的数据类型和子类型的基本元素一般仍属 VHDL 的预定义类型。VHDL 综合器只支持部分可综合的预定义或用户自定义的数据类型，对于其他类型不予支持，如 TIME、FILE 等类型。

6.4.1　VHDL 标准程序包 STANDARD 中定义的数据类型

　　VHDL 标准程序包 STANDARD 中定义了 10 种标准数据类型。这 10 种数据类型分别为布尔(BOOLEAN)类型、位(BIT)类型、位矢量(BIT_VECTOR)类型、整数(INTEGER)类型、自然数(NATURAL)和正整数(POSITIVE)类型、实数(REAL)类型、字符(CHARACTER)类型、字符串(STRING)类型、时间(TIME)类型和错误等级(SEVERITY_LEVEL)类型。

　　下面对各数据类型作简要说明。

1. 布尔(BOOLEAN)类型

　　布尔类型在程序包 STANDARD 中定义的源代码如下：

```
TYPE  BOOLEAN  IS  (FALSE，TRUE)；
```

　　布尔类型实际上是一个二值枚举数据类型。根据其定义，该数据类型的取值范围为 TRUE(真)和 FALSE(伪)两种。综合器用一个二进制位表示 BOOLEAN 型变量或信号。布尔量不属于数值，因此不能应用于计算操作，它只能通过关系运算符获得。

　　例如，当 a=b 时，在 IF 语句中的关系运算表达式(a=b)的结果是布尔量 TRUE。综合器将 TRUE 转变为信号量"1"，将 FALSE 转变为信号量"0"。布尔量常用来表示信号的状态或者总线上的情况。如果某个信号或者变量被定义为布尔量，那么用 EDA 工具对设计进行仿真时，系统自动对其赋值进行核查。一般布尔类型的数据对象的初始值为 FALSE。

2. 位(BIT)类型

　　与布尔类型相似，位类型属于二值枚举数据类型，程序包 STANDARD 中定义的源代码如下：

```
TYPE  BIT  IS  ('0', '1')；
```

　　根据定义，其取值也只能是"0"或者"1"，位通常用来表示一个信号值。位值的表示方法是，用字符"0"或者"1"表示之。位"1"和"0"与整数中的 1 和 0 不同，"1"和"0"仅表示一个位的两种取值，没有数值意义。位类型只能进行逻辑运算，运算结果仍然是位。

3. 位矢量(BIT_VECTOR)类型

　　位矢量只是基于位数据类型的数组，在程序包 STANDARD 中对位矢量定义的源代码如下：

```
TYPE  BIT_VECTOR  IS  ARRAY(Natural Range<>)  OF  BIT；
```

　　依照位矢量的定义，在声明位矢量时必须注明位宽，即数组中的元素个数和排列。例如：

　　　　SIGNAL data：BIT_VECTOR (7 DOWNTO 0)；

该语句表示声明一个名为 data 的位矢量信号，共有 8 位，各位的排列分别是 data7，data6，…，data0。元素的排列必须为自然数。位矢量数字的格式为用双引号括起来的一组位数据。例如，"01000010"表示一个 8 位的位矢量；x"FF"表示一个十六进制的位矢量，VHDL 编译器将其等价为"11111111"。

4．整数(INTEGER)类型

　　整数类型的数包括正整数、负整数和零。整数类型与算术整数相似，可以使用预定义的运算操作符，如加"＋"、减"－"、乘"＊"、除"／"等进行算术运算。在 VHDL 中，整数的取值范围是−2 147 483 647～+2 147 483 647，即可用 32 位有符号的二进制数表示。注意不要把一个实数(含小数点的数)赋予一个整数变量，一般情况下用户可以自定义整数的赋值范围，综合器按照用户定义的范围分配该信号或变量的位数，VHDL 综合器无法综合未限定范围的整数类型的信号或变量。如下是一个定义整数类型变量的语句：

　　　　VARIABLE　a：INTEGER　RANGE　−127 TO 127；

该语句中定义了一个名为 a 的整数类型变量，并且限制其范围在(−127，127)区间内。实际应用中，VHDL 仿真器通常将 INTEGER 类型作为有符号数处理，而 VHDL 综合器则将 INTEGER 作为无符号数处理。

5．自然数(NATURAL)和正整数(POSITIVE)类型

　　自然数和正整数都是整数的子集。自然数包括零和正整数；而正整数是大于零的整数，是自然数的子集。

6．实数(REAL)类型

　　VHDL 的实数类型也称浮点类型，类似于数学上的实数。其取值范围为−1.0E38～+1.0E38。在书写时需要加上小数点，否则会与整数混淆。通常情况下，由于直接通过硬件实现浮点类型的表达是相当复杂的，在电路规模上难以承受，应用极少，因此 VHDL 综合器不支持实数，实数类型仅能在 VHDL 仿真器中使用。实数常量的格式在 6.2 节中有过介绍。

7．字符(CHARACTER)类型

　　字符类型通常用单引号引起来，如'A'。字符类型的格式在 6.2 节中有详细的介绍。字符类型已在 STANDARD 程序包中作了定义，与标识符不同，字符类型是区分大小写的，如'B'不同于'b'。当要明确指出 1 的字符数据时，可写为 CHARACTER('1')。

8．字符串(STRING)类型

　　字符串(或称为字符串数组)类型是字符类型的一个非约束型数组，它必须用双引号标明。VHDL 综合器支持字符串类型。字符串类型的格式在 6.2 节中有详细的介绍。

9．时间(TIME)类型

　　时间类型数据是 VHDL 中定义的一个物理量数据。时间类型数据一般用于仿真，而不

用于逻辑综合。完整的时间类型数据包含整数和物理量单位两部分，而且整数和物理量单位之间至少应留一个空格的位置，如 55 ms，2 min。

10. 错误等级(SEVERITY_LEVEL)类型

错误等级类型数据用来表示系统的状态。它分为 4 种：NOTE(注意)、WARNING(警告)、ERROR(出错)和 FAILURE(失败)。在仿真过程中可以用这 4 种状态来提示系统当前的工作情况。

6.4.2　用户定义的数据类型

VHDL 允许用户自己定义数据类型。可由用户自己定义的数据类型有枚举(ENUMERATED)类型、整数(INTEGER)类型和实数(REAL)类型、数组(ARRAY)类型、存取(ACCESS)类型、文件(FILE)类型、记录(RECORD)类型和时间(TIME)类型(物理类型)。

下面对常用的几种用户定义的数据类型作简要说明。

1. 枚举(ENUMERATED)类型

枚举类型是把类型中的各个可能的取值都列举出来，这种定义数据的方式方便、直观。使用枚举类型的数据可提高程序的可阅读性。在使用状态机时常采用枚举类型来定义状态参数。

枚举类型的一般书写格式如下：

　　　TYPE　数据类型名　IS(元素，元素，…)；

例如：

　　　TYPE　Door　　IS　(open，close)；

　　　VARIABLE　door1　：　Door :=open；

该例子的第一个语句中定义了一个名为 Door 的数据类型，Door 数据类型中有两个元素，分别是 open 和 close；在第二个语句中，用户定义了一个名为 door1 的 Door 类型的变量，并且赋初值为 open。

2. 整数(INTEGER)类型和实数(REAL)类型

在标准程序包中已经定义了整数类型和实数类型，这里所说的是用户根据特殊用途需要再定义的整数和实数的数据类型。

用户自定义整数或实数类型的一般格式如下：

　　　TYPE 数据类型名　IS　数据类型定义的约束范围；

例如：

　　　TYPE　int　IS　INTEGER　RANGE　0 TO 255；

　　　VARIABLE　num ：int；

该例子的第一行语句定义了一个名为 int 的整数类型，该类型的数据取值范围为 0～255；第二行语句定义了一个名为 num 的 int 型变量。

3. 数组(ARRAY)类型

数组类型是将相同类型的数据集合在一起形成的一个新的数据类型，是一种复合型的数据类型。数组可以是一维的，其中的每个元素只需要由一个下标确定其在数组中的位置，

例如 a1、a2、a3、…、a10 就是一个一维的数组。数组也可以是二维或多维的，例如，

　　　a11、a12、a13
　　　a21、a22、a23
　　　a31、a32、a33

就是一个二维数组，每个元素由两个下标确定其在数组中的位置，VHDL 仿真器支持多维数组，但是综合器只支持一维数组。

　　数组的元素可以是任何一种数据类型，用以定义数组元素的下标范围子句决定了数组中元素的个数，以及元素的排序方向，即下标数是由低到高，或是由高到低。如子句"0 TO 7"是由低到高排序的 8 个元素；"15 DOWNTO 0"是由高到低排序的 16 个元素。

　　VHDL 允许用户自定义两种不同类型的数组，即限定性数组和非限定性数组。它们的区别是，限定性数组下标的取值范围在数组定义时就被确定了，而非限定性数组下标的取值范围需留待随后确定。限定性数组定义语句格式如下：

　　　TYPE　数组名　IS　ARRAY　(数组范围)　OF　数据类型；

其中：数组名是新定义的限定性数组类型的名称，可以是任何标识符；数据类型即指数组各元素的数据类型；数组范围明确指出数组元素的定义数量和排序方式，以整数来表示其数组的下标。限定性数组定义示例如下：

　　　TYPE　busA　IS　ARRAY　(7　DOWNTO　0)　OF　BIT；

这个例子定义了一个名为 busA 的数组，它有 8 个元素，数组中元素的下标排序是 7、6、5、4、3、2、1、0，各位的名称分别是 busA(7)、busA(6)、…、busA(0)。限定性数组还可以采用以下格式定义：

　　　TYPE　data　IS　(low，high)；
　　　TYPE　data_bus　IS　ARRAY　(0　TO　7，　data)　OF　BIT；

该例中首先定义 data 为两元素的枚举数据类型，然后将 data_bus 定义为一个有 8 个元素的数组类型，其中每一元素的数据类型是 BIT，data 中的 low 和 high 分别对应于 BIT 类型中的"0"和"1"。

　　非限制性数组类型就是不说明所定义的数组下标的取值范围，而是定义某一数据对象为此数组类型时，再确定该数组下标的取值范围。这样就可以通过不同的定义取值，使相同的数据对象具有不同下标取值的数组类型。非限制性数组的定义语句格式如下：

　　　TYPE　数组名　IS　ARRAY　(数组下标名 RANGE　<>) OF　数据类型；

其中：数组名是定义的非限制性数组类型的取名；数组下标名是以整数类型设定的一个数组下标名称，符号"<>"是下标范围待定符号，用到该数组类型时，再填入具体的数值范围；数据类型是数组中每一元素的数据类型。

4．存取(ACCESS)类型

　　存取类型用来给新对象分配或释放存储空间。在 VHDL 标准 IEEE 内的 STD_1076 的程序包 TEXTIO 中，有一个预定义的存取类型 Line：

　　　TYPE　Line　IS　ACCESS　stlin9；

这表示类型为 Line 的变量是指向字符串值的指针。只有变量才可以定义为存取类型，如：

　　　VARIABLE　line_buffer　line；

5. 文件(FILE)类型

文件类型用于在主系统环境中定义代表文件的对象。文件对象的值是主系统文件中值的序列。在 IEEE STD_1076 的程序包 TEXTIO 中，有一个预定义的文件类型 Text，用户也可以定义自己的文件类型。如：

    TYPE   Text   IS   FILE   OF   String;   --TEXTIO 程序包中预定义的文件类型
    TYPE   Input_type IS   FILE   OF   Character; --用户自定义的文件类型

在程序包 TEXTIO 中，有 2 个预定义的标准文本文件：

    FILE INPUT：Text OPEN read_mode IS "STD_INPUT";
    FILE OUTPUT：Text OPEN write_mode IS "STD_OUTPUT";

6. 记录(RECORD)类型

记录类型是将不同类型的数据和数据名组织在一起而形成的数据类型。记录类型与数组类型的区别在于，数组是由多个同一类型的数据集合起来，记录可由不同类型数据组合，定义记录类型的数据时需要一一定义。用记录描述总线结构和通信协议是比较方便的，记录数据类型适用于系统仿真。在生成逻辑电路时，要将记录数据类型拆分开来。

记录类型的一般书写格式如下：

    TYPE   数据类型名 IS   RECORD
        元素名：数据类型名：
        元素名：数据类型名；
        ...
    END RECORD;

在从记录数据类型中提取元素数据类型时应使用"."。例 6.8 所示就是一个声明记录数据类型并引用数据类型的例子。

[例 6.8]

    TYPE   CUSTOM_BUS IS   RECORD
    ADDR：BIT_VECTOR(7 DOWNTO 0);
    DATA：BIT_VECTOR(15 DOWNTO 0);
    END   RECORD；   --定义一个 RECORD 数据类型

    SIGNAL   address：BIT_VECTOR(7 DOWNTO 0);
    SIGNAL   data：BIT_VECTOR(15 DOWNTO 0);
    SIGNAL   bus1：CUSTOM_BUS:=("00000000", "0000000000000000");
    address<=bus1.ADDR;
    data<=bus1.DATA;

例 6.8 中，从"TYPE"到"END RECORD；"之间的语句中定义了一个名为"CUSTOM_BUS"的记录数据类型，其中"ADDR"为 8 位的位矢量，"DATA"为 16 位的位矢量；接着定义了一个名为"bus1"的"CUSTOM_BUS"型的信号，并且按照记录数据类型中的元素定义顺序给该信号中的两个元素赋初值；在接下来的语句中，分别将"bus1"中的"ADDR"元素和"DATA"元素的值赋给其他信号。

7. 时间(TIME)类型(物理类型)

时间类型是表示时间的物理数据类型，在仿真时是必不可少的。其一般书写格式如下：

　　　TYPE　数据类型名　IS　范围；

　　　UNITS　基本单位；

　　　　单位

　　　END　UNITS；

例 6.9 所示就是一个定义时间类型的例子。

[例 6.9]

　　　TYPE　time　IS RANGE 0 TO 65535；

　　　UNITS s；

　　　min=60s；

　　　hour=60min；

　　　END　UNITS；

例 6.9 中定义了一个名为"time"的时间类型，其基本单位是"s"。

6.4.3　IEEE 预定义标准逻辑位与矢量

IEEE 标准库预定义了两个非常重要的数据类型，即标准逻辑位(STD_LOGIC)和标准逻辑矢量(STD_LOGIC_VETOR)数据类型。

1. 标准逻辑位(STD_LOGIC)数据类型

VHDL 的标准数据类型"BIT"是一个逻辑型的数据类型。这类数据取值只有"0"和"1"。由于"BIT"类型数据未定义处于"0"和"1"中间的不定状态"X"，因此给仿真初值的设置带来麻烦。另外，"BIT"也未定义高阻状态，无法用它来描述双向数据总线。为此，IEEE 在 1993 标准中对"BIT"类型进行了扩展，定义了"STD_LOGIC"数据类型，共有如下 9 种不同的值：

'U'：初始值；

'X'：不定；

'0'：0；

'1'：1；

'Z'：高阻；

'W'：弱信号不定；

'T'：弱信号 0；

'H'：弱信号 1；

'-'：不可能情况。

如下是一个使用"STD_LOGIC"数据类型的语句：

　　　SIGNAL　sig：STD_LOGIC:= 'Z'；

该语句中定义了一个名为"sig"的"STD_LOGIC"类型的信号，并赋初值 'Z'。

由于"STD_LOGIC"数据类型具有 9 种可能的值，因此在编程时就需要注意考虑其多值性。在条件语句中，如果未考虑到"STD_LOGIC"的所有可能的情况，则在综合过程中有可能会插入不必要的寄存器。

2. 标准逻辑矢量(STD_LOGIC_VECTOR)数据类型

"STD_LOGIC_VECTOR"是"STD_LOGIC_1164"程序包中定义的标准逻辑矢量，其定义如下：

　　　　TYPE　STD_LOGIC_VECTOR　IS　ARRAY (NATURAL RANGE<>) OF　STD_LOGIC；

根据"STD_LOGIC_VECTOR"的定义语句，可知"STD_LOGIC_VECTOR"是由"STD_LOGIC"类型所组成的数组。

"STD_LOGIC"和"STD_LOGIC_VECTOR"是 IEEE 新制定的标准化数据类型，在程序中必须写出如下所示的库说明语句和使用包集合的声明语句：

　　　　LIBRARY　IEEE；

　　　　USE　IEEE.STD_LOGIC_1164.ALL；

6.4.4　VHDL 的类型转换

VHDL 是一种强类型的语言，它对数据类型的定义非常严格，不同类型的数据之间是不能直接进行运算和赋值的。为了实现正确的运算和赋值操作，必须要对信号或者变量进行类型转换。转换函数通常由 VHDL 的包集合提供。例如，在"STD_LOGIC_1164"、"STD_LOGIC_ARYTH"和"STD_LOGIC_UNSIGNED"程序包中都提供了数据类型转换函数。数据类型转换函数的输入参数为被转换的数据类型，返回值为转换后的数据类型。常用的数据类型转换函数如下。

1. "TO_STD_LOGIC_VECTOR()"函数

"TO_STD_LOGIC_VECTOR()"函数是定义在程序包"IEEE.STD_LOGIC_1164"中的转换函数，其功能是将位矢量"BIT_VECTOR"数据类型转换为逻辑矢量"STD_LOGIC_VECTOR"数据类型。"TO_STD_LOGIC_VECTOR()"函数在程序包"IEEE.STD_LOGIC_1164"中的声明语句如下：

　　　　FUNCTION　TO_STD_LOGIC_VECTOR(s：BIT_VECTOR)

　　　　RETURN　STD_LOGIC_VECTOR；

由"TO_STD_LOGIC_VECTOR()"函数的定义可知，该函数的参数是"BIT_VECTOR"数据类型，返回值是"STD_LOGIC_VECTOR"类型。例 6.10 所示为调用"TO_STD_LOGIC_VECTOR()"函数的语句。

[例 6.10]

　　　　SIGNAL a：BIT_VECTOR(7 DOWNTO 0)；

　　　　SIGNAL b：STD_LOGIC_VECTOR (7 DOWNTO 0)；

　　　　b <= TO_STD_LOGIC_VECTOR(a)；

上面的语句中通过调用"TO_STD_LOGIC_VECTOR(a)；"语句将"a"转化为"STD_LOGIC_VECTOR"数据类型，然后赋值给"b"。

2. "CONV_INTEGER()"函数

"CONV_INTEGER()"是定义在"IEEE.STD_LOGIC_UNSIGNED"程序包中的数据类

型转换函数，其功能是将逻辑矢量"STD_LOGIC_VECTOR"数据类型转换为整数"INTEGER"数据类型。"CONV_INTEGER()"函数在"IEEE.STD_LOGIC_UNSIGNED"程序包中的声明语句如下：

> FUNCTION　CONV_INTEGER(arg：STD_LOGIC_VECTOR)
>
> RETURN　INTEGER；

由"CONV_INTEGER()"函数的定义可知，该函数的参数是"STD_LOGIC_VECTOR"数据类型，返回值是"INTEGER"类型。例 6.11 所示为调用"CONV_INTEGER()"函数的语句。

[例 6.11]

> SIGNAL a：STD_LOGIC_VECTOR(7 DOWNTO 0)；
>
> SIGNAL b：INTEGER RANGE 0 to 255；
>
> b <=CONV_INTEGER(a)；

上面的语句中通过调用"CONV_INTEGER(a)；"语句将"a"转化为"INTEGER"数据类型，然后赋值给"b"。

3. "CONV_STD_LOGIC_VECTOR()"函数

"CONV_STD_LOGIC_VECTOR()"函数是定义在"IEEE.STD_LOGIC_UNSIGNED"程序包中的数据类型转换函数，其功能是将整数"INTEGER"数据类型转换为逻辑矢量"STD_LOGIC_VECTOR"数据类型。"CONV_STD_LOGIC_VECTOR()"函数在"IEEE.STD_LOGIC_UNSIGNED"程序包中的声明语句如下：

> FUNCTION　CONV_STD_LOGIC_VECTOR(arg：INTEGER，size：INTEGER)
>
> RETURN　STD_LOGIC_VECTOR；

"CONV_STD_LOGIC_VECTOR()"函数参数表中的"arg"是需要转换的数据，"size"表示转换的位数。返回的"STD_LOGIC_VECTOR"数据类型的位数由参数"size"确定。例 6.12 所示为调用"CONV_STD_LOGIC_VECTOR()"函数的语句。

[例 6.12]

> SIGNAL a：INTEGER RANGE 0 TO 255；
>
> SIGNAL b：STD_LOGIC_VECTOR(7 DOWNTO 0)；
>
> b <=CONV_STD_LOGIC_VECTOR(a，8)；

上面的语句通过调用"CONV_STD_LOGIC_VECTOR(a，8)；"函数将"a"转化为 8 位的"STD_LOGIC_VECTOR"数据类型，然后赋值给"b"。

6.5　VHDL 的操作符

在 VHDL 中共有如下 4 类操作符，即逻辑(LOGICAL)操作符、算术(ARITHMETIC)操作符、关系(RELATIONAL)操作符和并置(CONCATENATION)操作符。

操作符操作的对象是操作数，且操作数的类型应该和操作符所要求的类型相一致。操作符的左边和右边，以及代入的信号的数据类型必须是相同的。另外，操作符是有优先级的，例如，逻辑操作符"NOT"在所有操作符中优先级最高。

6.5.1　逻辑(LOGICAL)操作符

在 VHDL 中，逻辑操作符有 7 种，如表 6.9 所示。

表 6.9　逻辑操作符

操作符	功　能	操作数的数据类型
NOT	取反运算	BIT、BOOLEAN 或 STD_LOGIC
AND	与运算	BIT、BOOLEAN 或 STD_LOGIC
OR	或运算	BIT、BOOLEAN 或 STD_LOGIC
NAND	与非运算	BIT、BOOLEAN 或 STD_LOGIC
NOR	或非运算	BIT、BOOLEAN 或 STD_LOGIC
XOR	异或运算	BIT、BOOLEAN 或 STD_LOGIC
XNOR	异或非运算	BIT、BOOLEAN 或 STD_LOGIC

由于 VHDL 是一种并行处理的硬件描述语言，因此当一条 VHDL 语句中存在两个以上的逻辑操作符时，左、右没有优先级差别。如果存在多于两个的逻辑操作符，则需要使用括号来确定先后顺序，先做括号里的运算，再做括号外的运算。

例如：

　　　　x<=(a OR b)　AND　(NOT c OR d);

使用括号后，逻辑运算关系非常清晰明了，如果去掉式中的括号，那么从语法上来说是错误的。

如果一个逻辑表达式中只有"AND"、"OR"或者"XOR"三种逻辑操作符中的一种，那么改变运算顺序将不会导致逻辑值的改变，此时，括号是可以省略的。例如以下语句：

　　　　a<=b　AND　c　AND　d　AND　e;

　　　　a<=b　OR　c　OR　d　OR　e;

　　　　a<=b　XOR　c　XOR　d　XOR　e:

　　　　a<=(b　AND　c) OR　d;　　　　　　　　-- 必须要括号

如果逻辑操作符左、右都是数组，则要求数组的长度必须一致。

6.5.2　算术(ARITHMETIC)操作符

VHDL 中定义了 16 种算术操作符，如表 6.10 所示。

表 6.10　算术操作符

操作符	功　能	操作数的数据类型
+	加运算	INTEGER
—	减运算	INTEGER
*	乘运算	INTEGER 或者 REAL
/	除运算	INTEGER 或者 REAL
MOD	求模运算	INTEGER
REM	取余运算	INTEGER

续表

操作符	功　能	操作数的数据类型
**	指数运算	INTEGER
ABS	取绝对值运算	INTEGER
SLL	逻辑左移	BIT 或 BOOLEAN 型的一位数组
SRL	逻辑右移	BIT 或 BOOLEAN 型的一位数组
SLA	算术左移	BIT 或 BOOLEAN 型的一位数组
SRA	算术右移	BIT 或 BOOLEAN 型的一位数组
ROL	逻辑循环左移	BIT 或 BOOLEAN 型的一位数组
ROR	逻辑循环右移	BIT 或 BOOLEAN 型的一位数组
−	负数	INTEGER
+	正数	INTEGER

实际上，能够真正综合逻辑电路的算术操作符的只有"+"、"−"和"*"。在数据位较长的情况下，使用算术操作符进行运算，特别是使用乘法操作符"*"时，应特别慎重。因为对于 16 位的乘法运算，综合时逻辑门电路会超过 2000 个门。对于算术操作符"/"、"MOD"和"REM"，当分母的操作数为 2 乘方的常数时，逻辑电路综合是可能的。

由于"STD_LOGIC_1164"程序包对算术操作符进行了重载，因此"STD_LOGIC_VECTOR"在进行加(+)、减(−)运算时，两边的操作数和代入的变量位长如不同，则会产生语法错误。另外，当"*"操作符的两边等位长相乘后的值和要代入的变量的位长不相同时，同样也会出现语法错误。

6.5.3　关系(RELATIONAL)操作符

VHDL 中有 6 种关系操作符，如表 6.11 所示。

表 6.11　关 系 操 作 符

操作符	功　能	操作数的数据类型
=	等于	任何数据类型
/=	不等于	任何数据类型
<	小于	枚举与 INTEGER，及对应的一维数组
<=	小于等于	枚举与 INTEGER，及对应的一维数组
>	大于	枚举与 INTEGER，及对应的一维数组
>=	大于等于	枚举与 INTEGER，及对应的一维数组

在进行关系运算时，左右两边的操作数的数据类型必须相同，但是位长度不要求相同。在利用关系操作符对位矢量数据进行比较时，比较过程是从最左边的位开始，自左至右按位进行比较的。在位长不同的情况下，只能按自左至右的比较结果作为关系运算的结果。例 6.13 所示的就是对 4 位和 8 位的位矢量进行比较的语句。

[例 6.13]
　　　　SIGNAL　a:　BIT_VECTOR (3 DOWNTO 0);

```
SIGNAL   b:   BIT_VECTOR (7 DOWNTO 0);
SIGNAL   c:   BIT;

a<="1110"                -- "a" 的值为 14
b<="00100111"            -- "b" 的值为 39
IF   (a>b)   THEN
c <= '1';
ELSE
c <= '0';
END IF;
```

由于是按照自左向右的顺序进行比较，因此尽管 "b" 的值比 "a" 大，但是 "(a>b)"
语句比较的结果为真，"c" 的值将会是 "1"。

为了能使位矢量进行关系运算，在包集合 "STD_LOGIC_UNSIGNED" 中对
"STD_LOGIC_VECTOR" 的关系运算重新做了定义，使其可以正确地进行关系运算。在
使用时必须首先说明调用该包集合。

关系操作符中的小于等于操作符 "<=" 和信号赋值符 "<=" 是相同的，在读 VHDL 的
语句时，应按照上下文关系来判断此符号到底是操作符还是赋值符。

6.5.4   并置(CONCATENATION)操作符

并置操作符 "&" 用于位的连接。将两个 4 位的矢量用并置操作符 "&" 连接起来就可
以构成一个具有 8 位长度的矢量。例 6.14 所示的就是并置操作符 "&" 的使用示例。

[例 6.14]

```
SIGNAL a:  STD_LOGIC_VECTOR (3 DOWNTO 0);
SIGNAL b:  STD_LOGIC_VECTOR (3 DOWNTO 0);
SIGNAL c:  STD_LOGIC_VECTOR (8 DOWNTO 0);
a<="0000";
b<="1111"
c<=b & a;
```

前三个语句定义了名为 "a"、"b" 两个 4 位的逻辑矢量信号和一个名为 "c" 的 8 位逻
辑矢量，语句 "c<=b & a;" 通过并置操作符将 "b" 和 "a" 按照从左到右的顺序将 "b" 和
"a" 并列起来，形成一个 8 位的逻辑矢量，然后赋值给 "c"，该例中 "c" 赋值后的结果为
"11110000"。

"BIT" 数据类型和 "STD_LOGIC" 位的并置还可以使用集合体的方法，即将并置符
换成逗号就可以了。例 6.15 所示的就是使用集合体的示例。

[例 6.15]

```
SIGNAL s:  STD_LOGIC;
SIGNAL t:  STD_LOGIC;
SIGNAL u:  STD_LOGIC_VECTOR (3 DOWNTO 0);
u <= (s,  t,  s,  t);
```

但是，这种方法不适用于位矢量之间的连接。如下的描述方法是错误的：

SIGNAL a：STD_LOGIC_VECTOR (3 DOWNTO 0)；

SIGNAL b：STD_LOGIC_VECTOR (3 DOWNTO 0)；

SIGNAL c：STD_LOGIC_VECTOR (8 DOWNTO 0)；

c<= (a，b)；

集合体也能指定位的脚标，例如"u <= (s，t，s，t)；"语句还可表示为：

u<= (3=>s，2=>t，1=>s，0=>t)；

"u <= (s，s，s，s)；"语句可表示为：

u <=(3 DOWNTO 0 =>s)；

在指定位的脚标时，也可以用"OTHERS"来说明，"u <= (s，s，s，s)；"语句还可表示为：

u <=(OTHERS =>s)；

6.5.5　操作符的优先级

VHDL 中不同的操作符是有优先级区别的。表 6.12 所列为所有操作符的优先级顺序。

表 6.12　操作符的优先级顺序

操　作　符	优先级顺序
NOT	高
ABS，**	↑
*，/，MOD，REM	
+(正号)，–(负号)	
+(加)，–(减)，&(并置)	
SLL，SLA，SRL，SRA，ROL，ROR	
=，/=，<，<=，>，>=	
AND，OR，NAND，NOR，XOR，XNOR	低

为防止因操作符优先级混乱而导致的错误，建议在程序中添加括号，明确运算的顺序。

6.6　VHDL 的语法基础

并行语句和顺序语句是 VHDL 程序设计中两大基本描述语句系列。运用这两类语句可基本完成所有的逻辑系统的设计。本节将分别介绍 VHDL 中常用的并行语句和顺序语句。

6.6.1　并行语句

VHDL 是硬件描述语言，编译综合后需要用硬件实现，所以 VHDL 描述的大部分结构是并行的，VHDL 中能够进行并行处理的语句有进程(PROCESS)语句、块(BLOCK)语句、子程序(SUBPROGRAM)语句、断言(ASSERT)语句、信号赋值(SIGNAL ASSIGNMENT)语句、参数传递(GENERIC)语句、通用模块与元件调用(COMPONENT)语句和端口映射(PORT

MAP)语句和生成(GENERATE)语句。

1．进程(PROCESS)语句

一个结构体中通常包含多个进程语句结构，这些进程语句之间是并行关系的，而每一进程的内部是由一系列顺序语句构成的。PROCESS 语句结构包含了一个描述设计实体中某一模块部分逻辑行为的、独立的顺序语句描述的部分。与并行语句的同时执行方式不同，顺序语句可以根据设计者的要求，利用顺序可控的语句完成逐条执行的功能。顺序语句与 C 或 PASCAL 等软件编程语言中的语句功能有类似的顺序执行功能。但必须注意，在 VHDL 中，所谓顺序仅仅是指语句按序执行上的顺序性，但这并不意味着 PROCESS 语句结构所对应的硬件逻辑行为也具有相同的顺序性。PROCESS 结构中的顺序语句及其所谓的顺序执行过程只是相对于计算机中的软件行为仿真的模拟过程而言的，这个过程与硬件结构中实现的对应的逻辑行为是不相同的。PROCESS 结构中既可以有时序逻辑的描述，也可以有组合逻辑的描述，它们都可以用顺序语句来表达。

进程语句作为一个整体来讲是并行处理语句，即在一个结构体中的各个进程是同时处理的，多个 PROCESS 语句是同时并发运行的。在 VHDL 程序中，PROCESS 语句是描述硬件并行工作行为的最常用、最基本的语句。

归纳一下，PROCESS 语句具有如下特点：

(1) 进程结构中的所有语句都是按顺序执行的。

(2) 多进程之间是并行执行的，并可存取结构体或实体中所定义的信号。

(3) 在进程结构中必须包含一个显式的敏感信号量表或者包含一个 WAIT 语句。

(4) 进程之间的通信是通过信号量传递来实现的。

PROCESS 语句的一般书写结构、组织形式如下：

```
[进程名：] PROCESS [敏感信号表][IS]

    [进程说明部分]

    BEGIN

    顺序描述语句部分

END PROCESS [进程名]；
```

如上所述，PROCESS 语句结构是由两个部分组成的，即进程说明部分、顺序描述语句部分。

1) 进程说明部分

在进程说明部分，每个 PROCESS 语句结构可以赋予一个进程名，但这个进程名不是必需的。敏感信号表列出了进程的敏感信号，敏感信号表中定义的任一敏感参量的变化，可以在任何时刻激活 PROCESS 进程。一个结构体中可以含有多个 PROCESS 结构，而在一结构体中，所有被激活的进程都是并行运行的，这就是为什么 PROCESS 结构本身是并行语句的原因。变量声明语句定义该进程所需的局部数据环境，主要是一些局部量，可包括数据类型、常数、变量、属性、子程序等。但是在进程说明部分中不允许定义信号和共享变量，否则会发生错误。

2) 顺序描述语句部分

顺序描述语句部分是指在"BEGIN"和"END PROCESS [进程名]；"语句之间的部分，

这部分是一段顺序执行的语句，描述该进程的行为。PROCESS 中规定了每个进程语句在当它的敏感信号表列出的任何一个敏感信号的值改变时，都必须启动进程，进程启动后的行为由进程语句结构中的顺序语句定义，行为的结果可以赋给信号，并通过信号被其他的 PROCESS 或 BLOCK 读取或赋值。当进程中定义的任一敏感信号发生更新时，由顺序语句定义的行为就要重复执行一次；当进程中最后一个语句执行完成后，执行过程将返回到进程的第一个语句，以等待下一次敏感信号的变化。

顺序描述语句部分可分为信号和变量赋值语句、进程启动语句、子程序调用语句、顺序描述语句和进程跳出语句等。

(1) 信号赋值语句：在进程中将计算或处理的结果向信号赋值。

(2) 变量赋值语句：在进程中以变量的形式存储计算的中间值。

(3) 进程启动语句：当 PROCESS 的敏感信号表没有列出任何敏感量时，进程的启动只能通过进程启动语句。这时可以利用 WAIT 语句监视信号的变化情况，以便决定是否启动进程。WAIT 语句可以看成是一种隐式的敏感信号表。

(4) 子程序调用语句：对已定义的过程和函数进行调用，并参与计算。

(5) 顺序描述语句：包括 IF 语句、CASE 语句、LOOP 语句和 NULL 语句等。

(6) 进程跳出语句：包括 NEXT 语句和 EXIT 语句，用于控制进程的运行方向。

PROCESS 语句必须以语句"END PROCESS[进程名]；"结尾，对于目前常用的综合器来说，进程名不是必需的。

例 6.16 所示是一个时钟同步 D 触发器的 VHDL 描述。

[例 6.16]

```
ENTITY   sync_df   IS
  PORT(clk: IN   BIT;
        d: IN   STD_LOGIC_VECTOR(7 DOWNTO 0);
        q: OUT   STD_LOGIC_VECTOR(7 DOWNTO 0)
        );
END ENTITY sync_df;

ARCHITECTURE   behav   OF   sync_df   IS
BEGIN
P1: PROCESS(clk)
    BEGIN
        IF(clk' event AND clk='1')   THEN        --判断 clk 信号的上升沿
                q <=d;
        END IF;
    END PROCESS P1;
END behav;
```

例 6.16 所示的 D 触发器的 VHDL 语句描述中的结构体内的主要部分是一个名为"P1"的进程语句，通过"P1：PROCESS(clk)"语句，将该进程语句的进程敏感信号设置为"clk"信号，表示当"clk"信号发生变化后，就会启动进程语句。在进程语句中包含一个 IF 语句

(关于 IF 语句的细节将在后续内容中介绍)，通过 IF 语句，当"clk"信号上升沿出现时，将"d"端口的输入信号从"q"端口输出，完成数据与时钟同步的功能。

从设计者的认识角度看，VHDL 程序与普通软件语言构成的程序有很大的不同。普通软件语言中的语句的执行方式和功能实现十分具体和直观，在编程中几乎可以立即作出判断。但 VHLD 程序，特别是进程结构，设计者要从基于 CPU 的纯软件的行为仿真运行方式、基于 VHDL 综合器的综合结果所可能实现的运行方式和基于最终实现的硬件电路的运行方式三个方面去判断它的功能和执行情况。

与其他语句相比，进程语句结构具有更多的特点，对进程的认识和进行进程的设计需要注意以下几方面的问题。

(1) PROCESS 为一无限循环语句。在同一结构体中的任一进程是一个独立的无限循环程序结构。进程只有两种运行状态，即执行状态和等待状态。进程是否进入执行状态，取决于是否满足特定的条件，如敏感变量是否发生变化。如果满足条件，即进入执行状态。当遇到"END PROCESS"语句后即停止执行，自动返回到起始语句 PROCESS，进入等待状态。

(2) PROCESS 中的顺序语句具有明显的顺序/并行运行双重性。在 PROCESS 中，一个执行状态的运行周期，即从 PROCESS 的启动执行到遇到 END PROCESS 为止所花的时间与任何外部因素都无关，甚至与 PROCESS 语法结构中的顺序语句的多少都没有关系，其执行时间从行为仿真的角度看，只有一个 VHDL 模拟器的最小分辨时间。但从综合和硬件运行的角度看，其执行时间是 0，这与信号的传输延时无关，与被执行的语句的实现时间也无关。即在同一 PROCESS 中，10 条语句和 1000 条语句的执行时间是一样的，亦即 PROCESS 中的顺序语句具有并行执行的性质，如例 6.17 中的 CASE 语句。

[例 6.17]

```
SIGNAL sel: STD_LOGIC_VECTOR(3 DOWNTO 0);
SIGNAL q: STD_LOGIC_VECTOR(2 DOWNTO 0);
PROCESS(sel)
VARIABLE so: STD_LOGIC_VECTOR(2 DOWNTO 0);
BEGIN
    CASE sel IS                    --对 sel 的值进行判断，执行对应 so 的赋值语句
      WHEN   "0000" => so:="111"
      WHEN   "0001" => so:="110"
      WHEN   "0011" => so:="101"
      WHEN   "0111" => so:="100"
      WHEN   "1111" => so:="011"
      WHEN   OTHERS => so:="000";
    END CASE;
      q <=so&"101";
   END PROCESS;
```

当 sel 发生改变时首先执行"CASE sel IS"语句，该语句是一个选择执行语句，根据"sel"的状态，选择执行关键词"WHEN"后的语句。若此时 sel="0111"，则立即执行语句"WHEN

"0111"=> so<="100";"，而不像软件语言那样必须逐条语句进行比较，直到遇到满足条件的语句为止。从仿真执行的角度看，执行 1 条 WHEN 语句和执行 10 条 WHEN 语句的时间是一样的，这就是并行运行的特点。当 CASE 语句执行完毕后，就会执行"q<= so&"101";"语句，这就是 PROCESS 的顺序执行特点。

(3) 进程语句本身是并行语句。虽然进程语句引导的属于顺序语句，但同一结构体中的不同进程是并行运行的，或者说是根据相应的敏感信号独立运行的。事实上，任何一条信号的并行赋值语句都是一个简化的进程语句，其输入表达式中的各信号都是此"进程语句"的敏感信号。

(4) 信号是多个进程间的信息传递通道。结构体中多个进程之所以能并行同步运行，一个很重要的原因是进程之间的通信是通过信号来实现的。所以相对于结构体来说，信号具有全局特性，它是进程间进行并行联系的重要途径。因此，在任一进程的进程说明部分不允许定义信号。

在 PROCESS 语句中，信号的赋值不是即时生效，需要等到 PROCESS 语句执行到最后才会生效，而变量的赋值是及时有效的。

2. 块(BLOCK)语句

块(BLOCK)语句是一个并行语句，它把许多并行语句包装在一起组成一个整体。BLOCK 语句的书写格式如下：

```
块标号：BLOCK [(块保护表达式)]
    {[类属子句      类属端口表；]}
    <[端口子句      端口端口表；]}
    <块说明部分>
BEGIN
    <并行语句 A>
    <并行语句 B>
    …
END BLOCK [块标号];
```

例 6.18 所示为一个块语句的半加器 VHDL 描述实例。

[例 6.18]

```
LIBRARY   IEEE；
USE   IEEE.STD_LOGIC_1164.ALL；
ENTITY   half_adder   IS
    PORT(a，b：IN STD_LOGIC；
        s，c：OUT STD_LOGIC)；
END   ENTITY   half_adder；
ARCHITECTURE   behav   OF   half   IS
BEGIN
    s<=a XOR b；
    c<=a AND b；
```

```
        END   ARCHITECTURE   behav;

        ARCHITECTRUE   behav2   OF   half_adder   IS
        BEGIN
            blk: BLOCK
                PORT(a，b：IN Bit；
                    S，C：OUT Bit)；
                PORT   MAP(a，b，S，C)，
            BEGIN
                P1：PROCESS(a，b)
                BEGIN
                    S<=a XOR b；
                END   PROCESS   P1，
                P2：PROCESS(a，b)
                BEGIN
                    C<=a AND b；
                END   PROCESS   P2；
            END   BLOCK   Example；
        END   ARCHITECTURE   behav2；
```

　　在例 6.18 中，实体"half_adder"有两个功能完全相同的结构体"behav1"和"behav2"，其中"behav2"采用块结构描述，将其内容包装成为一个名为"blk"的块。

3．子程序(SUBPROGRAM)语句

　　子程序是一个 VHDL 程序模块。在一个 VHDL 的结构体中允许调用多个子程序，这些子程序可以并行运行。在子程序模块内部利用顺序语句来定义和完成算法，这一点与进程相似。所不同的是，子程序不能像进程那样可以从本结构体的并行语句或进程结构中直接读取信号值或者向信号赋值。VHDL 子程序的应用目的与其他软件语言程序中的子程序是相似的，即能更有效地完成重复性的工作。子程序的使用方式只能通过子程序调用及与子程序的界面端口进行通信。子程序可以在 VHDL 程序的三个不同位置进行定义，即在程序包、结构体和进程中定义。但由于只有在程序包中定义的子程序可被其他不同的设计所调用，因此一般应该将子程序放在程序包中。VHDL 子程序具有可重载的特点，即允许有重名的子程序，但这些子程序的参数类型及返回值数据类型是不同的。

　　子程序有过程(PROCEDURE)语句和函数(FUNCTION)语句两种类型。

　　应该注意，综合后的子程序将映射于目标芯片中的一个相应的电路模块，且每一次调用都将在硬件结构中产生对应于具有相同结构的不同的模块。

　　1) 过程(PROCEDURE)语句

　　过程语句的一般书写格式如下：

```
        PROCEDURE   过程名(参数表)                --过程声明语句
        PROCEDURE   过程名(参数表)   IS           --过程体语句
```

```
    [声明语句]
    BEGIN
    [顺序处理语句]
    END   PROCEDURE   过程名；
```

在进程或结构体中的过程不必包含过程声明语句，在程序包中的过程则必须有过程声明语句。例 6.19 所示为一个过程语句的示例。

[例 6.19]

```
    PROCEDURE   comp
    ( a：IN STD_LOGIC_VECTOR；
      b：IN STD_LOGIC_VECTOR；
      q：OUT BOOLEAN)   IS
    BEGIN
        IF    (a>=b)   THEN              --如果 a 大于等于 b，则 q 输出 TRUE
              q:=TRUE；
        ELSIF   (a < b)   THEN           --如果 a 小于 b，则 q 输出 FALSE
              q:=FALSE；
        END   IF；
    END   PROCEDURE   comp；
```

在例 6.19 中，过程"comp"定义了 3 个参数，其中"a"和"b"是类型为 STD_LOGIC_VECTOR 的输入参数，"q"是类型为"BOOLEAN"的输出参数，当"a"大于等于"b"时，"q"输出为"TRUE"，当"a"小于"b"时，"q"输出为"FALSE"，该过程的调用语句如下：

```
    SIGNAL sign：BOOLEAN；
    comp("1001"，"1100"，sign)；
```

执行该调用语句后，信号"sign"的值将为"FALSE"。

过程调用语句可出现在结构体中，也可在进程之外执行过程调用语句。调用规则如下：

(1) 并行过程调用语句是一个完整的语句，在它前面可以加标号。

(2) 并行过程调用语句应带"IN"、"OUT"、"INOUT"参数，列于过程名后的括号内。

(3) 并行过程调用可以有多个返回值，这些返回值通过过程中所定义的输出参数返回。

一般地，可在参量表中定义 3 种流向模式，即"IN"、"OUT"和"INOUT"。如果只定义一个参数为"IN"模式而未定义目标参量类型，则默认该参数为常量；若只定义了"INOUT"或"OUT"，则默认目标参量类型是变量。

过程中的内容是由顺序语句组成的，调用过程即启动了对过程体的顺序语句的执行。过程中的说明部分只是局部的，其中的各种定义只能适用于过程内部。过程的顺序语句部分可以包含任何顺序执行的语句。在不同的调用环境中，可以有两种不同的语句方式对过程进行调用，即顺序语句方式或并行语句方式。对于前者，在一般的顺序语句自然执行过程中，一个过程被执行，则属于顺序语句方式，因为这时它只相当于一条顺序语句的执行；对于后者，一个过程相当于一个小的进程，当这个过程处于并行语句环境中，其过程体中定义的任一 IN 或 INOUT 的目标参量发生改变时，将启动过程的调用，这时的调用是属于并行语句方式的。

　　VHDL 允许对过程进行重载，即两个或两个以上具有互不相同的参数数量或数据类型的过程取相同的过程名称。系统通过参量数量和类型来区别用户调用的重载后的过程。例6.20 所示是一个重载过程的调用示例。

[例 6.20]

```
PROCEDURE  comp  (a，b：IN  INTEGER；
                 outl：INOUT  BOOLEAN)；
PROCEDURE  comp  (a，b：IN  STD_LOGIC_VECTOR (3 DOWNTO 0)；
                 outl：INOUT  BOOLEAN)；
comp(25，43，sign)；                        --调用第一个过程 comp
comp("1001001"，"1001010"，sign)；          --调用第二个重载过程 comp
```

　　例 6.20 中定义了两个重载过程，它们的过程名、参量数目及各参量的模式是相同的，但参量的数据类型是不同的。第一个过程中定义的两个输入参量 "a" 和 "b" 为实数型常数，"out1" 为 "INOUT" 模式的布尔型数；而第二个过程中 "a" 和 "b" 则为整数常数，"out1" 为实数信号。所以在下面的过程调用中将首先调用第一个过程。

　　如前所述，在过程结构中的语句是顺序执行的，调用者在调用过程前应先将初始值传递给过程的输入参数，一旦调用，即启动过程语句按顺序自上而下执行过程中的语句，执行结束后，将输出值返回到调用者的 "OUT" 和 "INOUT" 所定义的变量或信号中。

　　2）函数 "FUNCTION"

　　在 VHDL 中有多种函数形式，如用于不同目的的用户自定义函数和在库中现成的具有专用功能的预定义函数，如决断函数、转换函数等。转换函数用于从一种数据类型到另一种数据类型的转换，如在元件例化语句中利用转换函数可允许不同数据类型的信号和端口间进行映射；决断函数用于在多驱动信号时解决信号竞争问题。

　　函数的语言表达格式如下：

```
FUNCTION 函数名(参数表)  RETURN 数据类型；       --函数声明语句
FUNCTION 函数名(参数表)  RETURN 数据类型  IS     --函数体语句
    [说明部分]
BEGIN
    顺序语句；
    END  FUNCTION  函数名；
```

　　函数定义由两部分组成，即函数声明语句和函数体语句。在进程或结构体中不必包含函数声明语句，而在程序包中必须包含函数声明语句。

　　函数声明语句由函数名、参数表和返回值的数据类型三部分组成。如果将所定义的函数组织成程序包入库，则函数声明是必需的，这时的函数声明就相当于函数的检索，声明该程序包中有对应的函数定义。

　　函数的名称就是函数的标志，需放在关键词 FUNCTION 之后，此名称可以是普通的标识符，或者是操作符，如果是操作符，则必须在操作符上加双引号，这就是所谓的操作符重载。操作符重载就是对 VHDL 中的操作符进行重新定义，使操作符具有新的功能。新功能的定义是靠函数体来完成的，函数的参数表是用来定义输入、输出参数的，所以不必设置参数的方向，函数参量可以是信号或常数，参数名需放在关键词 CONSTANT 或 SIGNAL 之后。如果没有特别说明，则参数被默认为常数。如果要将一个已编制好的函数并入程序包，则函数声明语句必须放在程序包的声明部分，而函数体需放在程序包的包体内。如果只是在一个结构体中定义并调用函数，则仅需函数体即可。例 6.21 所示为一个完整的实现逻辑矢量大小比较功能的函数定义语句。

[例 6.21]

```
    FUNCTION  comp (a, b：IN STD_LOGIC_VECTOR)
        RETURN   BOOLEAN；
    FUNCTION  comp (a, b：IN STD_LOGIC_VECTOR)
        RETURN   BOOLEAN   IS
    BEGIN
        IF  (a>=b)  THEN          --如果 a 大于等于 b，则 q 输出 TRUE
    RETURN TRUE；
        ELSIF  (a < b)  THEN      --如果 a 小于 b，则 q 输出 FALSE
            RETURN   FALSE；
        END  IF；
    END  FUNCTION  comp；
```

该函数的调用语句如下：

```
    SIGNAL   result：BOOLEAN；
    result<=comp("1001"，"1101")；
```

函数的调用方式与过程完全不同。函数的调用是将所定义的函数作为语句中的一个因子，如一个操作数或一个赋值数据对象或信号等，而过程的调用是将所定义的过程名作为一条语句来执行。

VHDL 允许重载函数，即用相同的函数名定义函数，但重载函数中定义的参数必须有不同的数据类型，以便调用时用以分辨不同功能的同名函数。

VHDL 不允许不同数据类型的操作数间进行直接操作或运算。为此，在具有不同数据类型操作数构成的同名函数中，可定义以操作符重载式的重载函数。VHDL 的 IEEE 库中的 STD_LOGIC_UNSIGNED 程序包中预定义的操作符如 "+"、"−"、"*"、"="、">="、"<="、">"、"<"、"/="、"AND" 和 "MOD" 等，对相应的数据类型 "INTEGRE"、"STD_LOGIC" 和 "STD_LOGIC_VECTOR" 的操作作了重载，赋予了新的数据类型操作功能，即通过重新定义操作符的方式，允许被重载的操作符能够对新的数据类型进行操作，或者允许不同的数据类型之间用此操作符进行操作。

4. 断言(ASSERT)语句

断言语句主要用于程序仿真与调试中的人机会话。在仿真、调用过程中出现问题时，给出一个文字串作为提示信息。

提示信息分 4 类：失败(FAILURE)、错误(ERROR)、警告(WARNING)和注意(NOTE)。

断言语句的书写格式如下：

```
    ASSERT   条件[REPORT 报告信息] [SEVERITY 出错级别]；
```

断言语句的使用规则如下：

(1) 报告信息必须是用双引号括起来的字符串类型的文字。

(2) 出错级别必须是 SEVERITY_LEVEL 类型。

(3) REPORT 子句默认时，默认报告信息为 ASSERTION VIOLATION，即违背断言条件。

(4) 若 SEVERITY 子句默认，则默认出错级别为 ERROR。

(5) 任何并行断言(ASSERT)语句的条件以表达式定义时，这个断言语句等价于一个无敏感信号的以 WAIT 语句结尾的进程。它在仿真开始时执行一次，然后无限等待下去。

(6) 延缓的并行断言(ASSERT)语句被映射为一个等价的延缓进程。

(7) 被动进程语句没有输出，与其等价的并行断言语句的执行在电路模块上不会引起任何事情的发生。

(8) 若断言为 FALSE，则报告错误信息。

(9) 并行断言语句可以放在实体、结构体和进程中，放在任何一个要观察、要调试的点上。

5. 信号赋值(SIGNAL ASSIGNMENT)语句

赋值语句是 VHDL 的基本语句之一，其功能就是将一个值或一个表达式的运算结果传递给某一数据对象，当数据对象是信号时，赋值的过程是并行的。并行信号赋值语句的一般书写格式如下：

　　　　信号量<=信号量表达式；

常用的信号赋值语句有 3 种形式：简单信号赋值语句、条件信号赋值语句和选择信号赋值语句。

1) 简单信号赋值语句

信号代入语句在进程内部使用时，作为顺序语句的形式出现，而在结构体的进程之外使用时，则作为并发语句的形式出现。一个并发信号代入语句是一个等效进程的简略形式。并发信号代入语句可以用于仿真加法器、乘法器、除法器、比较器以及各种逻辑电路的输出。在代入符号右边的表达式可以是逻辑运算表达式、算术运算表达式和关系比较表达式。

信号赋值语句允许的信号赋值目标有标识符赋值目标、数组单元素赋值目标、段下标元素赋值目标和集合块赋值目标等。

(1) 标识符赋值目标。标识符赋值目标是以简单的标识符作为被赋值的信号或变量名。例 6.22 所示就是并行信号赋值语句对标志符赋值的一个简单例子。

[例 6.22]

```
    ENTITY   and2   IS
      PORT( a,b: IN   STD_LOGIC;
          q: OUT   STD_LOGIC);
    END   ENTITY   and2
    ARCHITECTURE   behav   OF   and2   IS
        q<=a AND b;
    END   ARCHITECTURE;
```

(2) 数组单元素赋值目标。数组单元素赋值目标的表达形式如下：

　　　　　数组类信号或变量名(下标名)

下标名可以是一个具体的数字，也可以是一个文字表示的数字名，它的取值范围在该数组元素个数范围内。例如：

　　　　SIGNAL　a: STD_LOGIC_VECTOR(7 DOWNTO 0);

　　　　a(1)<='1';

是给 8 位矢量 a 中下标为 1 的位赋值为"1"。

　　(3) 段下标元素赋值目标和集合块赋值目标。段下标元素赋值目标可用以下方式表示：

　　　　数组类信号(下标1　TO/DOWNTO　下标2)

括号中的下标 1 和下标 2 必须用具体数值表示，并且其数值范围必须在所定义的数组下标范围内，两个下标的排序方向要符合方向关键词或 DOWNTO，也就是说当使用关键词 TO 时，下标 1<下标 2，当使用关键词 DOWNTO 时，下标 1>下标 2。例如：

　　　　SIGNAL　a: STD_LOGIC_VECTOR(7 DOWNTO 0);

　　　　a(0 TO 3)<= "1100";

是给 8 位矢量 a 中编号为 0～3 的 4 个数据位赋值为"1100"，其中 a(0)="1"、a(1)="1"、a(2)="0"、a(3)="0"。

　　集合块赋值目标用于一次对集合块的全部内容进行赋值，例如：

　　　　(second, minute, hour):=(45, 30, 8);

　　2) 条件信号赋值语句

　　条件信号赋值语句的格式如下：

　　　　目标信号<=　赋值1　　　WHEN　条件1　ELSE

　　　　　　　　　　赋值2　　　WHEN　条件2　ELSE

　　　　　　　　　　赋值3　　　WHEN　条件3　ELSE

　　　　　　　　　　…

　　　　　　　　　　赋值n　　　WHEN　条件n　ELSE

　　　　　　　　　　赋值n+1;

　　例 6.22 所示为采用条件信号赋值语句描述一个 8 选 1 多路选通器的例子。

[例 6.22]

```
ENTITY　mux8　IS
  PORT(　sel: IN　STD_LOGIC_VECTOR (2 DOWNTO 0);
          input: IN　STD_LOGIC_VECTOR (7 DOWNTO 0);
          q: OUT　STD_LOGIC);
END　ENTITY　mux8;
ARCHITECTURE　behav　OF mux8　IS
  BEGIN
    PROCESS
    BEGIN
      q<=input(0)　WHEN　sel="000"　ELSE
         input(1)　WHEN　sel="001"　ELSE
         input(2)　WHEN　sel="010"　ELSE
```

```
                input(3)   WHEN   sel="011"   ELSE
                input(4)   WHEN   sel="100"   ELSE
                input(5)   WHEN   sel="101"   ELSE
                input(6)   WHEN   sel="110"   ELSE
                input(7);
        END   PROCESS;
        END   ARCHITECTURE;
```

3) 选择信号赋值语句

选择信号赋值语句用于通过选择信号的值控制目标信号，其格式如下：

```
    WITH   表达式   SELECT
    目标信号<=赋值 1   WHEN   选择信号的值 1   ELSE
        赋值 2   WHEN   选择信号的值 2   ELSE
        赋值 3   WHEN   选择信号的值 3   ELSE
        …
        赋值 n   WHEN   选择信号的值 n   ELSE
        赋值 n+1;
```

例 6.23 所示就是采用选择信号赋值语句对 8 选 1 多路选通器的描述，其功能与例 6.22 所示的完全相同。

[例 6.23]

```
    ENTITY   mux8   IS
        PORT( sel：IN   STD_LOGIC_VECTOR (2 DOWNTO 0)；
              input：IN   STD_LOGIC_VECTOR (7 DOWNTO 0)；
              q：OUT   STD_LOGIC);
    ARCHITECTURE   behav2   OF   mux8   IS
        BEGIN
        PROCESS
        BEGIN
        WITH   sel   SELECT
        q<=input(0)   WHEN   "000"   ELSE
            input(1)   WHEN   "001"   ELSE
            input(2)   WHEN   "010"   ELSE
            input(3)   WHEN   "011"   ELSE
            input(4)   WHEN   "100"   ELSE
            input(5)   WHEN   "101"   ELSE
            input(6)   WHEN   "110"   ELSE
            input(7);
        END   PROCESS;
        END   ARCHITECTURE   behav2;
```

6. 参数传递(GENERIC)语句

参数传递(GENERIC)语句用不同层次设计模块之间信息的传递和参数的传递，可用于位矢量的长度、数组的位长、器件的延时时间等参数的传递。这些参数实际上都是整数类型，其他数据类型不能综合。

使用 GENERIC 语句易于使器件模块化和通用化。有些模块的逻辑关系是明确的，但是由于半导体工艺和半导体材料的不同，而使器件具有不同的延时、不同的上升沿和下降沿。为了简化设计，对该模块进行通用设计，参数根据不同材料和工艺待定。这样设计它的通用模块，用 GENERIC 语句将参数初始化后，即可实现不同材料和工艺的电路模块的仿真和综合。

例 6.24 所示为使用参数传递语句的一个实例。

[例 6.24]

```
    ENTITY   or2   IS
            GENERIC (rise, fall：TIME)
            PORT (a, b：IN BIT
                    c：OUT BIT);
    END and2
    ARCHITECTURE   behav   OF   or2   IS
            SIGNAL   temp：BIT
    BEGIN
            temp<=a OR b；
     c<=temp AFTER (rise)   WHEN   temp＝'1'   ELSE
            temp AFTER(fall)；
    END   ARCHITECTURE   behav；
    ENTITY   and2samp   IS
        PORT(ina, inb：IN BIT；
            q：OUT BIT)；
    END   ENTITY   and2samp；
    ARCHITECTURE   behav   OF   and2samp   IS
        COMPONENT   and2
            GENERIC(rise,fall：TIME)；
            PORT(a,b：IN BIT；
                c：OUT BIT)；
        END   COMPONENT；
        BEGIN
        U1：and2   GENERIC   MAP (5 ns,4 ns)
            PORT   MAP(ina,inb,q)；
```

利用 GENERIC MAP 语句，将元件对象 U1 的上升沿和下降沿分别设置为 5 ns 和 4 ns。灵活地改变参数满足实际设计中的要求，是 GENERIC 语句的关键用途。

7. 通用模块与元件调用(COMPONENT)语句

通用模块与元件的调用又称元件例化，就是将预先设计好的设计实体定义为一个元件，然后利用特定的语句将此元件与当前的设计实体中的指定端口相连接，从而为当前设计实体引入一个新的低一级的设计层次。调用通用模块与元件类似于在图形输入方法中调用元件图形符号，可以使 VHDL 设计实体构成自上而下层次化，是自上而下分层设计的一种重要途径。

通用模块和元件的调用与在一个结构体中调用子程序非常类似，但是也有明显的区别。调用子程序是在同一层次内进行的，并没有因此而增加新的电路层次。而元件的调用是多层次的，在一个设计实体中，被调用安插的元件本身也可以是一个低层次的当前设计实体，因而可以调用其他的元件，以便构成更低层次的电路模块。因此，元件调用就意味着在当前结构体内定义了一个新的设计层次。

这个设计层次的总称叫元件，但它可以以不同的形式出现。如上所述，这个元件可以是已设计好的一个 VHDL 设计实体，可以是来自 FPGA 元件库中的元件，也可以是别的硬件描述语言(Verilog HDL)设计实体。该元件还可以是软 IP 核，或者是 FPGA 中的嵌入式硬IP 核。

元件例化语句由两部分组成：前一部分是将一个现成的设计实体定义为一个元件的语句；第二部分则是此元件与当前设计实体中的端口映射说明。

元件定义语句如下：

```
COMPONENT   元件名   IS
GENERIC(类属表)
    PORT(元件端口表)
END    COMPONENT    元件名；
```

元件的调用采用端口映射方式，端口映射语句的格式如下：

```
元件对象名称：元件名   PORT MAP(元件端口名=>连接对象端口名，…)；
```

以上两部分语句在元件例化中都是必须存在的。第一部分语句是元件定义语句，相当于对一个现成的设计实体进行封装，使其只留出外面的接口界面。它的类属表可列出端口的数据类型和参数，例化元件端口名表可列出对外通信的各端口名。元件定义语句可认为是某一型号元件的对外接口，可理解为电路设计中的集成块的型号、引脚说明，元件名就对应集成块的型号，PORT 端口表就是集成块的引脚列表。

元件调用的第二部分语句即为元件调用端口映射语句，其中的元件对象名是必须存在的，综合程序需要靠元件对象名来区别同一元件的不同对象，该名称类似于电路原理中的元件编号，在同一个电路中可能有很多同一种型号的元件，为了区别它们，在绘制电路图时会给这些同型号的元件进行编号，例如用 R1、R2 等对电阻进行编号。在 VHDL 中，采用元件对象名来区别多次调用的同一种型号的元件。而元件名则是已定义好的元件的名称。该名称类似于电路中的元件型号。PORT MAP 是端口映射的意思，其中的例化元件端口名是在元件定义语句中的端口名表中已定义好的例化元件端口的名字，连接对象端口名则是当前系统与准备接入的例化元件对应端口相连的通信端口，类似于电路图设计中的网络列表。元件调用语句中所定义的例化元件的端口名与当前系统的连接实体端口名的接口表达有两种方式：一种是名字关联方式，在这种关联方式下，例化元件的端口名和关联(连接)符号"=>"两者都是必须存在的，这时例化元件端口名与连接实体端口名的对应式在 PORT MAP 句中的位置可以是任意的；另一种是位置关联方式，若使用这种方式，端口名和关联连接符号都可省去，在 PORT MAP 子句中，只要列出当前系统中的连接实体端口名就行了，但要求连接实体端口名的排列方式与所需例化的元件端口定义中的端口名一一对应。

　　例 6.25 所示的就是一个使用元件调用语句的简单例子。

　　[例 6.25]

```
        LIBRARY   IEEE；
        USE   IEEE.STD_LOGIC_1164.ALL；
        ENTITY   tribuf   IS
          PORT ( ip：IN STD_LOGIC；
                    oe：IN STD_LOGIC；
                    op：OUT STD_LOGIC)；
        END   tribuf；
        ARCHITECTURE   behav   OF   tribuf   IS
        BEGIN
          op <= ip WHEN oe = '1' ELSE 'Z'；
        END   behav；
        LIBRARY   IEEE；
        USE   IEEE.STD_LOGIC_1164.ALL；
        ENTITY   oestru   IS
          PORT ( input：IN STD_LOGIC；
                    enable：IN STD_LOGIC；
                    output：OUT STD_LOGIC)；
        END   oestru；
        ARCHITECTURE   structural   OF   oestru   IS
        COMPONENT   tribuf
            PORT ( ip：IN STD_LOGIC；
                    oe：IN STD_LOGIC；
                    op：OUT STD_LOGIC)；
        END   COMPONENT；
        BEGIN
          ul：tribuf   PORT MAP ( ip => input,
                                oe => enable,
                                op => output)；
        END   structural；
```

　　例 6.25 采用的是名字关联方式，如果采用位置关联方式定义端口映射，则其端口映射语句应改为：

```
        ul：tribuf   PORT MAP (input, enable, output)；
```

这种描述方式更像其他编程语言中的子程序的调用语句。为了避免错误，建议采取名字关联方式描述端口映射关系。

8. 生成(GENERATE)语句

生成(GENERATE)语句用来产生多个相同的结构和描述规则结构，如块、元件调用或进程。生成语句可以简化有规则设计结构的逻辑描述。GENERATE 语句有两种形式。

1) FOR-GENERATE 形式

FOR-GENERATE 形式的生成语句的书写格式如下：

　　标号：FOR　循环变量　IN　连续区间　GENERATE
　　　<说明语句>
　　BEGIN
　　　<并行生成语句>
　　END　GENERATE　[标号名];

FOR-GENERATE 形式的生成语句用于描述多重模式。结构中所列举的是并行处理语句。这些语句是并行执行的，而不是顺序执行的，因此结构中不能使用 EXIT 语句和 NEXT 语句。

2) IF-GENERATE 形式

IF-GENERATE 形式的生成语句的一般书写格式如下：

　　标号：IF　条件　GENERATE
　　　<说明语句>
　　BEGIN
　　　<并行生成语句>
　　END　GENERATE　[标号名];

IF-GENERATE 形式的生成语句用于描述结构的例外情况，如边界处发生的特殊情况。

IF-GENERATE 语句在 IF 条件为"真"时，才执行结构体内部的语句，因为是并行处理生成语句，所以与 IF 语句不同。在这种结构中不能含有 ELSE 语句。

这两种语句格式都是由如下四部分组成的。

(1) 生成语句头：有 FOR 语句结构或 IF 语句结构，用于规定并行语句的复制方式。

(2) 说明部分：包括对元件数据类型、子程序和数据对象做一些局部说明。

(3) 并行生成语句：用来复制的基本单元，主要包括元件、进程语句、块语句、并行过程调用语句、并行信号赋值语句甚至生成语句。这表示生成语句允许存在嵌套结构，因而可用于生成元件的多维阵列结构。

(4) 标号：生成语句中的标号并不是必需的，但如果在嵌套生成语句结构中就是很重要的。

GENERATE 语句典型的应用包括计算机存储阵列、寄存器阵列和仿真状态编译机。

例 6.26 所示即为生成语句的应用示例。

[例 6.26]

```
    ENTITY   counter   IS
        PORT (clk,carry:  IN STD_LOGIC;
```

```
                  dout：OUT　STD_LOGIC_VECTOR(7 DOWNTO 0)
                  );
END　ENTITY　counter；
ARCHITECTURE　stru　OF　counter　IS
COMPONENT　tff
        PORT (clk, t：STD_LOGIC；
                q：STD_LOGIC)；
END　COMPONENT；
    COMPONENT　and2
        PORT(a, b：STD_LOGIC；　C：　OUT BIT)；
    END　COMPONENT；
    SIGNAL s：　BIT_VECTOR(7 DOWNTO 0)；
    SIGNAL　tied_high：　BIT:='1'；
BEGIN
    g1：　FOR　i　IN　7 DOWNTO　0　GENERATE
        g2：IF i=7　GENERATE
          tff_7：tff
              PORT MAP (clk, s(i−1), dout(i))；
        END　GENERATE；
        g3：IF　i=0　GENERATE
          tff_0：　tff
              PORT MAP (clk, tied_high, dout(i))；
            s(i) <= dout(i)；
        END　GENERATE；
        g4：　IF i>0 AND i<7 GENERATE
            and_1：　and2
                PORT MAP (s(i−1), dout(i), s(i))；
            tff_1：　tff
                PORT MAP (clk, s(i−1), dout(i))；
            s(i) <= dout(i)；
        END　GENERATE；
      END　GENERATE；
END　ARCHITECTURE　counter；
```

6.6.2　顺序语句

　　顺序语句是相对于并行语句而言的，其特点是每一条顺序语句的执行顺序(指仿真执行)与它们的书写顺序基本一致，但其相应的硬件逻辑工作方式未必如此。

　　顺序语句只能出现在进程(PROCESS)和子程序中。在 VHDL 中，一个进程是由一系列顺序语句构成的，并且进程本身属并行语句，这就是说，在同一设计实体中，所有的进程是并行执行的。然而在任一给定的时刻内，每一个进程只能执行一条顺序语句。一个进程与其设计实体的其他部分进行数据交换的方式只能通过信号或端口。如果要在进程中完成某些特定的算法和逻辑操作，也可以通过依次调用子程序来实现，但子程序本身并无顺序和并行语句之分。利用顺序语句可以描述逻辑系统中的组合逻辑、时序逻辑或它们的综合体。

VHDL 有 6 类基本顺序语句，即赋值语句、转向控制语句、等待语句、子程序调用语句、返回语句和空操作语句。

1．赋值语句

VHDL 设计实体内的数据传递以及对端口界面外部数据的读/写都必须通过赋值语句来实现。赋值语句有两种，即信号赋值语句和变量赋值语句。

变量赋值与信号赋值的区别在于，变量具有局部特征，它的有效范围限制在所定义的一个进程中或一个子程序中，它是一个局部的、暂时性数据对象(在某些情况下)。对于变量的赋值是立即发生的(假设进程已启动)，即是一种时间延迟为零的赋值行为。信号则不同，信号具有全局性特征，它不但可以作为一个设计实体内部各单元之间数据传送的载体，而且可通过信号与其他的实体进行通信(端口本质上也是一种信号)。信号的赋值并不是立即发生的，它发生在一个进程结束时。赋值过程总是有延时的，即固有延时，它反映了硬件系统的输出并不是立即发生的。综合后可以找到与信号对应的硬件结构，如一根传输导线、一个输入/输出端口或一个 D 触发器等。在某些条件下，变量赋值行为与信号赋值行为所产生的硬件结果是相同的，如都可以向系统引入寄存器。

变量赋值语句和信号赋值语句的语法格式如下：

变量赋值目标:＝赋值源；

当在同一进程中，同一信号赋值目标有多个赋值源时，信号赋值目标获得的是最后一个赋值源的赋值，其前面相同的赋值目标不产生任何变化。下面将通过例 6.27 和例 6.28 这两个简单的 VHDL 例子说明变量赋值与信号赋值的区别。

[例 6.27]

```
LIBRARY   IEEE;
USE   IEEE.STD_LOGIC_l164.ALL;
ENTITY   test1   IS
     PORT ( clk, d：IN STD_LOGIC;
              q：OUT STD_LOGIC);
END   ENTITY   test;
 ARCHITECTURE   behav   OF   DFF   IS
   BEGIN
   PROCESS (clk)
    VARIABLE q1，q2：STD_LOGIC;
   BEGIN
     IF (clk'event AND clk ='1') THEN
            q1:=d;
```

```
                q2:=q1；
                 q <=q2；
          END　IF；
        END　PROCESS；
     END　behav；
```

[例6.28]

```
    LIBRARY　IEEE；
    USE　IEEE.STD_LOGIC_l164.ALL；
    ENTITY　test2　IS
        PORT ( clk，　d：IN STD_LOGIC；
               q：OUT STD_LOGIC )；
    END；
    ARCHITECTURE　behav　OF　test2　IS
    SIGNAL　q1，q2：STD_LOGIC ；
       BEGIN
      PROCESS (clk)
          IF　(clk'event AND clk ='1')　THEN
                q1 <= d；
                q2 <=q1；
                q <=q2；
            END　IF；
         END　PROCESS ；
     END　behav；
```

例 6.27 和例 6.28 中的 VHDL 描述唯一的区别是例 6.27 中采用变量对 d 的数据进行存储，例 6.28 中采用信号对 d 的输入数据进行存储，经过综合后将得出不同的结果。

由于变量赋值属于顺序语句，因此"q1:=d；"和"q2:=q1；"两个语句在 PROCESS 中是依次执行的，在时钟上升沿到来的时候，q1 先获得 d 该时刻的值，接着 q2 获得 q1 的数值，再接着 q 获得 q2 的数值。在编译综合过程中，系统自动隐藏这两个变量，所以能获得如图 6.1 所示的单个 D 触发器电路。信号赋值是并行的，在一个 PROCESS 周期内同时进行"q1<= d；q2<=q1；q<=q2；"三个赋值过程，即 q1 更新的是 d 在时钟上升沿的数值，而 q2 更新的是 q1 在时钟上升沿的数值，q 更新的是 q2 在时钟上升沿的数值。由于三个信号同时更新，信号更新需要一定的延时，因此实际上系统综合后生成的是如图 6.2 所示的 3 位串行移位寄存器。

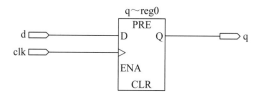

图 6.1　例 6.27 综合后的 RTL 图

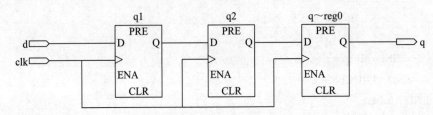

图 6.2　例 6.28 综合后的 RTL 图

2．转向控制语句

转向控制语句用于控制顺序语句执行的路径。在 VHDL 中常见的转向控制语句有 5 个，即 IF 语句、CASE 语句、LOOP 语句、NEXT 语句和 EXIT 语句。下面对这些转向控制语句分别进行介绍。

1）IF 语句

IF 语句是 VHDL 中使用最为广泛的顺序条件转向控制语句，根据语句中设置的一个或多个条件，有选择地执行顺序语句。IF 语句中的关键词有"IF"、"THEN"、"ELSE"、"ELSIF"和"END IF"。每个 IF 语句中至少有一个输出布尔值的条件语句，该条件语句可以是一个"BOOLEAN"类型的信号或变量，也可以是一个判别表达式。IF 语句根据条件语句的输出结构判断是否执行其包含的顺序语句。IF 语句应用时有多种结构，在同一个进程结构中可以有多个并列的 IF 语句，也可以有多个嵌套的 IF 语句。常用的 IF 语句介绍如下。

(1) 单条件非完整性 IF 语句。单条件非完整性 IF 语句结构是最简单的 IF 语句结构，其格式如下：

```
IF    条件语句    THEN
        顺序语句；
END    IF；
```

当执行该语句时，首先检测关键词"IF"后的条件语句的布尔值是否为真，如果条件为真，则将顺序执行条件语句中列出的各条语句，直到"END IF"，即完成全部 IF 语句的执行。如果条件检测为假，则跳过以下的顺序语句不予执行，直接结束 IF 语句的执行。这种语句形式是一种非完整性条件语句，即 IF 语句没有完全列出所有的可能性，通常用于产生时序电路。该结构的流程图如图 6.3 所示。

(2) 单条件完整性 IF 语句。单条件完整性 IF 语句的格式如下：

```
IF    条件语句    THEN
        顺序语句 1；
ELSE
        顺序语句 2；
END    IF；
```

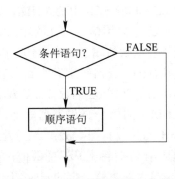

图 6.3　单条件非完整性 IF 语句结构的流程图

单条件完整性 IF 语句结构与单条件非完整性 IF 语句结构相比，差异仅在于当所测条件为"FALSE"时，并不直接跳到"END IF"结束条件语句的执行，而是转向"ELSE"以下的另一段顺序语句进行执行。描述了所有可能的情况，具有条件分支的功能，就是通过测定所设条件的真假以决定执行哪一组顺序语句，在执行完其中一组语句后，再结束 IF 语句的执行。这是一种完整性条件语句，它给出了条件语句所有可能的条件，因此通常用于产生组合电路。这种结构的流程图如图 6.4 所示。

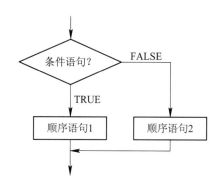

图 6.4　单条件完整性 IF 语句结构的流程图

(3) 多重 IF 嵌套语句。多重 IF 嵌套语句的格式如下：

```
IF  条件语句1   THEN
    顺序语句1；
    IF  条件语句2   THEN
        顺序语句2；
    ELSE
    顺序语句3；
    END  IF；
ELSE
    顺序语句4
END  IF；
```

多重 IF 嵌套语句中的条件语句用于对条件进行分层描述，可以产生比较丰富的条件描述，既可以产生时序电路，也可以产生组合电路，或是两者的混合。这种 IF 嵌套语句结构在使用中应保证"END IF"结束句与嵌入条件句数量一致。当执行到该"IF"结构时，先判断条件语句 1，如果输出为 FALSE，则执行顺序语句 4，然后结束"IF"结构。如果条件语句 1 输出为 TRUE，则执行顺序语句 1，然后再判断条件语句 2。如果条件语句 2 的输出为 TRUE，则执行顺序语句 2；如果条件语句 2 的输出为 FALSE，则执行顺序语句 3。这种语句的特点是，如果此时系统状态仅满足条件语句 1 而不满足条件语句 2，则仅能执行顺序语句 1，必须同时满足条件语句 1 和条件语句 2 才可能执行顺序语句 2。该结构的流程图如图 6.5 所示。

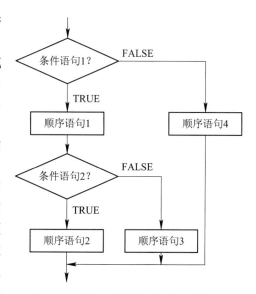

图 6.5　多重 IF 嵌套语句结构的流程图

(4) 优先条件列举式 IF 语句。优先条件列举式 IF 语句的格式如下：

```
IF          条件语句 1      THEN
            顺序语句 1
ELSIF       条件语句 2      THEN
            顺序语句 2
ELSE
            顺序语句 3
END   IF
```

优先条件列举式 IF 语句结构按照优先次序列举了多个条件语句，当执行到该结构时，首先判断条件语句 1，如果条件语句 1 输出为 TRUE，则执行顺序语句 1；如果条件语句 1 的输出为 FALSE，则继续判断条件语句 2。如果条件语句 2 的输出为 TRUE，则执行顺序语句 2；否则执行顺序语句 3。该语句通过关键词"ELSIF"设定多个判定条件，以使顺序语句的执行分支可以超过两个。这一类型的 IF 语句有一个重要的特点，就是其任一分支顺序语句的执行条件存在优先级，如果系统的状态可以满足两个或两个以上的条件语句，则系统将只执行列在最前面的优先级最高的那个条件的顺序语句。该结构的流程图如图 6.6 所示。

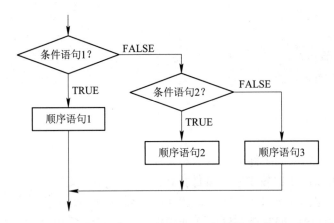

图 6.6　优先条件列举式 IF 语句结构的流程图

由图 6.6 可知，条件语句 1 的优先级高于条件语句 2。

例 6.29 是利用了 IF 语句中各条件向上相与这一功能，以十分简洁的描述完成了一个 10-4BCD 优先编码器的设计。

[例 6.29]

```
LIBRARY   IEEE;
USE   IEEE.STD_LOGIC_l164.ALL;
ENTITY   coder_BCD   IS
    PORT ( din：IN STD_LOGIC_VECTOR(0 TO 9);
            output：OUT STD_LOGIC_VECTOR(0 TO 3) );
END   coder_BCD;
ARCHITECTURE   behav   OF   coder_BCD   IS
    BEGIN
```

```
PROCESS (din)
    BEGIN
        IF   (din(9)='0')   THEN   output <= "1001" ;
        ELSIF   (din(8)='0')   THEN   output <= "1000" ;
        ELSIF   (din(7)='0')   THEN   output <= "0111" ;
        ELSIF   (din(6)='0')   THEN   output <= "0110" ;
        ELSIF   (din(5)='0')   THEN   output <= "0101" ;
        ELSIF   (din(4)='0')   THEN   output <= "0100" ;
        ELSIF   (din(3)='0')   THEN   output <= "0011" ;
        ELSIF   (din(2)='0')   THEN   output <= "0010" ;
        ELSIF   (din(1)='0')   THEN   output <= "0001" ;
        ELSIF   (din(0)='0')   THEN   output <= "0000" ;
        ELSE   output <= "ZZZZ" ;
        END IF ;
    END   PROCESS
END   ARCHITECTURE   behav;
```

2）CASE 语句

与优先条件列举式 IF 语句结构类似，CASE 语句根据条件表达式的结果选择多项顺序语句中的某一项执行。

CASE 语句的结构如下：

```
CASE   条件表达式   IS
WHEN   选择值 1=>顺序语句 1;
WHEN   选择值 2=>顺序语句 2;
    …
WHEN   OTHERS=>顺序语句 n
END CASE;
```

当执行到 CASE 语句时，首先计算表达式的值，然后根据条件句中与之相同的选择值执行对应的顺序语句，最后结束 CASE 语句。表达式可以是一个整数类型或枚举类型的值，也可以是由这些数据类型的值构成的数组。条件句中的"=>"不是操作符，它只相当于"THEN"的作用。

选择值可以有以下 4 种不同的形式：

(1) 单个普通数值，如 0。

(2) 数值选择范围，如"(7 DOWNTO 0)"表示取值在 7 到 0 之间的任何数。

(3) 列举数值，如"1|0"表示取值为 1 或者 0。

(4) 混合方式，即以上三种方式的混合，如"(1 TO 3)| 8"表示 1、2、3 或者 8 四个数中的任何一个。

使用 CASE 语句需注意以下几点：

(1) 条件句中的选择值必须在表达式的取值范围内。

(2) 除非所有条件句中的选择值能完整覆盖 CASE 语句中表达式的取值，否则最末一个条件句中的选择必须用"OTHERS"表示。它代表已给的所有条件句中未能列出的其他可能的取值，这样可以避免综合器插入不必要的寄存器。

(3) CASE 语句中每一条件句的选择只能出现一次，不能有相同选择值的条件语句重复出现。

(4) CASE 语句执行时必须选中，且只能选中所列条件语句中的一条。这表明 CASE 语句中至少要包含一个条件语句，且条件语句中的条件每次有且仅有一条得到满足。

与优先条件列举式 IF 语句不同的是，CASE 语句不存在优先级的问题，由于条件表达式的输出值只有一种可能，而选择值中不允许出现重叠，因此不会出现同时满足多个选择值的情况，CASE 语句中"WHEN"引导的语句的排列顺序与程序运行先后没有任何关系。从这一点看，可以说 CASE 语句还具有一定的并行语句的特征。一般来讲，同样的逻辑功能，CASE 结构综合后比 IF 语句消耗更多的芯片资源。例 6.30 所示为使用 CASE 语句的示例。

[例 6.30]

```
LIBRARY   IEEE;
USE   IEEE.STD_LOGIC_1164.ALL;
USE   IEEE.STD LOGIC UNSIGNED.ALL；
ENTITY   alu_ab   IS
        PORT{ a,  b： IN    STD_LOGIC_VECTOR   (7 DOWNTO 0);
                operate： IN    STD_LOGIC_VECTOR   (1 DOWNTO 0);
                result： OUT   STD_LOGIC_VECTOR   (7 DOWNTO 0) );
END   alu；
ARCHITECTURE   behav   OF   alu_ab   IS
        CONSTANT plus： STD_LOGIC_VECTOR (1 DOWNTO 0):= b"00";
        CONSTANT minus： STD_LOGIC_VECTOR (1 DOWNTO 0):= b"01";
        CONSTANT and_ab： STD_LOGIC_VECTOR (1 DOWNTO 0):= b"10";
        CONSTANT or_ab： STD_LOGIC_VECTOR (1 DOWNTO 0):= b"11";
BEGIN
PROCESS (operate,a,b)
BEGIN
        CASE   operate   IS
                WHEN   plus => result <= a + b;
                WHEN   minus => result <= a − b;
                WHEN   and_ab => result<=a AND b;
                WHEN   or_ab => result<=a OR b;
                WHEN   OTHERS => result<=a;
        END   CASE;
        END   PROCESS;
        END   behav;
```

例 6.30 所示的实体 alu_ab 描述的是一个简单的算术逻辑单元,通过 2 位输入信号 operate

控制运算器的操作。当 operate 为 "00" 时，实现加法运算，输出 a+b 的结果；当 operate 为 "01" 时，实现减法操作，输出 a−b 的结果；当 operate 为 "10" 时，实现与操作，输出 a 与 b 的结果；当 operate 为 "11" 时，实现或操作，输出 a 或 b 的结果。在实体的结构体描述中，采用 CASE 语句来选择实体的功能。

3) LOOP 语句

LOOP 语句的常用表达方式有简单 LOOP 语句和 FOR_LOOP 语句两种。

(1) 简单 LOOP 语句的语法格式如下：

```
[LOOP 标号：]LOOP
    顺序语句
END  LOOP[LOOP 标号]；
```

这种循环方式是一种最简单的语句形式，它的循环方式需引入其他控制语句，例如 EXIT 语句后才能确定，"LOOP 标号" 可省略。例如：

```
L2：LOOP
        a:=  a+1；
        EXIT  L2  WHEN  a>100；
    END  LOOP L2；
```

此程序的循环的结束由 EXIT 语句确定，即当 a>100 时，结束循环。

(2) FOR_LOOP 语句的语法格式如下：

```
[LOOP 标号：]  FOR  循环变量  IN  循环次数范围  LOOP
    顺序语句
END  LOOP  [LOOP 标号]：
```

关键词 "FOR" 后面的循环变量是一个临时变量，属于 FOR_LOOP 语句的局部变量，不需要事先定义，只能在 FOR_LOOP 语句范围内使用。在 FOR_LOOP 语句中这个变量只能作为赋值源，不能被赋值，它由 FOR_LOOP 语句自动定义。使用时应当注意，在 LOOP 循环次数范围规定 LOOP 语句中的顺序语句被执行的次数。循环变量从循环次数范围的初值开始，每执行完一次顺序语句后递增 1，直至达到循环次数范围指定的最大值。例 6.31 所示的是一个使用 FOR_LOOP 语句的串行转并行总线的 VHDL 程序。

[例 6.31]

```
    LIBRARY   IEEE；
    USE   IEEE.STD_LOGIC_1164.ALL；
    ENTITY   ser_to_para   IS
        PORT ( serin：IN   STD_LOGIC；
               clk：IN   STD_LOGIC；
               st：IN   STD_LOGIC；
               para：OUT   STD_LOGIC_VECTOR   (7 DOWNTO 0))；
    END   ENTITY   ser_to_para；
    ARCHITECTURE   behav   OF   ser_to_para   IS
        SIGNAL   tmp：STD_LOGIC_VECTOR(7 DOWNTO 0)；
    BEGIN
```

```
PROCESS()
        BEGIN
    IF  (st='1')  THEN
            FOR  n  IN  0  TO  7  LOOP
                IF  (clk 'event AND clk='1')  THEN
                        temp(n)<=serin;
                END  IF;
            END  LOOP;
            para <=tmp;
        ELSE
            para<="ZZZZZZZZ";
    END   PROCESS;

END   behav;
```

当输入信号 st 为 1 时，进程每次转换一位串行数据，存入信号 temp 的相应的位中，由于采用 FOR_LOOP 结构，因此每次进程启动能转换 8 位数据。

LOOP 循环的范围最好以常数表示，否则，在 LOOP 体内的逻辑可以重复任何可能的范围，这样将导致耗费过大的硬件资源，综合器不支持没有约束条件的循环。

4) NEXT 语句

NEXT 语句主要用在 LOOP 语句执行中进行有条件的或无条件的转向控制。它的语句格式有三种，即简单 NEXT 语句、NEXT_LOOP 语句和 NEXT_LOOP_WHEN 语句。

(1) 简单 NEXT 语句仅由 "NEXT" 关键词构成，当 LOOP 内的顺序语句执行到 NEXT 语句时，即刻无条件终止当前的循环，跳回到本次循环 LOOP 语句处，开始下一次循环。

(2) NEXT_LOOP 语句的格式如下：

　　NEXT   LOOP 标号;

NEXT_LOOP 语句与简单 NEXT 语句的功能是基本相同的，区别是当有多重 LOOP 语句嵌套时，NEXT_LOOP 语句可以跳转到指定标号的 LOOP 语句处，重新开始执行循环操作。

(3) NEXT_LOOP_WHEN 语句的格式如下：

　　NEXT   LOOP 标号 WHEN 条件语句;

语句 "WHEN   条件语句" 是执行 NEXT 语句的条件，如果条件表达式的值为 TRUE，则执行 NEXT 语句，进入跳转操作，否则继续向下执行。但当只有单层 LOOP 循环语句时，关键词 "NEXT" 与 "WHEN" 之间的 "LOOP 标号" 可以省去。

5) EXIT 语句

EXIT 语句与 NEXT 语句具有十分相似的语句格式和跳转功能，它们都是 LOOP 语句的内部循环控制语句。EXIT 的语句格式也有 3 种，即简单 EXIT 语句、EXIT_LOOP 语句和 EXIT_LOOP_WHEN 语句。

(1) 简单 EXIT 语句格式非常简单，仅由 "EXIT" 关键词构成，当程序执行到 EXIT 语句时，将自动跳到当前循环的终点，退出循环。

(2) EXIT_LOOP 语句的格式如下：

　　EXIT   LOOP 标号;

EXIT_LOOP 语句与简单 EXIT 语句的功能是基本相同的，区别是当有多重 LOOP 嵌套语句时，EXIT_LOOP 语句可以跳转到指定标号的 LOOP 语句结尾处，跳出该循环操作。

（3）EXIT_LOOP_WHEN 语句的格式如下：

　　　　EXIT　　LOOP 标号　　WHEN　　条件语句；

语句"WHEN　　条件语句"是执行 EXIT 语句的条件，如果条件表达式的值为 TRUE，则执行 EXIT 语句，执行跳转操作，否则继续向下执行。当只有单层 LOOP 循环语句时，关键词"EXIT"与"WHEN"之间的"LOOP 标号"可以省去。

这 3 种语句格式与对应的 NEXT 语句的格式和操作功能非常相似，唯一的区别是 NEXT 语句是转向"LOOP"语句的起始点，而 EXIT 语句则是转向 LOOP 语句的终点。即 NEXT 语句跳转的方向是 LOOP 标号指定的 LOOP 语句处，当没有 LOOP 标号时，跳转到当前 LOOP 语句的循环起始点；而 EXIT 语句跳转的方向是 LOOP 标号指定的 LOOP 循环语句的结束处，即完全跳出指定的循环，并开始执行此循环外的语句。

例 6.32 所示是一个奇偶校验程序。在程序中，当发现位数寄存器达到一定数值时，由 EXIT 语句跳出循环比较程序，输出校验结果。

[例 6.32]

```
LIBRARY   IEEE;
USE   IEEE.STD_LOGIC_1164.ALL;
ENTITY   par_check IS
  PORT ( a: IN   STD_LOGIC_VECTOR   (7 DOWNTO 0);
         y: OUT   STD_LOGIC );
END   ENTITY   par_check;

ARCHITECTURE   behav   OF   par_check   IS
        SIGNAL n: INTEGER   RANGE   0 TO 8;
        SIGNAL   temp: STD_LOGIC;
BEGIN
   PROCESS(a)
   BEGIN
        tmp<='0';
        n<=0;
        LOOP
        tmp <= tmp XOR a(n);
        n<=n+1;
        EXIT   WHEN   n=8;
        END   LOOP;
         y <= tmp;
        END   PROCESS;
   END   ARCHITECTURE   behav;
```

3. 等待语句

等待语句的关键词是"WAIT"，用于暂时停止程序的运行。当执行到等待语句时，正在运行的程序将被挂起，直到满足等待语句设置的条件后，才重新开始执行程序。根据不同的结束挂起条件的设置，等待语句可分为 4 种，即简单 WAIT 语句、WAIT_ON 语句、WAIT_UNTIL 条件等待语句和 WAIT_FOR 超时等待语句。

(1) 简单 WAIT 语句仅由"WAIT"关键词构成，语句中未设置任何停止挂起的条件，表示无条件永远的挂起。

(2) WAIT_ON 语句格式称为敏感信号等待语句，其格式如下：

WAIT ON　敏感信号列表；

在信号表中列出的信号是等待语句的敏感信号，当处于等待状态时，敏感信号的任何状态变化都将结束挂起，再次启动进程。WAIT_ON 语句格式中的敏感信号列表类似于 PROCESS 中的敏感信号列表，区别是 PROCESS 中的敏感信号列表中的信号状态发生变化时启动 PROCESS，而 WAIT_ON 语句中的敏感信号列表中的信号状态发生变化时，将结束挂起状态，继续顺序执行程序。VHDL 规定，已列出敏感信号列表的 PROCESS 中不能使用任何形式的 WAIT 语句。WAIT 语句可用于未列出敏感信号列表的 PROCESS 中的任何地方。

(3) WAIT_UNTIL 条件等待语句的格式如下：

WAIT UNTIL　　条件表达式；

WAIT_UNTIL 条件等待语句比 WAIT_ON 语句多了一条重新启动进程的条件，被 WAIT_UNTIL 条件等待语句挂起的进程需满足两个条件，才能脱离挂起状态：一是在条件表达式中所含的信号发生了改变；二是此信号改变后，且满足 WAIT_UNTIL 语句中所设的条件表达式。这两个条件不但缺一不可，而且必须依照顺序来完成。因此可以用 WAIT ON 语句代替 IF 语句进行时钟信号的边沿触发，具体方法将在第 7 章中详细介绍。另外，由于 WAIT 语句属于顺序语句，因此可以在一个进程中连续使用多个 WAIT_UNTIL 语句实现顺序过程。例 6.33 所示为从 8 位到 32 位单向总线的电路描述，该电路在时钟信号的作用下，分四次，每次 8 位地读取 32 位数据，然后一次传输出去，实现 8 位总线到 32 位总线的转变。

[例 6.33]

```
LIBRARY   IEEE;
USE   IEEE.STD_LOGIC_1164.ALL;
ENTITY   bus8_32 IS
   PORT  ( busin: IN  STD_LOGIC_VECTOR(7 DOWNTO 0);
           clkin: IN  STD_LOGIC;
           busout: OUT  STD_LOGIC_VECTOR(31 DOWNTO 0) );
END  ENTITY  bus8_32;
ARCHITECTURE  behav  OF  bus8_32 IS
SIGNAL  temp: STD_LOGIC_VECTOR(31 DOWNTO 0)
BEGIN
       PROCESS ()
       BEGIN
```

```
                WAIT    UNTIL    clkin='0'
                    temp(7 DOWNTO 0)<=busin;
                WAIT    UNTIL    clkin='0'
                    temp(15 DOWNTO 8)<=busin;
                WAIT    UNTIL    clkin='0'
                    temp(23 DOWNTO 16)<=busin;
                WAIT    UNTIL    clkin='0'
                    temp(31 DOWNTO 24)<=busin;
                    busout<=temp;
            END    PROCESS;
        END    ARCHITECTURE    behav;
```

(4) WAIT_FOR 超时等待语句的格式如下:

```
        WAIT_FOR    时间表达式;
```

在 WAIT_FOR 超时等待语句中设置了时间表达式,当执行到 WAIT_FOR 超时等待语句时,进程自动挂起由时间表达式确定的一段时间,然后进程自动解除挂起状态,恢复执行。该语句主要用于仿真。例如 "WAIT FOR 5 ns;" 语句就表示当程序执行到此处时,自动挂起 5 ns的时间。

4. 子程序调用语句

VHDL 允许在结构体或者程序包中调用子程序,子程序包含过程(PROCEDURE)和函数(FUNCTION)两种。

1) 过程(PROCEDURE)

过程(PROCEDURE)定义的语法格式如下:

```
        PROCEDURE    <过程名> (<过程的输入/输出信号端口说明>)    IS
        BEGIN
                <顺序语句>
        END    <过程名>;
```

过程的形式参数可以为 IN、OUT、INOUT 方式,在进行参量说明时除了说明其名称、数据类型外,还得指明其输入/输出形式。例 6.34 描述了一个名称为 "max" 的 8 位比较器的过程定义,由于该过程定义式包含在包 pac 之内,因此在调用该过程前,需要声明使用pac 包。

[例 6.34]

```
        LIBRARY    IEEE;
        USE    IEEE.STD_LOGIC_1164.ALL;
        USE    IEEE.STD_LOGIC_UNSIGNED.ALL;
        PACKAGE    pac    IS
          PROCEDURE    max    (data_out : OUT    STD_LOGIC_VECTOR    (7 DOWNTO 0);
                            a , b: IN    STD_LOGIC_VECTOR    (7 DOWNTO 0))    IS
            BEGIN
```

```
            IF (a > b)   THEN
                data_out<= a;
            ELSE
                data_out<=b;
                END   IF;
            END    max;
        END    pac;
```

[例 6.35]
```
    LIBRARY   IEEE；
    USE   IEEE.STD_LOGIC_1164.ALL；
    USE   IEEE.STD_LOGIC_UNSIGNED.ALL；
    USE   WORK.pac.ALL                        --声明使用 pac 包
    ENTITY   max_data   IS
      PORT( x,y：IN   STD_LOGIC_VECTOR   (7 DOWNTO 0)；
            clk：N   STD_LOGIC；
            dout：OUT   STD_LOGIC_VECTOR   (7 DOWNTO 0))；
    END   ENTITY   max_data；
    ARCHITECTURE   behav   OF   max_data   IS
        PROCESS (clk)
            BEGIN
                IF (clk'event AND clk='1') THEN
                    max(dout , x,y)；
                END   IF；
            END   PROCESS；
    END   ARCHITECTURE   behav；
```

2) 函数(FUNCTION)

函数(FUNCTION)的语法格式如下：

```
    FUNCTION   <函数名>(参量及其数据类型)   RETURN   <数据类型>   IS
      BEGIN
        <顺序语句>
    RETURN [返回变量名]；
      END   <函数名>；
```

函数的参量只能是方式为 IN 的输入信号与常量，函数只能有一个返回值。函数只能用来计算数值，不能用来改变与函数形参相关的对象的值。

[例 6.36]
```
    LIBRARY   IEEE；
    USE   IEEE.STD_LOGIC_1164.ALL；
    USE   IEEE.STD_LOGIC_UNSIGNED.ALL；
    PACKAGE   pac   IS
```

```
     FUNCTION   min   (a：STD_LOGIC_VECTOR   (7 DOWNTO 0)；
                        b：STD_LOGIC_VECTOR   (7 DOWNTO 0)；)
                   RETURN   STD_LOGIC_VECTOR   (7 DOWNTO 0)   IS
       BEGIN
         IF (a < b)   THEN
             RETURN (a)；
         ELSE
             RETURN (b)；
         END   IF；
       END   min；
   END   pac；
```

调用该函数的例子如例 6.37 所示。

[例 6.37]

```
   LIBRARY   IEEE；
   USE   IEEE.STD_LOGIC_1164.ALL；
   USE   IEEE.STD_LOGIC_UNSIGNED.ALL；
   USE   WORK.pac.ALL                    --声明使用 pac 包
   ENTITY   min_data   IS
      PORT( x,y：IN   STD_LOGIC_VECTOR   (7 DOWNTO 0)；
            clk：IN   STD_LOGIC；
            dout：OUT   STD_LOGIC_VECTOR   (7 DOWNTO 0))；
   END   ENTITY   min_data；
   ARCHITECTURE   behav   OF   min_data   IS
      PROCESS (clk)
         BEGIN
            IF   (clk'event AND clk='1')   THEN
                dout<=min(x,y)；
            END   IF；
      END   PROCESS；
   END   ARCHITECTURE   behav；
```

5．返回语句

返回(RETURN)语句只能用于子程序体中，并用来结束当前子程序体的执行。其语句格式如下：

　　RETURN [表达式]；

当表达式缺省时，只能用于过程，它只是结束过程，并不返回任何值；当有表达式时，只能用于函数，并且必须返回一个值。用于函数的语句中的表达式提供函数返回值。每一函数必须至少包含一个返回语句，并可以拥有多个返回语句，但是在函数调用时，只有其中一个返回语句可以将值带出。

6．空操作语句

空操作(NULL)语句的格式如下：

　　　　NULL；

空操作语句不完成任何操作，它唯一的功能就是使流程跨入下一步语句的执行。NULL 语句常用于 CASE 语句中，为满足所有可能的条件，使用 NULL 来表示剩余不用的条件下的操作行为。例如：

　　　　CASE　sel

　　　　WHEN 1 => output<=a；

　　　　WHEN 0 => output<=b；

　　　　WHEN OTHERS=> NULL；

　　　　END　CASE；

当 sel 为其他的值时，程序不做任何操作。

　　由于 Quartus II 对 NULL 语句综合后会自动加入锁存器，因此应避免使用 NULL 语句，而改用确定操作。例如：

　　　　CASE　sel

　　　　WHEN 1 => output<=a；

　　　　WHEN 0 => output<=b；

　　　　WHEN OTHERS=> output<= ' Z '；

　　　　END　CASE；

第 7 章　常见逻辑单元的 VHDL 描述

在前面几章中，对 VHDL 的语句、语法及利用 VHDL 设计逻辑电路的基本方法做了详细介绍，为了使读者能深入理解使用 VHDL 设计逻辑电路的具体步骤和方法，本章将以常用的基本逻辑电路的 VHDL 描述为例，再次对其进行详细介绍。

7.1　组合逻辑单元的 VHDL 描述

组合逻辑电路有基本逻辑门电路、编码器、译码器、多路选通器、三态门等，下面逐一地对它们进行介绍。

7.1.1　基本逻辑门的 VHDL 描述

逻辑门电路是构成所有逻辑电路的基本电路，本节将通过二输入"与非"门、二输入"或非"门、反相器和二输入"异或"门等简单门电路的 VHDL 描述实例来介绍逻辑门电路的 VHDL 描述方法。

1. 二输入"与非"门电路

二输入"与非"门电路是逻辑门电路中最简单的，其逻辑电路图如图 7.1 所示。

NAND2

图 7.1　二输入"与非"门电路的逻辑电路图

利用 VHDL 描述二输入"与非"门有多种形式，如例 7.1 所示。

[例 7.1]

```
LIBRARY   IEEE;
USE   IEEE.STD_LOGIC_ 1164.ALL;
ENTITY   nand2  IS
      PORT(a，b：IN   STD_LOGIC;
            y：OUT   STD_LOGIC);
END   hand2；

ARCHITECTURE   behavl   OF   nand2   IS
```

```
BEGIN
    y<=a NAND b;
END   behavl;


ARCHITECTURE   behav2   OF   nand2   IS
BEGIN
    PROCESS(a，b)
        VARIABLE   comb: STD_LOGIC_VECTOR(1 DOWNTO 0);
    BEGIN
        comb:=a&b;
        CASE   comb IS
            WHEN"00"=>y<='1';
            WHEN"01"=>y<='1';
            WHEN"10"=>y<='1';
            WHEN"11"=>y<='0';
            WHEN OTHERS=>y<='x';
        END   CASE;
    END   PROCESS;
END   behav2;
```

在例 7.1 的结构体 behav1 中使用 "y<=a nand b;" 语句直接描述了一个二输入与非门的结构；结构体 behav2 中采用并置符号"&"将输入并置成为一个 2 位的矢量，通过"CASE ⋯ WHEN"语句，根据二输入"与非"门的真值表，对照并置矢量控制输出，它罗列了二输入"与非"门的每种输入状态及其对应的输出结果。这两种描述的综合结果相同。

2. 二输入"或非"门电路

二输入"或非"门电路的逻辑电路图如图 7.2 所示。

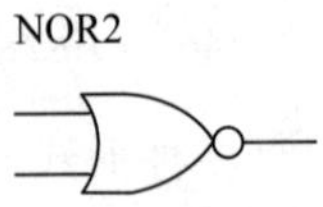

NOR2

图 7.2   二输入"或非"门电路的逻辑电路图

例 7.2 所示为用 VHDL 描述的二输入"或非"门电路的程序。

[例 7.2]

```
LIBRARY   IEEE;
USE   IEEE.STD_LOGIC_1164.ALL;
ENTITY   nor2   IS
    PORT(a，b: IN   STD_LOGIC;
        y: OUT   STD_LOGIC);
```

```
END    nor2；
ARCHITECTURE behav1    OF    nor2    IS
BEGIN
        y<=a NOR b；
END    behavl；


ARCHITECTURE    behav2    OF    nor2    IS
BEGIN
        PROCESS(a，b)
        VARIABLE    comb：STD_LOGIC_VECTOR (1 DOWNTO 0)；
        BEGIN
            comb:=a&b；
            CASE comb IS
                WHEN"00"=>y<='1'；
                WHEN"01"=>y<='0'；
                WHEN"10"=>y<='0'；
                WHEN"11"=>y<='0'；
                WHEN OTHERS=>y<='x'；
            END    CASE；
        END    PROCESS t2；
END    behav2；
```

　　在例 7.2 的结构体 behav1 中使用 "y<=a nor b；" 语句直接描述了一个二输入或非门的结构；结构体 behav2 中采用并置符号 "&" 将输入并置成为一个 2 位的矢量，通过 "CASE" 语句进行描述，根据二输入 "或非" 门的真值表进行编写，它罗列了二输入 "或非" 门的每种输入状态及其对应的输出结果。这两种结构体经过综合后的结果完全相同。

3．反相器

　　反相器电路的逻辑电路图如图 7.3 所示。

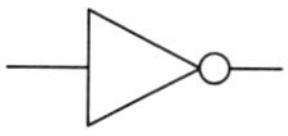

图 7.3　反相器的逻辑电路图

　　例 7.3 所示为用 VHDL 描述的反相器的程序。

[例 7.3]

```
LIBRARY    IEEE；
USE    IEEE. STD_LOGIC_1164.ALL；
ENTITY    inverter    IS
    PORT ( a ： IN    STD_LOGIC；
            y ： OUT    STD_LOGIC)；
```

```
END   inverter;
ARCHITECTURE   behavl   OF   inverter   IS
BEGIN
    y<=NOT a;
END   behavl;


ARCHITECTURE   behav2   OF   inverter   IS
BEGIN
    PROCESS(a)
    BEGIN
        IF (a='l') THEN
            y<='0'
        ELSE
            y<=T
        END   IF
    END   PROCESS;
END   behav2;
```

4. 二输入"异或"门电路

二输入"异或"门电路的逻辑表达式如下：

$$y=a \oplus b$$

其逻辑电路图如图 7.4 所示。

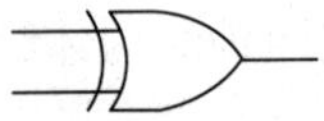

XOR

图 7.4   二输入"异或"门电路的逻辑电路图

例 7.4 所示为用 VHDL 描述的二输入"异或"门的程序。

[例 7.4]

```
LIBRARY   IEEE;
USE   IEEE. STD_LOGIC_1164.ALL;
ENTITY   xor2   IS
    PORT(a,b：IN STD_LOGIC;
        y：OUT STD_LOGIC);
END   xor2;
ARCHITECTURE   behavl   OF   xor2   IS
BEGIN
    y<=a XOR h;
```

```
END   behav1;


ARCHITECTURE   behav2   OF   xor2   IS
BEGIN
    PROCESS(a，b)
            VARIABLE   comb：STD_LOGIC_VECTOR(1 DOWNTO 0);
    BEGIN
            comb:=a & b；
            CASE   comb   IS
                    WHEN"00"=>y<='0';
                    WHEN"01 "=>y<='1';
                    WHEN"10"=>y<='1';
                    WHEN"11 "=>y<='0';
                    WHEN OTHERS=>y<='Z';
            END   CASE;
    END   PROCESS；
END   behav2；
```

　　上述简单的门电路的 VHDL 程序均使用了两种结构体来描述，其行为和功能是完全一样的。事实上，用户还可以运用 VHDL 中所给出的其他语句来描述以上的简单门电路，这样给编程人员提供了较大的编程灵活性。但是，一般来说，无论是编程人员还是阅读这些程序的人员，都希望尽量提高程序的可读性，所以建议尽可能采用 VHDL 中所提供的语言和符号，用简捷的语句描述其行为。

7.1.2　编码器、译码器和多路选通器的 VHDL 描述

　　编码器、译码器和多路选通器是组合电路中较简单的 3 种通用电路，它们可以直接由简单的门电路组合连接而构成。如图 7.5 所示的 74147 即为 10 线-4 线 BCD 编码器，其内部结构如图 7.6 所示。通过门电路构造译码器过于复杂，如果使用 VHDL 进行行为级的描述就清楚多了，本节将介绍编码器、译码器和多路选通器的 VHDL 描述方式。

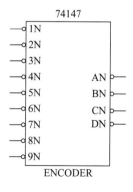

图 7.5　10 线-4 线 BCD 编码器 74147

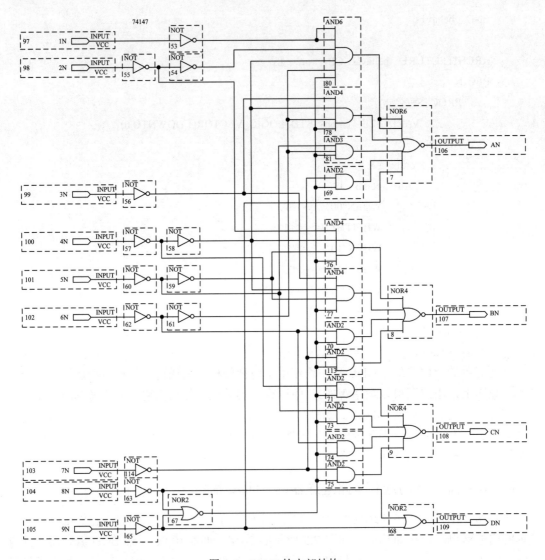

图 7.6　74147 的内部结构

1. 优先级编码器

优先级编码器常用于中断的优先级控制。当优先级编码器的某一个输入电平有效时，编码器输出一个对应的 3 位二进制编码。另外，当同时有多个输入有效时，将输出优先级最高的那个输入所对应的二进制编码。

图 7.7 所示就是最简单的优先级编码器的引脚图，它有 8 个输入 D0～D7 和 3 位二进制输出 A0～A2。

例 7.5 所示为用 VHDL 描述的优先级编码器的程序。

[例 7.5]

　　　LIBRARY　IEEE；

　　　USE　IEEE.STD_LOGIC_1164.ALL；

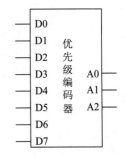

图 7.7　优先级编码器

```
ENTITY   priorityencoder   IS
    PORT (D：IN   STD_LOGIC_VECTOR(7 DOWNTO 0);
         A：OUT   STD_LOGIC_VECTOR(2 DOWNTO 0));
END   priorityencoder；
ARCHITECTURE   behav   OF   pdofityencoder   IS
BEGIN
    IF   (D(7)= '0')   THEN
        A<="111";
    ELSIF   (D(6)= '0')   THEN
        A<="110";
    ELSIF   (D(5)= '0')   THEN
        A<="101"
    ELSIF   (D(4)= '0')   THEN
        A<="100";
    ELSIF   (D(3)= '0')   THEN
        A<="011";
    ELSIF   (D (2)= '0')   THEN
            y<="010":
    ELSIF   (D(1)= '0')   THEN
            y<="001";
    ELSIF   (D(0)= '0')   THEN
            y<="000";
    END   IF；
END   behav；
```

由于 VHDL 中目前还不能描述任意项，因此不能用前面一贯采用的"CASE"语句来描述，而应采用"IF"语句。

2．3-8 译码器

3-8 译码器是一种常用的小规模集成电路，如图 7.8 所示。它有 3 位二进制输入端 A、B、C 和 8 位译码器输出端 Y0～Y7。对输入 A、B、C 的值进行译码，就可以确定输出端 Y0～Y7 的某一个输出端变为有效(低电平)，从而达到译码的目的。

除了基本的输入、输出端口外，3-8 译码器还有 3 个选通输入端 G1、G2A 和 G2B。只有在 G1=1，G2A=0，G2B=0 时，3-8 译码器才能进行正常译码，否则 Y0～Y7 输出将均为高电平。例 7.6 所示为用 VHDL 描述的 3-8 译码器的程序。

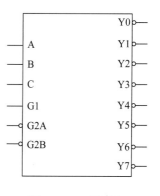

图 7.8　3-8 译码器

[例 7.6]

```
LIBRARY   IEEE；
USE   IEEE.STD_LOGIC_1164.ALL；
ENTITY   decoder3_8   IS
      PORT(a，b，c，gl，g2a，g2b：IN STD_LOGIC；
            y：OUT STD_LOGIC_VECTOR(7 DOWNTO 0))；
END   decoder3_8；
ARCHITECTURE   behav   OF   decoder3_8   IS
   SIGNAL indata：STD_LOGIC_VECTOR (2 DOWNTO 0)；
BEGIN
   indata<=c & b& a；
   PROCESS (indata，g 1，g2a，g2b)
   BEGIN
         IF (g1= '1' AND g2a='0' AND g2b='0') THEN
         CASE   indata   IS
             WHEN"000"=>y<="11111110"；
             WHEN"001"=>y<="11111101"；
             WHEN"010"=>y<="11111011 "；
             WHEN"011"=>y<="11110111"；
             WHEN"100"=>y<="11101111 "；
             WHEN"101"=>y<="11011111"；
             WHEN"110"=>y<="10111111"；
             WHEN"111"=>y<="01111111 "；
             WHEN OTHERS=>y<="xxxxxxxx "；
          END   CASE；
         ELSE
             y<="11111111"；
         END   IF；
      END   PROCESS；
   END   behav；
```

3．4 选 1 多路选通器

多路选通器用于信号的切换。4 选 1 多路选通器如图 7.9 所示，它用于 4 路信号的切换。4 选 1 多路选通器有 4 个信号输入端 input(0)～input(3)、2 个选择信号 a 和 b 及 1 个信号输出端 y。当 a、b 输入不同的选择信号时，input(0)～input(3)中某个相应的输入信号就与输出 y 端接通。例如，当 a= 0，b= 0 时，input(0)就与 y 接通；当 a= 0，b= 1 时，input(1)就与 y 接通。

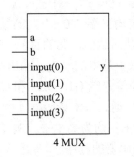

图 7.9　4 选 1 多路选通器

例 7.7 所示为用 VHDL 描述的 4 选 1 多路选通器的程序。

[例 7.7]

```
LIBRARY   IEEE；
USE   IEEE.STD_LOGIC_1164.ALL；
ENTITY   mux4   IS
    PORT (input：IN   STD_LOGIC_VECTOR (3 DOWNTO 0)；
          a，b：IN   STD_LOGIC；
          y：OUT   STD_LOGIC)；
END   mux4：
ARCHITECTURE   behav   OF   mux4   IS
    SIGNAL   sel：STD_LOGIC_VECTOR   (1 DOWNTO 0)；
BEGIN
    sel<=b & a；
    PROCESS(input，sel)
    BEGIN
        IF   (sel="00")   THEN
            y<=input(0)；
        ELSIF   (sel="01")   THEN
            y<=input(1)；
        ELSIF   (sel="10")   THEN
            y<=input(2)；
        ELSIF   (sel="11")   THEN
            y<=input(3)；
        ELSE
            y<='Z'
        END   IF；
    END   PROCESS；
END   behav；
```

例 7.7 所示的 4 选 1 多路选通器是用 "IF" 语句描述的，程序中的 "ELSE" 项作为余下的条件，将选择 y 端输出为高阻。

7.1.3　加法器和求补器的 VHDL 描述

1. 加法器

关于加法器的 VHDL 行为级描述，在第 5 章中已经通过实例进行了详细介绍，本小节将介绍关于加法器的结构级描述。多位的加法器由多个全加器和一个半加器构成。全加器可以用两个半加器构成。首先介绍半加器的 VHDL 描述。

半加器有 2 个二进制 1 位的输入端 a 和 b 以及 1 位和的输出端 s 和 1 位进位的输出端 co。半加器电路引脚框图如图 7.10 所示。

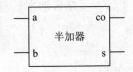

图 7.10   半加器电路引脚框图

例 7.8 所示为用 VHDL 描述的半加器的程序。

[例 7.8]

```
LIBRARY   IEEE;
USE   IEEE.STD_LOGIC_1164.ALL;
ENTITY   half_adder   IS
    PORT (a, b: IN STD_LOGIC; )
        s, co: OUT STD_LOGIC);
END   half_adder;
ARCHITECTURE   stru   OF   half_adder   IS
    SIGNAL c, d: STD_LOGIC;
BEGIN
    c <=a OR b;
    d <=a NAND b;
    co <=NOT d;
    s<=c AND d;
END   stru;
```

用两个半加器可以构成一个全加器。全加器的内部结构如图 7.11 所示。在半加器描述的基础上，采用 COMPONENT 语句和 PORT MAP 语句就可以很容易地编写出描述全加器的程序。例 7.9 所示为用 VHDL 描述的全加器的程序。

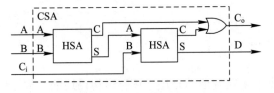

图 7.11   全加器的内部结构

[例 7.9]

```
LIBRARY   IEEE;
USE   IEEE.STD_LOGIC_1164.ALL;
ENTITY   full_adder   IS
    PORT (a, b, ci: IN    STD_LOGIC;
        s, co: OUT    STD_LOGIC);
END   full_adder;
ARCHITECTURE   stru   OF   funadder   IS
    COMPONENT   half_adder
```

```
        PORT(a，b：IN STD_LOGIC；
            s，co：OUT STD_LOGIC)；
    END   COMPONENT；
    SIGNAL u0_co，u0_s，u1_co：STD_LOGIC；
BEGIN
    u0：half_adder PORT   MAP(a，b，u0_s，u0_co)；
    u1：half_adder PORT   MAP(u0_s，ci，s，u1_co)；
    co<=u0_co or u1_co；
END   stru；
```

4 位加法器的结构如图 7.12 所示。例 7.10 所示为用 VHDL 描述的一个 4 位加法器的程序。

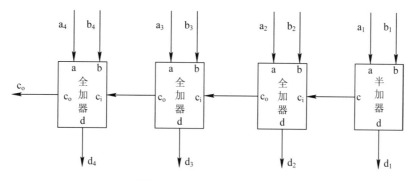

图 7.12　4 位加法器的结构

[例 7.10]

```
    LIBRARY   IEEE；
    USE   IEEE.STD_LOGIC_1164.ALL；
    ENTITY   adder_4  IS
        PORT (a，b：IN STD_LOGIC_VECTOR(3 DOWNTO 0)；
            s：OUT STD_LOGIC_VECTOR(3 DOWNTO 0)；
            co：OUT STD_LOGIC)；
    END   adder_4；
    ARCHITECTURE   stru   OF   adder_4   IS
        COMPONENT   half_adder
            PORT(a，b：IN   STD_LOGIC；
                s，co：OUT   STD_LOGIC)；
        END   COMPONENT；
        COMPONENT full_adder
            PORT(a，b，ci：IN   STD_LOGIC；
                s，co：OUT   STD_LOGIC)；
        END   COMPONENT；
        SIGNAL u0_co，u0_s，u1_co：STD_LOGIC；
```

```
BEGIN
      u0：half_adder PORT　MAP(a，b，u0_s，u0_co)；
      u1：half_adder PORT　MAP(u0_s，ci，s，u1_co)；
      co<=u0_co or u1_co；
END　stru；
```

2．求补器

在二进制的运算过程中，经常要用到求补的操作。8 位二进制数的同步求补器引脚框图如图 7.13 所示。求补电路的输入为 a(0)～a(7)，补码输出为 b(0)～b(7)，其中 a(7) 和 b(7) 为符号位，该电路结构较复杂，可以采用如例 7.11 所示的行为级的 VHDL 描述，其语句更加简洁、清楚。

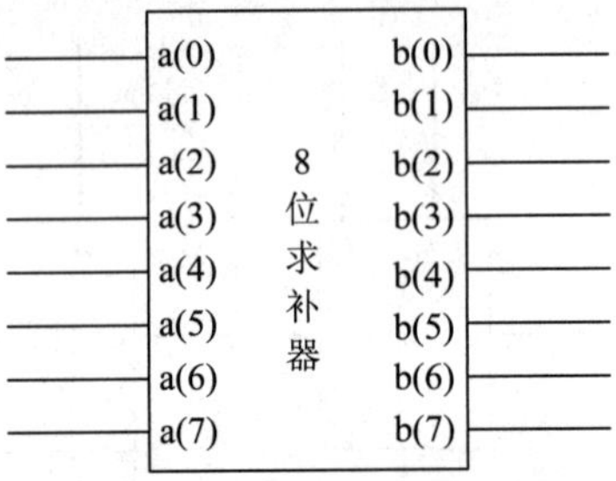

图 7.13　8 位二进制数的同步求补器引脚框图

[例 7.11]

```
LIBRARY　IEEE；
USE　IEEE.STD_LOGIC_1164.ALL；
ENTITY　house　IS
      PORT (a：IN STD_LOGIC_VECTOR(7 DOWNTO 0)；
            b：OUT STD_LOGIC_VECTOR (7 DOWNTO 0))；
END　house；
ARCHITECTURE　behav　OF　house IS
BEGIN
      b<=NOT a+'l'；
END　behav；
```

7.1.4　三态门及总线缓冲器

三态门和双向缓冲器是接口电路和总线驱动电路经常用到的器件。本小节将介绍三态门和总线缓冲器的 VHDL 描述方法。

1．三态门的 VHDL 描述

三态门的引脚框图如图 7.14 所示。它具有一个数据输入端 din、一个数据输出端 dout 和一个控制端 en。当 en=1 时，dout=din；当 en=0 时，dout=Z(高阻)。例 7.12 所示为用 VHDL 描述的三态门的程序。

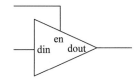

图 7.14　三态门的引脚框图

[例 7.12]

```
LIBRARY  IEEE；
USE  IEEE.STD_LOGIC_1164.ALL；
ENTITY  tri_gate  IS
    PORT ( din，en：IN  STD_LOGIC；
           dout：OUT  STD_LOGIC)；
END  tri_gate；
ARCHITECTURE  behav  OF  tri_gate  IS
BEGIN
    PROCESS(din，en )
    BEGIN
        IF  (en='1')  THEN
            dout<=din；
        ELSE
            dout<='Z'；
        END  IF；
    END  PROCESS；
END  behav；


ARCHITECTURE  behav2  OF  tri_gate  IS
BEGIN
    PROCESS(din，en)
    BEGIN
        CASE  en  IS
          WHEN  '1'  =>dout<=din；
          WHEN  OTHERS  =>dout<='Z'；
        END  CASE；
    END  PROCESS；
END  behav2；
```

在结构体 behav1 中，使用 IF 语句，当 en=1 时，使 dout 和 din 的信号保持一致，否则就将 Z 波形赋予 dout，输出高阻。在结构体 behav2 中，使用 CASE 语句，其逻辑与结构体 behav1 完全相同。这两种描述综合后的结果完全相同。

2. 单向总线缓冲器

单向总线缓冲器常用于微型计算机的总线驱动，通常由多个三态门并列组成，用来驱动地址总线和控制总线。一个 8 位的单向总线缓冲器如图 7.15 所示，它由 8 个三态门组成，具有 8 个输入端和 8 个输出端，所有的三态门的控制端连在一起，由一个控制输入端 en 控制。

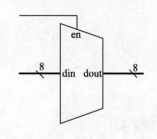

图 7.15　8 位的单向总线缓冲器

例 7.13 所示为用 VHDL 描述的 8 位单向总线缓冲器的程序。

[例 7.13]

```
LIBRARY   IEEE；
USE   IEEE. STD_LOGIC_1164.ALL；
ENTITY   tri_bus   IS
    PORT(din：IN STD_LOGIC_VECTOR(7 DOWNTO 0)；
        dout：OUT STD_LOGIC_VECTOR(7 DOWNTO 0)；
        en：IN STD_LOGIC)；
END   tri_buf8；
ARCHITECTURE   behav   OF   tri bus   IS
BEGIN
    PROCESS(en，din)
    BEGIN
      IF   (en='1')   THEN
            dout<=din；
      ELSE
            dout<="ZZZZZZZZ"；
      END   IF
    END   PROCESS；
END   behav1；
```

3. 双向总线缓冲器

双向总线缓冲器用于对数据总线的驱动和缓冲。典型的双向总线缓冲器的引脚框图如图 7.16 所示。图中的双向总线缓冲器有两个数据输入/输出端 a 和 b、一个方向控制端 dir 和一个选通端 en。当 en=1 时，双向总线缓冲器未被选通，a 和 b 都呈现高阻。当 en=0 时，双向总线缓冲器被选通。如果 dr=0，那么 a≤b；如果 dir=1，那么 b≤a。例 7.14 所示为用 VHDL 描述的双向总线缓冲器的程序。

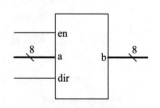

图 7.16　双向总线缓冲器

[例 7.14]

```
LIBRARY   IEEE；
USE   IEEE.STD_LOGIC_1164.ALL；
```

```
ENTITY   tri_bigate   IS
    PORT(a，b：INOUT STD_LOGIC_VECTOR(7 DOWNTO 0)；
        en：IN STD_LOGIC；
        dir：IN STD_LOGIC)；
END   tri_bigate；
ARCHITECTURE   rtl   OF   tri_bigate   IS
    SIGNAL aout，bout：STD_LOGIC_VECTOR(7 DOWNTO 0)；
BEGIN
    PROCESS(a，dir，en)
    BEGIN
        IF   (en='0')   AND   (dir='1')   THEN
            bout<=a；
        ELSE
            bout<="ZZZZZZZZ"；
        END   IF；
        b<=bout；
    END   PROCESS；
    PROCESS(b，dir，en)
    BEGIN
        IF   (eh='0')   AND   (dir='0')   THEN
            aout<=b；
        ELSE
            aout<="ZZZZZZZZ"；
        END   IF
        a<=aout；
    END   PROCESS；
END rtl；
```

7.2　时序电路的 VHDL 描述

　　本节主要介绍触发器、寄存器和计数器等时序电路的 VHDL 描述方法。与组合电路不同，时序电路的输出不仅取决于该时刻的输入信号，而且与电路的原状态有关。在时序电路中常常存在时钟信号和复位信号，时钟信号和复位信号的描述在时序电路的描述中至关重要，因此本节先介绍时钟信号和复位信号的描述。

7.2.1　时钟信号和复位信号

1. 时钟信号的描述

　　一般情况下，时序电路均以时钟信号为驱动信号，时序电路只是在时钟信号的驱动下运行，其状态才发生改变。因此，时钟信号通常是描述时序电路的程序的执行条件。另外，时序电路也总是以时钟进程形式来进行描述的，其描述方式一般有两种。

(1) 时钟信号作为进程的敏感信号。在这种情况下，时钟信号应作为敏感信号，显式地出现在 PROCESS 语句后的敏感信号列表中，例如 PROCESS(clock_signal)。其中 clock_signal 是时钟信号，当时钟信号的状态发生变化时，即时钟的边缘到来，PROCESS 结构中的语句才能被执行。因此，在采用时钟信号作为进程的敏感信号的方式时，应判断时钟的边缘，并以此作为时序电路语句执行的条件。例 7.15 所示为用时钟信号的边缘驱动时序电路的语句。

[例 7.15]

```
PROCESS(clock_signal)
BEGIN
    IF   (clock_edge_condition)   THEN
        时序电路的执行语句;
    END   IF;
END   PROCESS;
```

在例 7.15 中，clock_signal 是时序电路中的时钟信号，clock_edge_condition 是时钟边缘判别语句，该进程在时钟信号 clock_signal 边缘到来时执行时序电路所对应的语句。

时钟边缘判别语句一定要指定是上升沿还是下降沿，这一点可以使用时钟信号的属性来达到。也就是说，由时钟信号的值是从 0 到 1 的变化，还是从 1 到 0 的变化，来判断是时钟脉冲信号的上升沿还是下降沿。

描述时钟脉冲的上升沿可采用如下语句：

```
clock_signal'event and clock_signal='1'
```

其中，clock_signal'event 表示时钟信号状态发生了变化，clock_signal='1'表示在时钟信号状态发生变化后，时钟信号的状态是 1，这个语句描述的是时钟脉冲的上升沿。

同理，描述时钟脉冲的下降沿可采用如下语句：

```
clock_signal'event and clock_signal='0'
```

(2) 用进程中的"WAIT ON"语句判断时钟。用进程中的"WAIT ON"语句判断时钟时，描述时序电路的进程中没有敏感信号，而是用"WAIT ON"语句来控制进程的执行。也就是说，进程通常停留在"WAIT ON"语句上，只有在时钟信号到来且满足边沿条件时，其余的语句才能被执行，如例 7.16 所示。

[例 7.16]

```
PROCESS
BEGIN
    WAIT   ON(clock_signal)
    UNTIL(clock_edge_condition);
        时序电路的执行语句;
END   PROCESS;
```

在例 7.16 中，clock_signal 是时序电路中的时钟信号，clock_edge_condition 是时钟边缘判别语句，该进程在时钟信号 clock_signal 边缘到来时执行时序电路所对应的语句。

WAIT ON 语句只能放在进程的最前面或者最后面。

无论"IF"语句还是"WAIT ON"语句，在对时钟边缘进行描述时，一定要注明是上升沿还是下降沿(前沿还是后沿)。

当时钟信号作为进程的敏感信号时，在敏感信号列表中不能出现一个以上的时钟信号，除时钟信号以外，像复位信号等是可以和时钟信号一起出现在敏感表中的。

在同一个 PROCESS 结构中，只允许有一个时钟边缘判别语句。如果出现多个时钟边缘判别语句，在编译综合过程中，系统会报错。对于要求多个边缘判断的设计，可以采用多个 PROCESS 结构配合的方式。

2．复位信号的描述

时序电路的初始状态常常由复位信号来设置。根据复位时机的不同，复位信号可以分为同步复位和非同步复位两种。所谓同步复位，就是当复位信号有效且在给定的时钟边缘到来时，触发器才被复位，此时复位的状态与时钟同步，有助于信号的稳定和系统毛刺的消除；而非同步复位状态与时钟状态不要求同步，一旦复位信号有效，触发器就被复位。

1) 同步复位

在用 VHDL 描述时，同步复位的语句必须在以时钟为敏感信号的进程中，常用"IF"语句来描述复位条件。例 7.17 和例 7.18 就是同步复位方式的程序实例。

[例 7.17]

```
PROCESS(clock_signal)
BEGIN
    IF   (clock_edge_condition)   THEN
        IF   (reset_condition)   THEN
            复位语句；
        ELSE
            时序语句；
        END   IF；
    END   IF；
END   PROCESS；
```

[例 7.18]

```
PROCESS
BEGIN
    WAIT   ON (clock_signal)   UNTIL (clock_edge_condition)
    IF   (reset_condition)   THEN
        复位语句；
    ELSE
        时序语句；
    END   IF；
END   PROCESS；
```

例 7.17 和例 7.18 中，reset_condition 表示复位状态判别语句，复位语句是时序电路复位的初始化语句。例 7.17 使用"IF"结构对时钟信号边缘进行判别, 例 7.18 使用"WAIT ON"结构对时钟信号边缘进行判别。

2) 异步复位

异步复位的描述与同步复位方式不同, 带有复位语句的进程的敏感信号表应包含复位信号; 判定复位条件的"IF"语句的结构必须在判断时钟同步的语句结构之上, 也就是说, 复位条件的优先级要比同步条件的优先级高。其描述方式如例 7.19 所示。

[例 7.19]

```
PROCESS(reset_signal，clock_signal)
BEGIN
    IF  (reset_condition)  THEN
            复位语句;
    ELSIF  (clock_edge_condition)  THEN
            时序语句;
    END  IF;
END  PROCESS;
```

7.2.2 触发器

触发器是指能存储 1 位二进制信息的基本单元, 又称双稳态触发器。触发器种类很多, 本节将通过几种常见的触发器的 VHDL 描述的实例来介绍触发器的 VHDL 描述方法。

1. D 触发器

1) 基本 D 触发器

正沿(上升沿)触发的 D 触发器的引脚框图如图 7.17 所示。它是最基本的 D 触发器, 仅有一个数据输入端 d、一个时钟输入端 clk 和一个数据输出端 q。在时钟上升沿, 输出端 q 输出 d 端的状态。例 7.20 所示为用 VHDL 描述的基本 D 触发器的程序。

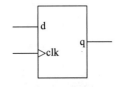

图 7.17 基本 D 触发器的引脚框图

[例 7.20]

```
LIBRARY  IEEE;
USE  IEEE.STD_LOGIC_1164.ALL;
ENTITY  dff  IS
    PORT(clk，d: IN    STD_LOGIC;
            q: OUT    STD_LOGIC);
END  dff;
ARCHITECTURE  behav1  OF  dff  IS
BEGIN
    PROCESS(clk)
    BEGIN
        IF  (clk'event AND clk='1')  THEN
```

```
                q<=d;
            END   IF;
        END   PROCESS;
    END   behav1;


    ARCHITECTURE   behav2   OF   dff   IS
    BEGIN
        PROCESS
        BEGIN
          WAIT   ON   (clk)   UNTIL   (clk'event AND clk='1')   THEN
                        q<=d;
        END   PROCESS;
    END   behav2;
```

例 7.20 中的结构体 behav1 是利用时钟信号作为敏感信号的方法对时钟信号边缘进行描述的，结构体 behav2 是使用 WAIT ON 语句对时钟信号的边缘进行描述的。例 7.20 程序的两个结构体中描述的均是上升沿触发的 D 触发器，如果要改成下降沿触发，则只要将条件表达式"clk'event and clk='1'"改为"clk'event and clk='0'"语句即可。

2) 非同步复位、置位的 D 触发器

非同步复位、置位的 D 触发器的引脚框图如图 7.18 所示。它是在基本 D 触发器的基础上增加了一个复位端口 clr 和一个置位端口 pset。当复位端口 clr=0 时，其 q 端输出被强迫置为 0，故 clr 端又称清零输入端。当置位端口 pset=0 时，其 q 端输出被强迫置为 1。当复位端口和置位端口同时有效，即 clr 和 pset 都为 0 时，clr 端口的优先级高于 pset 端口的优先级，故 q 端输

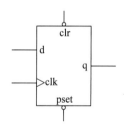

图 7.18   非同步复位、置位的 D 触发器的引脚框图

出被强迫置为 0。例 7.21 所示为用 VHDL 描述的非同步复位、置位的 D 触发器的程序。

[例 7.21]

```
    LIBRARY   IEEE;
    USE   IEEE.STD_LOGIC_1164.ALL;
    ENTITY   dff   IS
        PORT(clk，d，clr，pset：IN STD_LOGIC;
             q：OUT STD_LOGIC);
    END   dff;
    ARCHITECTURE   behav   OF   dff3   IS
    BEGIN
        PROCESS(clk，pset，clr)
        BEGIN
```

```
        IF   (clr ='0')   THEN
              q<='0';
        ELSIF   (pset ='0')   THEN
              q<='1';
        ELSIF   (clk'event AND clk='l')   THEN
              q<=d;
        END   IF;
     END   PROCESS;
 END   behav;
```

从例 7.21 中可以看出，复位信号的优先级最高，置位信号的优先级次之，而 d 端口的优先级最低。这样，当 clr=0 时，无论其他端口是什么状态，q 一定被置为 0。

3) 同步复位、置位的 D 触发器

同步复位、置位的 D 触发器的引脚框图如图 7.19 所示。

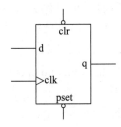

图 7.19　同步复位、置位的 D 触发器的引脚框图

与非同步方式不同的是，当复位信号 clr 或者置位信号 pset 有效时，即 clr=0 或者 pset=0(只有再等有效时钟边缘到来)时，才能进行复位或者置位操作。另外，复位信号 clr 的优先级比置位信号 pset 的优先级高，d 的优先级最低。也就是说，当 clr 和 pset 信号同时有效时，在下一个有效时钟边缘到来时，输出 q 会被强制清零，clk=1 时，无论 D 端输入什么信号，在 clk 的上升沿到来时，q 输出总是为 0。例 7.22 所示为用 VHDL 描述的同步复位、置位 D 触发器的程序。

[例 7.22]

```
LIBRARY   IEEE;
USE   IEEE.STD_LOGIC_1164.ALL;
ENTITY   riff4   IS
        PORT(clk，clr，d: IN STD_LOGIC;
              q: OUT STD_LOGIC);
END   dff4;
ARCHITECTURE   behav   OF   dff4   IS
BEGIN
        PROCESS(clk)
         BEGIN
            IF   (clk'event AND clk='1')   THEN
```

```
              IF    (clr='0')    THEN
                       q<='0';
              ELSIF    (pset ='0')    THEN
                    q<='1';
                   ELSE
                       q<=d;
                 END   IF;
                END   IF;
        END    PROCESS;
    END   behav;
```

2．JK 触发器

带有复位/置位功能的 JK 触发器的引脚框图如图 7.20 所示。

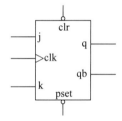

图 7.20 JK 触发器的引脚框图

JK 触发器的输入端有置位输入 pset、复位输入 clr、控制输入 j 和 k 以及时钟信号输入 clk；输出端有正向输出端 q 和反向输出端 qb。

例 7.23 所示为用 VHDL 描述的 JK 触发器的程序。

[例 7.23]

```
    LIBRARY    IEEE；
    USE    IEEE.STD_LOGIC_1164.ALL；
    ENTITY    jkff    IS
        PORT(pset，clr，clk，j，k: IN STD_LOGIC；
             q，qb: OUT STD_LOGIC)；
    END    jkff；
    ARCHITECTURE    behav    OF    jkff    IS
        SIGNAL q_s，qb_s: STD_LOGIC；
    BEGIN
        PROCESS(pset，clr，clk，j，k)
        BEGIN
                IF    (clr='0')    THEN
                       q_s<='0'；
                       qb_s<='1'；
                ELSIF    (pset=' 0')    THEN
```

```
                    q_s<='1';
                    qb_s<='0';
            ELSIF   (clk'event AND clk='1')   THEN
                IF   (j='0')AND(k='1')   THEN
                        q_s<='0';
                        qb_s<='1';
                ELSIF   (j='1')AND(k='0')   THEN
                        q_s<='1';
                        qb_s<='0';
                ELSIF   (j='1')AND (k='1')   THEN
                        q_s<=NOT q_s;
                        qb_s<=NOT qb_s;
                END   IF;
                q<=q_s;
                qb<=qb_s;
            END   IF;
        END   PROCESS;
    END   behav;
```

例 7.23 中的复位和置位显然也是非同步的，且 clr 信号的优先级比 pset 信号的高，也就是说，当 pset=0，且 clr=0 时，q 输出为 0，qb 输出为 1。

7.2.3　寄存器

寄存器一般由多个触发器连接而成，通常有锁存寄存器和移位寄存器等。下面主要介绍一些移位寄存器的实例。

1．串行输入、串行输出移位寄存器

8 位串行输入、串行输出移位寄存器的引脚框图如图 7.21 所示。它具有一个数据输入端 a、一个时钟输入端 clk 和一个数据输出端 b。8 位的串行移位寄存器最多能同时保存 8 位数据，在时钟信号作用下，前级的数据向后级移动。例 7.24 所示为 8 位串行输入、串行输出寄存器的 VHDL 的行为级描述程序。

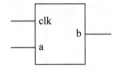

图 7.21　8 位串行输入、串行输出移位寄存器的引脚框图

[例 7.24]

```
    LIBRARY   IEEE;
    USE   IEEE.STD_LOGIC_1164.ALL;
    ENTITY   shift8   IS
```

```
        PORT (a, clk: IN STD_LOGIC;
             b: OUT STD_LOGIC);
END   shift8;
ARCHITECTURE   behav   OF   shift8   IS
PROCESS (clk)
BEGIN
VARIABLE   temp:   STD_LOGIC_VECTOR(7 DOWNTO 0);
    IF (clk'event AND clk='1')   THEN
        b<=temp(0);
        FOR  i  IN  0  TO  6  LOOP
            temp(i):=temp(i+1);
        END   LOOP;
        temp(7):=a;
    END   IF;
END   PROCESS;
END   behav;
```

该 8 位移位寄存器由 8 个 D 触发器构成,如图 7.22 所示。

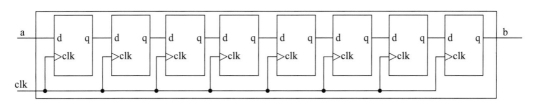

图 7.22　8 位移位寄存器结构

利用 "GENERATE" 语句和 D 触发器的描述很容易写出 8 位移位寄存器的结构级的 VHDL 程序,如例 7.25 所示。

[例 7.25]

```
    LIBRARY   IEEE;
    USE   IEEE.STD_LOIC_1164.ALL;
    ENTITY   shift8   IS
        PORT (a, clk: IN STD_LOGIC;
             b: OUT STD_LOGIC);
    END   shift8;
    ARCHITECTURE   sample   OF   shift8   IS
        COMPONENT   dff
            PORT(d, clk: IN STD_LOGIC;
                q: OUT STD_LOGIC);
        END   COMPONENT;
        SIGNAL z: STD_LOGIC_VECTOR(0 TO 8);
```

```
BEGIN
    z(0)<=a;
    FOR i IN 0 TO 7 GENERATE
        dffx: dff PORT   MAP(z(i), clk, z(i+ 1 ));
    END   GENERATE;
    b<=z(8);
END   sample;
```

在例 7.25 中，利用 FOR 循环语句生成并连接 8 个串行连接的 D 触发器，组成一个 8 位移位寄存器。

2. 循环移位寄存器

在计算机的运算操作中经常用到循环移位，它可以用硬件电路来实现。8 位循环左移寄存器的引脚框图如图 7.23 所示。该电路有一个 8 位并行数据输入端 din、移位和数据输出控制端 end、时钟信号输入端 clk、3 位移位位数控制输入端 s 和 8 位数据输出端 dout。

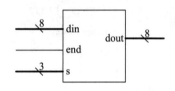

图 7.23　8 位循环左移寄存器的引脚框图

当 end=1 时，根据 s(0)～s(2)输入的数值，确定在时钟脉冲作用下，循环左移几位。当 end=0 时，din 直接输出至 dout。

为了生成 8 位循环左移寄存器，在对其进行描述时要调用程序包 roundpak 中的循环左移过程 shift。该过程的描述如例 7.26 所示。

[例 7.26]

```
LIBRARY   IEEE;
USE   IEEE. STD_LOGIC_1164.ALL;
USE   IEEE.STD_LOGIC_ARITH.ALL;
USE   IEEE.STD_LOGIC_UNSIGNED.ALL;
PACKAGE   roundpak  IS
    PROCEDURE   shift(din, s: IN STD_LOGIC_VECTOR;
                    SIGNAL dout: OUT STD_LOGIC_VECTOR);
END   roundpak;
PACKAGE   BODY   roundpak  IS
    PROCEDURE   shift(din, s: IN STD_LOGIC_VECTOR;
                    SIGNAL dout: OUT STD_LOGIC_VECTOR) IS
        VARIABLE  sc: INTEGER;
    BEGIN
        sc:=conv_integer(s);
        FOR i IN din'range LOOP
            IF   (sc+i<=din'left)   THEN
                dout(sc+i)<=din(i);
```

                  ELSE

                        dout(sc+i-din'left)<=din(i);

                END IF;

            END LOOP;

        END shift;

    END roundpak;

调用该移位过程就可以描述 8 位循环左移寄存器，具体如例 7.27 所示。

[例 7.27]

    LIBRARY IEEE;

    USE IEEE.STD_LOGIC_1164.ALL;

    USE WORK.ROUNDPAK.ALL;

    ENTITY bsr IS

        PORT (din：IN STD_LOGIC_VECTOR(7 DOWNTO 0);

             s：IN STD_LOGIC_VECTOR(2 DOWNTO 0);

             clk，enb：IN STD_LOGIC;

             dout：OUT STD_LOGIC_VECTOR(7 DOWNTO 0));

    END bsr;

    ARCHITECTURE behav OF bsr IS

    BEGIN

        PROCESS(clk)

        BEGIN

            IF (clk'event AND clk='1') THEN

               IF (enb='0') THEN

                   dout<=din;

               ELSE

                   shift(din，s，dout);

               END IF;

            END IF;

        END PROCESS;

    END behav;

3. 串入并出(SIPO)移位寄存器

8 位串入并出移位寄存器的引脚框图如图 7.24 所示。

串入并出移位寄存器用于实现串行数据向并行数据的转换，其中 din 端口用于串行输入数据，clk 端口是系统时钟输入端口，dout 端口是 8 位数据并行输出端口。8 位串入并出移位寄存器的 VHDL 描述如例 7.28 所示。

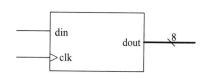

图 7.24 8 位串入并出移位寄存器的引脚框图

[例 7.28]

```
LIBRARY  IEEE；
USE   IEEE.STD_LOGIC_1164.ALL；
USE   IEEE.STD_LOGIC_ARITH.ALL；
USE   IEEE.STD_LOGIC_UNSIGNED.ALL；
ENTITY  sipo  IS
  PORT(din：IN   STD_LOGIC；
        clk：IN    STD_LOGIC；
        dout：OUT   STD_LOGIC_VECTOR(7 DOWNTO 0))；
END   sipo；
ARCHITECTURE   behav  OF  sipo  IS
  SIGNAL q：  STD_LOGIC_VECTOR(3 DOWNTO 0)；
BEGIN
  PROCESS(clk)
  BEGIN
    IF    (clk'event AND clk = '1')   THEN
        q(0)<= din；
        FOR i IN 1 TO 7 LOOP
           q(i) <= q(i−1)；
        END   LOOP；
      END   IF；
    END   PROCESS；
    dout <= q；
  END   behav；
```

4．并入串出(PISO)移位寄存器

并入串出(PISO)移位寄存器的功能与串入并出(SIPO)移位寄存器的相反，其能实现并行数据向串行数据的转化。并入串出(PISO)移位寄存器的引脚框图如图 7.25 所示。

并入串出(PISO)移位寄存器的工作过程如下：

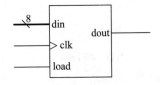

图 7.25　并入串出(PISO)移位寄存器的引脚框图

首先将 load 端口置 0，同时向 din 端口并行写入数据，然后将 load 端口置 1，dout 端口将在 clk 时钟信号的驱动下按照从高位到低位的顺序依次输出数据的值。

例 7.29 所示为并入串出(PISO)移位寄存器的 VHDL 描述。

[例 7.29]

```
LIBRARY   IEEE；
USE   IEEE.STD_LOGIC_1164.ALL；
ENTITY   piso   IS
```

```
    PORT(din: IN   STD_LOGIC_VECTOR(7 DOWNTO 0);
         clk: IN   STD_LOGIC;
         load: IN   STD_LOGIC;
         dout: OUT   STD_LOGIC);
  END   piso;
  ARCHITECTURE   behav   OF   piso   IS
    SIGNAL q: STD_LOGIC_VECTOR(7 DOWNTO 0);
  BEGIN
    PROCESS(load,   clk)
    BEGIN
      IF   (load = '0')   THEN
         q <= din;
      ELSIF   (clk'event AND clk = '1')   THEN
          q(1) <= q(0);
          FOR i IN 2 TO 7 LOOP
            q(i) <= q(i-1);
          END   LOOP;
      END   IF ;
  END   PROCESS;
  PROCESS(load,   clk)
  BEGIN
      IF   load = '0 '   THEN
         dout <= '0';
      ELSIF   (clk 'event AND clk = '1')   THEN
         dout <= q(7);
      END   IF;
  END   PROCESS;
  END   behav;
```

7.2.4　计数器

计数器是一个典型的时序电路，在数字电子设计中使用非常普遍。常用的计数器分同步计数器和异步计数器两种，本小节将分别介绍这两种计数器的 VHDL 描述。

1. 同步计数器

所谓同步计数器，就是在时钟脉冲(计数脉冲)的控制下，构成计数器的各触发器的状态同时发生变化的那一类计数器。

1) 带允许端的十进制 BCD 计数器

带允许端的十进制 BCD 计数器的引脚框图如图 7.26 所示。该计数器由 4 个触发器构成，clr 输入端用于清零，en 端用于控制计数器工作，clk 为时钟脉冲(计数脉冲)输入端，q

为计数器的 4 位二进制计数值输出端。例 7.30 所示为用 VHDL 描述的带允许端的十进制
BCD 计数器的程序。

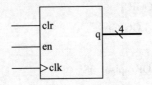

图 7.26　带允许端的十进制 BCD 计数器的引脚框图

[例 7.30]

```
LIBRARY   IEEE;
USE   IEEE.STD_LOGIC_1164.ALL;
USE   IEEE.STD_LOGIC UNSIGNED.ALL;
ENTITY   countBCD   IS
      PORT(elk，clr，  en: IN STD_LOGIC;
              q: OUT STD_LOGIC_VECTOR (3 DOWNTO 0));
END   countBCD;
ARCHITECTURE  behav  OF  countBCD  IS
      SIGNAL count 4：STD_LOGIC_VECTOR(3 DOWNTO 0);
BEGIN
    q<=count_4;
     PROCESS(clk，clr)
     BEGIN
          IF   (clr='1')   THEN
              count_4<="0000";
          ELSIF   (clk'event AND clk='1')   THEN
              IF   (en='1')   THEN
                  IF   (count_4="1001")   THEN
                      count_4<="0000";
                  ELSE
                      count_4<=count_4+'1';
                  END  IF;
              END  IF;
          END  IF;
     END  PROCESS;
END   behav;
```

2) 可逆计数器

所谓可逆计数器，就是根据计数控制信号的不同，在时钟脉冲作用下，计数器可以进
行加 1 或减 1 操作的一种计数器。8 位二进制可逆计数器的引脚框图如图 7.27 所示。

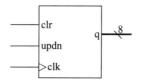

图 7.27　8 位二进制可逆计数器的引脚框图

可逆计数器有一个特殊的控制端，这就是 updn 端。当 updn=1 时，计数器进行加 1 操作；当 updn=0 时，计数器进行减 1 操作。例 7.3.1 所示为用 VHDL 描述的 8 位二进制可逆计数器的程序。

[例 7.31]

```
LIBRARY  IEEE；
USE   IEEE.STD_LOGIC_1164.ALL；
USE   IEEE.STD_LOGIC_UNSIGNED. ALL；
ENTITY  updncount  IS
     PORT(clk，clr，updn：IN    STD_LOGIC；
           q：OUT    STD_LOGIC_VECTOR(7 DOWNTO 0))；
END   updncount；
ARCHITECTURE  behav  OF  updncount64  IS
     SIGNAL count_8：STD_LOGIC_VECTOR(7 DOWNTO 0)；
BEGIN
     q <=count_8；
   PROCESS(clr，   clk)
   BEGIN
        IF   (clr='1')   THEN
           count_8<=(OTHERS=>'0')；
        ELSIF   (clk'event AND clk='1')   THEN
           IF   (updn='1')   THEN
               count_8<=count_8+'1'；
           ELSE
               count_8<=count_8−'1'；
           END   IF；
        END   IF；
     END   PROCESS；
   END   behav；
```

程序中的"count_8<=(others=>'0')；"语句表示矢量 count_6 的各位均为 0。

3) 四十进制 BCD 计数器

四十进制 BCD 计数器的引脚框图如图 7.28 所示。

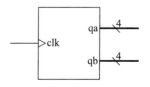

图 7.28　四十进制 BCD 计数器的引脚框图

[例 7.32]

```vhdl
LIBRARY  IEEE;
USE  IEEE.STD_LOGIC_1164.ALL;
USE  IEEE.STD_LOGIC_ARITH.ALL;
USE  IEEE.STD_LOGIC_UNSIGNED.ALL;
ENTITY  syncnt  IS
   PORT(clk:  IN STD_LOGIC;
          qa:  OUT STD_LOGIC_VECTOR(3 DOWNTO 0);
          qb:  OUT STD_LOGIC_VECTOR(3 DOWNTO 0));
END  syncnt;
ARCHITECTURE  behav  OF  syncnt  IS
    SIGNAL qan:  STD_LOGIC_VECTOR(3 DOWNTO 0);
    SIGNAL qbn:  STD_LOGIC_VECTOR(3 DOWNTO 0);
    SIGNAL cin:  STD_LOGIC;
BEGIN
     PROCESS(clk)
     BEGIN
       IF  (clk'event AND clk= '1')  THEN
          IF  (qan=9)  THEN
             qan<="0000";
             cin<='1';
          ELSE
             qan<=qan+1;
             cin<='0';
          END  IF;
        END  IF;
     END  PROCESS;
     PROCESS (clk,  cin)
     BEGIN
       IF  (clk'event AND clk='1')  THEN
          IF  (cin='1')    THEN
             IF  (qbn=3)  THEN
                qbn<="0000";
             ELSE
                   qbn<= qbn+1;
             END  IF;
          END  IF;
        END  IF;
     END  PROCESS;
```

```
            qa<= qan;
            qb<= qbn;
    END   behav;
```

2. 异步计数器

异步计数器又称行波计数器，它的低位计数器的输出作为高位计数器的时钟信号，然后一级一级串行连接起来。异步计数器与同步计数器的不同之处就在于时钟脉冲的提供方式，除此之外就完全相同了，它同样可以构成各种各样的计数器。但是，异步计数器采用行波计数，从而增加了计数延迟，在要求延迟小的应用领域受到了很大的限制。尽管如此，由于它的电路简单，因此仍有广泛的应用。

用 VHDL 描述的异步计数器与上述同步计数器的不同之处主要表现在对各级时钟脉冲的描述上，这一点请读者在阅读例程时多加注意。

1) 六十进制 BCD 计数器

六十进制 BCD 计数器常用于时钟计数。用一个 4 位二进制计数器可以构成 1 个十进制 BCD 计数器，而 1 个十进制计数器和 1 个六进制计数器串接起来就可以构成 1 个六十进制的计数器。六十进制 BCD 计数器的引脚框图如图 7.29 所示。

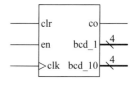

图 7.29　六十进制 BCD 计数器的引脚框图

六十进制 BCD 计数器中的 clk 是时钟输入端，clr 是人工清零端，当 clr=1 时，计数值输出为 0；en 是计数允许端，当 en=1 时，才会对时钟信号进行计数；co 是进位输出端，当计数器计数值超过 60 时，就会发出一个进位脉冲；bcd_1 是计数值的个位输出，共有 4 位，输出计数值的个位 BCD 码；bcd_10 是计数值的十位输出，共有 3 位，输出计数值的十位 BCD 码。

例 7.33 所示为用 VHDL 描述的六十进制 BCD 计数器的程序。

[例 7.33]

```
    LIBRARY   IEEE;
    USE   IEEE.STD_LOGIC_1164.ALL;
    USE   IEEE.STD_LOGIC_UNSIGNED.ALL;
    ENTITY   count_60   IS
        PORT(clk, en, clr: IN   STD_LOGIC;
            co：OUT   STD_LOGIC;
            bcd_10：OUT   STD_LOGIC_VECTOR(2 DOWNTO 0);
            bcd_1：OUT   STD_LOGIC_VECTOR(3 DOWNTO 0));
    END   count_60;
    ARCHITECTURE   rtl   OF   bcd60count   IS
            SIGNAL   bcdl: STD_LOGIC_VECTOR(3 DOWNTO 0);
            SIGNAL   bcdl0: STD_LOGIC_VECTOR(2 DOWNTO 0);
            SIGNAL   c：STD_LOGIC;
    BEGIN
```

```
                bcd_l<=bcd1;
                bcd10<=bcdl0;
                PROCESS(clk, clr, en)
                BEGIN
                    IF   (clr='1')   THEN
                            bcdl<=(OTHERS=>'0');
                            bcd10<=(OTHERS=>'0');
                            c<='0';
                            co<='0';
                    ELSIF   (clk'event AND clk='1')   THEN
                        IF   (en='1')   THEN
                            IF   (bcd1="1001")   THEN
                                bcd1<="0000";
                                c<= '1';
                            ELSE
                                bcd1<=bcd1+'1';
                                c<='0';
                            END   IF;
                        END   IF;
                    END   IF;
                END   PROCESS;
                PROCESS(c)
                BEGIN
                    IF   (c'event AND c='1')   THEN
                        IF   (bcd10="101")   THEN
                            bcdl0<="000";
                            co<='1';
                        ELSE
                            bcd10<=bcd10+'1';
                            co<='0'
                        END   IF;
                    END   IF;
                END   PROCESS;
            END   behav;
```

在例 7.33 中，第 1 个进程处理个位计数，第 2 个进程处理十位计数。个位计数是对时钟脉冲进行计数，十位计数是对个位的进位位进行计数，由于计数对象不一样，因此在计数过程中，十位计数过程与时钟信号不完全同步。

2) 8 位异步计数器

异步计数器还可以进行结构级的描述。由 8 个触发器串联可构成一个 8 位行波计数器，其程序如例 7.34 所示。

[例 7.34]

```
LIBRARY   IEEE;
USE   IEEE.STD_LOGIC_1164.ALL;
ENTITY   dff   IS
      PORT (clk, clr, d: IN STD_LOGIC;
            q, qb: OUT STD_LOGIC);
END   dff;
ARCHITECTURE   behav   OF   dff   IS
      SIGNAL q_in:  STD_LOGIC;
BEGIN
      qb<=NOT q_in;
      q<=q_in;
      PROCESS(clk, clr)
      BEGIN
      IF   (clr='1')   THEN
            q_in<='0';
      ELSIF   (clk'event AND clk='1')   THEN
            q_in<=d;
        END   IF;
    END   PROCESS;
END behav;                                    --触发器的 VHDL 描述


LIBRARY   IEEE;
USE   IEEE.STD_LOGIC_1164.ALL;
ENTITY   rplcont   IS
      PORT(clk, clr: IN STD_LOGIC;
            count:  OUT STD_LOGIC_VECTOR(7 DOWNTO 0));
END   rplcont;
ARCHITECTURE   struc   OF   rplcont   IS
      SIGNAL count_bar: STD_LOGIC_VECTOR(8 DOWNTO 0);
      COMPONENT   dff
          PORT (clk, clr, d: IN   STD_LOGIC;
                q, qb: OUT   STD_LOGIC);
      END COMPONENT;
BEGIN
      count_bar(0)<=clk;
      FOR   i   IN   0   TO   7   GENERATE
              u: dffr   PORT   MAP (clk=>coont_bar(i),
```

```
            clr=>clr,   d=>count_bar(i+ 1 ),
            q=>count(i),  qb=>count_bar(i+ 1 ));
     END   GENERATE;
  END   struc;
```

异步计数器的结构简单，但是低位向高位的进位和时钟不完全同步，存在延时，使用中需要注意。

3．格雷码计数器

格雷码计数器与普通的累加计数器或递减计数器不同，其计数输出值不是按照数字大小，而是按照格雷码的编码规律排列的，这样可以减少电路的毛刺。所谓格雷码，就是由"1111"、"1110"、"1100"、"1000"、"0000"、"0001"、"0011"、"0111"组成，相邻两位编码之间只有一个数据位发生了变化，这样降低了由于电路延时不同而导致的电路毛刺发生的可能。格雷码计数器的引脚框图如图 7.30 所示。

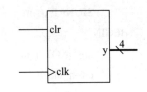

图 7.30　格雷码计数器的引脚框图

例 7.35 所示为用 VHDL 描述的格雷码计数器的程序。

[例 7.35]

```
   LIBRARY   IEEE;
   USE   IEEE.STD_LOGIC_1164.ALL;
   ENTITY   graycount   IS
        PORT(clr，clk：IN   STD_LOGIC；
            y：OUT   STD_LOGIC_VECTOR(3 DOWNTO 0));
   END   graycount;
   ARCHITECTURE   behav   OF   graycount   IS
        SIGNAL q：STD_LOGIC_VECTOR(3 DOWNTO 0);
        SIGNAL d0：STD_LOGIC;
   BEGIN
       PROCESS(clk，clr)
       BEGIN
         IF   (clr= '0')   THEN
            q<="1111";
         ELSIF   (clk'event AND clk='1')   THEN
            q(0)<=d0；
            q(3 DOWNTO 1)<=q(2 DOWNTO 0);
         END   IF;
         IF (q="1111"OR q="1110"OR q="1100"OR q="1000"
         OR q="0000 "OR q="0001 "OR q="0011 "OR q="0111"
         OR q="1010 "OR q="0101") THEN
```

```
            d0<=NOT q(3);
         ELSE
            d0<=q(3);
         END   IF ;
       END   PROCESS;
         y<=q;
     END   behav;
```

　　例 7.35 所示的格雷码计数器还有自启动的功能，无论计数值处于任何初始状态下，经过两个时钟周期的运行，总能变为格雷码的形式。

7.3　存储器的 VHDL 描述

　　存储器按其类型可分为只读存储器(ROM)和随机存储器(RAM)。使用存储器可以完成许多特殊的功能，Altera 公司的 FPGA 器件内部有 EAB 模块，适合于设计存储器。本节将介绍存储器的 VHDL 描述。

7.3.1　存储器的数据初始化

　　在用 VHDL 描述 ROM 时，必须设置 ROM 中的内容，在下载时需要将数据事先读到 ROM 中，FPGA 器件则需要在配置程序的过程中对 ROM 进行初始化，这就是所谓的存储器的初始化。一旦 FPGA 器件掉电，包括 ROM 中的内容在内的所有 FPGA 内的信息将会全部丢失，再次工作时需要重新配置。例 7.36 就是一个 ROM 的初始化的例子。

　　[例 7.36]

```
     VARIABLE   startup: BOOLEAN:=TRUE;
     VARIABLE   l:   LINE;
     VARIABLE   j:   INTEGER;
     VARIABLE   ROM: MEMORY;
     FILE   ROM   IN:   text IS   IN "ROMfile.in";
     IF   startup   THEN
         FOR   j   IN   ROM'RANGE   LOOP
             readline (ROMin，l);
             read(l，ROM(j));
         END   LOOP:
     END   IF;
```

　　一般，ROM 初始化在系统加电之后只执行 1 次。在仿真时，如果 RAM 也要事先赋值，那么也可以采用上述同样的方法。

7.3.2　ROM(只读存储器)的 VHDL 描述

　　容量为 256×8 的 ROM 存储器的引脚框图如图 7.31 所示。该 ROM 有 8 位地址线 addr(0)～addr(7)、8 位数据输出线 dout(0)～dout(7)及片选输入端 cs。当 cs=1 时，由 addr(0)～

addr(7)选中某一 ROM 单元，dout(0)～dout(7)端口就输出该 ROM 单元中的 8 位数据；在其他情况下，dout(0)～dout(7)端口呈现高阻状态。据此就可以用 VHDL 描写对 ROM 的程序，如例 7.37 所示。

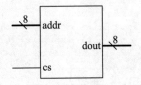

图 7.31　ROM 存储器的引脚框图

[例 7.37]

```vhdl
    LIBRARY   IEEE;
    USE   IEEE.STD_LOGIC_1164.ALL;
    USE   IEEE.STD_LOGIC_UNSIGNED.ALL;
    ENTITY   ROM8   IS
        PORT(cs：IN     STD_LOGIC;
            addr：IN    STD_LOGIC_VECTOR(7 DOWNTO 0);
            dout：OUT    STD_LOGIC_VECTOR(7 DOWNTO 0));
    END   ROM8;
    ARCHITECTURE   behav   OF   ROM8   IS
        SUBTYPE   word   IS   STD_LOGIC_VECTOR(7 DOWNTO 0);
        TYPE   memory   IS   array(0   TO   255)   OF   word;
        SIGNAL   adr_in：INTEGER RANGE 0 TO 255;
        VARIBLE   ROM：MEMORY;
        VARIBLE   startup：BOOLEAN:=TRUE;
        VARIBLE l：LINE;
        VARIBLE j：INTEGER;
    FILE ROM IN：text   IS   IN "ROM8.in";
BEGIN
    PROCESS(cs，addr)
    BEGIN
        IF   startup   THEN
            FOR   j   IN   ROM'RANGE   LOOP
                readline(ROM8，1);
                read0，ROM(j));
            END   LOOP;
            startup:=false;
        END   IF;
        adr_in<=conv integer(addr);
        IF   (cs='1')   THEN
```

```
                dout<=ROM(addr_in);
        ELSE
                dout<="ZZZZZZZZ";
        END   IF;
    END   PROCESS
END   behav;
```

7.3.3　RAM(随机存储器)的 VHDL 描述

RAM 和 ROM 的主要区别在于 RAM 的描述上有读和写
两种操作，而且在读、写顺序上均有较严格的要求。一种容
量为 256×8 的 SRAM 的引脚框图如图 7.32 所示。

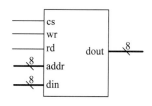

图 7.32　SRAM 的引脚框图

如图 7.32 所示的 SRAM 有 8 条地址线 addr(0)~addr(7)、
8 条数据输入线 din(0)~din(7)和 8 条数据输出线 dout(0)~
dout(7)，以及写控制线 wr、读控制线 rd 和片选控制线 cs。
当 cs=1、wr 信号由低变高(上升沿)时，din 上的数据将写入
addr 所指定的单元；当 cs=1、d=0 时，由 addr 所指定单元的
内容将从 dout 的数据线上输出。

例 7.38 所示为用 VHDL 描述的 SRAM 的程序，其中 now 表示系统仿真的当前时间。

[例 7.38]

```
LIBRARY   IEEE;
USE   IEEE.STD_LOGIC_l164.ALL;
USE   IEEE.STD_LOGIC_UNSIGNED.ALL;
ENTITY   SRAM64  IS
    GENERIC(k: INTEGER:=8;
            w: INTEGER:=3);
    PORT(wr，rd，cs: IN   STD_LOGIC;
            addr: IN   STD_LOGIC_VECTOR(k−1 DOWNTO 0);
            din: IN   STD_LOGIC_VECTOR(k−1 DOWNTO 0);
            dout: OUT   STD_LOGIC_VECTOR(k−1 DOWNTO 0));
END   SRAM64;
ARCHITECTURE   behav   OF   SRAM64   IS
    SUBTYPE   word  IS   STD_LOGIC_VECTOR (k−1   DOWNTO   0);
    TYPE   memory   IS   array (0 TO 2**w−1)   OF   word;
    SIGNAL   addr_in: INTEGER RANGE 0 TO 2 **w−l;
    SIGNAL   SRAM: memory;
    SIGNAL   din_change，wr_rISe: time:=0 ps;
BEGIN
    adr_in<=conv_integer(addr);
    PROCESS(wr)
```

```
        BEGIN
            IF   (wr'event AND wr=−T)   THEN
                IF   (cs=TAND wr=−T)   THEN
                        SRAM(adr_in)<=din   AFTER   2 ns；
                END   IF；
            END   IF；
            wr_rISe<=now；
                ASSERT (now−din_change>=800ps)
                REPORT"setup error din(SRAM)"
                SEVERITY WARNING；
        END   PROCESS；
        PROCESS(rd，cs)
        BEGIN
            IF   (rd='0'AND cs=q')   THEN
                dout<=SRAM(addr_in)   AFTER   3 ns；
            ELSE
                dout<="ZZZZZZZZ"   AFTER   3 ns；
            END   IF；
        END   PROCESS；
    END   behav；
```

在例 7.38 中加了一些信号传送的延迟时间和错误检查的语句，它们是在仿真时检查 RAM 定时关系所必需的程序，将保证实际进行逻辑综合后的电路能满足 RAM 的定时要求。

7.3.4 先进先出(FIFO)堆栈的 VHDL 描述

先进先出(First In First Out，FIFO)堆栈通常作为数据缓冲器使用，其数据存放结构是和 RAM 完全一致的，只是存取方式有所不同。容量为 16 × 8 位的 FIFO 的引脚框图如图 7.33 所示。

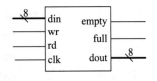

图 7.33 中的 FIFO 有一个 8 位的数据输入端口 din、8 位数据输出端口 dout、一条读控制线 rd、一条写控制线 wr、一条时钟输入线 clk 及满状态信号输出线 full 和空状态信号输出线 empty。

图 7.33　FIFO 的引脚框图

FIFO 的 VHDL 描述如例 7.39 所示。

[例 7.39]

```
    LIBRARY   IEEE；
    USE   IEEE.STD_LOGIC_ 1164. ALL；
    ENTITY   FIFO   IS
        GENERIC(w：integer:=8；
                k：integer:=4)；
        PORT(clk，reset，wr，rd：IN   STD_LOGIC；
            din：IN   STD_LOGIC_VECTOR(k−1 DOWNTO 0)；
```

```
            dout：OUT    STD_LOGIC_VECTOR(k−1 DOWNTO 0)；
            full，empty：OUT    STD_LOGIC)；
END FIFO；
ARCHITECTURE   behav   OF   FIFO   IS
        TYPE   memory   IS   array (0 TO w−1)   OF   STD_LOGIC_VECTOR(k−1 DOWNTO 0)；
        SIGNAL   RAM：memory；
        SIGNAL wp，rp：INTEGER RANGE 0 TO w−1；
        SIGNAL in_full，in_empty：STD_LOGIC；
BEGIN
        full<=in_full；
        empty<=in empty；
        dout<=RAM(rp)；
        PROCESS(elk)
        BEGIN
            IF   (clk'evcnt AND elk=T)    THEN
                IF   (wr='0' AND in_full='0')    THEN
                    RAM(wp)<=din；
                END   IF；
            END   IF；
        END   PROCESS；
        PROCESS(elk，reset)
        BEGIN
        IF   (mset='l')    THEN
                wp<=0；
        ELSIF   (clk'event AND clk=T)    THEN
                IF   (wp='0'AND in_full='0')    THEN
                    IF   (wp=w−l)    THEN
                        wp<=0；
                    ELSE
                        wp<=wp+1；
                    END   IF；
                END   IF；
            END   IF；
END   PROCESS；
PROCESS(clk，reset)
BEGIN
    IF   (reset='l')    THEN
            rp<=w−1；
    ELSIF   (clk'event AND clk='1')    THEN
```

```
        IF   (rd='0'AND in_empty='0')   THEN
                IF   (rp=w-1)   THEN
                      rp<=0;
                ELSE
                      rp<=rp+ 1;
                END  IF;
            END  IF;
        END  IF;
    END  PROCESS;
    PROCESS(elk，reset)
    BEGIN
        IF   (reset='1')   THEN
              in_empty<='1';
        ELSIF   (clk'event AND clk='1')   THEN
            IF   (rp=wp-2 OR (rp=w-1 AND wp=l) OR
              (Ip=w-2 AND wp=0))AND(rd='0'AND wr='1') THEN
                  in_empty<='1';
            ELSIF   (in_empty='1' AND wr='0')   THEN
                  in_empty<='0';
            END  IF;
        END  IF;
    END  PROCESS;
    PROCESS(clk，reset)
    BEGIN
        IF   (reset='1')   THEN
                    in_full<='0';
        ELSIF   (clk'event AND clk='1')   THEN
            IF   (rp=wp AND wr='0' AND rd='1')   THEN
                  in_full<='1';
            ELSIF   (in_full='1'AND rd='0')   THEN
                  in_full<='0';
            END  IF;
          END  IF;
      END  PROCESS;
  END  behav;
```

例 7.39 由 3 条代入语句和 5 个进程语句描述了 FIFO 的工作原理。3 条代入语句反映了当前满或空的状态及当前 FIFO 所输出的数据。第 1 个进程描述 FIFO 的数据压入操作，第 2 个进程描述写数据地址指示器 wp 的数值修改，第 3 个进程描述读数据地址指示器 IP 的数值修改，第 4 和第 5 个进程描述 FIFO "空" 和 "满" 标志的产生。

第 8 章　有限状态机设计

　　组合电路的输出仅依赖于输入，这些电路没有存储能力，在工作过程中仅有一个状态。与组合电路不同的是，有限状态机具有内部记忆功能，电路运行中存在多种状态，电路的输出不仅与输入有关，而且与电路的状态有关。

　　有限状态机是一种具有基本内部记忆的抽象机器模型，是时序电路的一种。通过有限状态机可实现高效率高可靠的逻辑控制。有限状态机的输出不仅依赖于输入而且依赖于引入输入时系统的状态。在这种意义下，这些电路必须有记忆。这种电路在数字电路设计中是非常重要的。本章将介绍用 VHDL 设计不同类型有限状态机的方法。

8.1　有限状态机的优点及转移图描述

8.1.1　有限状态机的优点

　　用 VHDL 可以设计不同表达方式和不同实用功能的有限状态机，这些有限状态机的 VHDL 描述都具有相对固定的语句和程序表达方式，只要我们把握了这些固定的语句表达部分，就能根据实际需要写出各种不同风格的 VHDL 有限状态机。

　　有限状态机可以描述和实现大部分时序逻辑系统。与基于 VHDL 的其他设计方案或者与使用 CPU 编制程序的解决方案相比，有限状态机都有其难以超越的优越性。

　　(1) 有限状态机是纯硬件数字系统中的顺序控制电路，具有纯硬件电路的速度和软件控制的灵活性。

　　(2) 由于有限状态机的结构模式相对简单，设计方案相对固定，特别是可以定义符号化枚举类型的状态，这一切都为 VHDL 综合器尽可能发挥其强大的优化功能提供了有利条件。而且，性能良好的综合器都具备许多可控或自动的专门用于优化有限状态机的功能。

　　(3) 有限状态机容易构成性能良好的同步时序逻辑模块，这对于解决大规模逻辑电路设计中令人深感棘手的竞争冒险现象无疑是一个上佳的选择。为了消除电路中的毛刺现象，在有限状态机设计中有多种设计方案可供选择。

　　(4) 与 VHDL 的其他描述方式相比，有限状态机的 VHDL 表述丰富多样，程序层次分明，结构清晰，易读易懂，在排错、修改和模块移植方面也有其独到之处。

　　(5) 在高速运算和控制方面，有限状态机更有其巨大的优势。由于在 VHDL 中，一个有限状态机可以由多个进程构成，一个结构体中可以包含多个有限状态机，而一个单独的有限状态机(或多个并行运行的有限状态机)以顺序方式所能完成的运算和控制方面的工作与一个 CPU 的功能类似。因此，一个设计实体的功能便类似于一个含有并行运行的多 CPU 的高性能系统的功能。

与采用 CPU 硬件系统，通过编程设计逻辑系统的方案相比，有限状态机的运行方式类似于 CPU，而在运行速度和工作可靠性方面都优于 CPU。

就运行速度而言，由有限状态机构成的硬件系统比 CPU 所能完成同样功能的软件系统的工作速度要高出三至四个数量级。CPU 和有限状态机均靠时钟节拍驱动，由于存在指令读取、译码的过程，因此常见的 CPU 的一个指令周期须由多个机器周期构成，一个机器周期又由多个时钟节拍构成；且每条指令只能执行简单操作，一个含有运算和控制的完整设计程序往往需要成百上千条指令。相比之下，有限状态机状态变换周期只有一个时钟周期，每个状态之间的变换是串行方式的，但每个状态下的过程处理可以采取并行方式，在一个时钟节拍中完成多个操作。

就可靠性而言，有限状态机的优势也是十分明显的。CPU 本身的结构特点与执行软件指令的工作方式决定了任何 CPU 都不可能获得圆满的容错保障。有限状态机系统是由纯硬件电路构成的，不存在 CPU 运行软件过程中许多固有的缺陷。有限状态机的设计中能使用各种完整的容错技术，可避免大部分错误，即便发生运行错误，由于有限状态机运行速度上的优势，进入非法状态并从中跳出，进入正常状态所耗的时间通常只有二三个时钟周期，约数十纳秒，尚不足以对系统的运行构成损害；而 CPU 通过复位方式从非法运行方式中恢复过来，耗时达数十毫秒，这对于高速高可靠系统显然是无法容忍的。

应用 VHDL 设计有限状态机的具体步骤如下：

(1) 根据系统要求确定状态数量、状态转移的条件和各状态输出信号的赋值，并画出状态转移图。

(2) 按照状态转移图编写有限状态机的 VHDL 设计程序。

(3) 利用 EDA 工具对有限状态机的功能进行仿真验证。

8.1.2　有限状态机的转移图描述

根据输出与输入、系统状态的关系，有限状态机又可分为 Moore 型有限状态机和 Mealy 型有限状态机。Moore 型有限状态机是指输出仅与系统状态有关，与输入信号无关的状态机。Mealy 型有限状态机是指输出与系统状态和输入均有关系的有限状态机。

(1) 在 Moore 型有限状态机中，输出在时钟的活动沿到达后的几个门电路的延迟时间之后即得到，并且在该时钟周期的剩余时间内保持不变，即使输入在该时钟周期内发生改变，输出值也保持不变。然而，因为输出与当前的输入无关，当前输入产生的任何效果将延迟到下一个时钟周期。Moore 型有限状态机的优点是将输入和输出分隔开。

(2) 在 Mealy 型有限状态机中，因为输出是输入的函数，如果输入改变，输出可以在一个时钟周期的中间发生改变。这使 Mealy 型有限状态机比起 Moore 型有限状态机来，对输入变化的响应要早一个时钟周期，但也使输出随着假输入的变化而变化，输入线上的噪声也会传到输出。

实现同样的功能，Moore 型有限状态机比 Mealy 型有限状态机可能需要更多的状态。

通常采用转移图对有限状态机的功能进行描述。转移图是一种有向图，由圆表示有限状态机的状态，有向曲线表示系统的状态转移过程，有向线段的起点表示初始的状态，终点表示转移后的状态。对于 Mealy 型有限状态机在有向曲线段上的字符表示系统的输入和输出，用"/"分隔。对于 Moore 型有限状态机，通常在状态后标出输出值，用"/"分隔，

输入信号仍然在有向线段上标注。图 8.1 所
示就是一个简单的 Mealy 型有限状态机的转
移图。

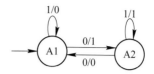

图 8.1　简单 Mealy 型有限状态机的转移图

　　如图 8.1 所示的 Mealy 型有限状态机只
有一位输入、一位输出，两个状态 A1 和 A2，
左侧绘制的指向 A1 的箭头表示系统的初始
状态为 A1；在 A1 的上方，绘制一个起点和终点都在 A1 上的有向曲线，以及曲线上的标注
"1/0"表示，当状态为 A1，输入信号为 1 时，有限状态机的状态不变，输出为 0；由 A1
指向 A2 的标注为"0/1"的箭头表示，当系统状态为 A1，输入为 0 时，系统状态变为 A2，
且输出为 1。同理，由转移图可知，当系统处于 A2 状态时，输入为 1 时状态不变，输出为
1；当输入为 0 时，状态变为 A1，输出为 0。对于比较复杂的有限状态机，在有向箭头的标
识上还可以添加字符说明。

　　图 8.2 所示为一个 Moore 型有限状态机的转移图。

　　图 8.2 所示的 Moore 型有限状态机只有一位
输入、一位输出，两个状态 A1 和 A2，左侧绘
制的指向 A1 的箭头表示系统的初始状态为 A1；
标注"A1/1"表示处于状态 A1 时，输出为 1；
同理"A2/0"表示处于状态 A2 时，系统输出为
0；在状态 A1 上方绘制的起点和终点均在 A1 上

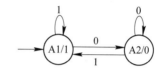

图 8.2　Moore 型有限状态机的转移图

的有向曲线，以及曲线上的标注"1"表示，当状态为 A1，输入信号为 1 时，有限状态机
的状态不变；由 A1 指向 A2 的标注为"0"的箭头表示，当状态为 A1，输入为 0 时，有限
状态机的状态变为 A2。同理可知，当有限状态机处于 A2 状态时，如果输入为 1，有限状态
机的状态就会变为 A1。对于这种输出在{0, 1}
二值区间的 Moore 型有限状态机，一般称之为
有限状态自动机，对于有限状态自动机还有另
一种转移图的表示方法，即用双圆环表示输出
为 1 的状态，并称之为接受状态。使用这种转
移图画法后，图 8.2 所示的有限状态机可绘制
为如图 8.3 所示的转移图。

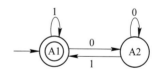

图 8.3　有限状态自动机的转移图

　　图 8.3 所示的有限状态自动机的转移图中状态 A1 为接受状态，用双圆环表示。

8.2　有限状态机的 VHDL 描述

　　用 VHDL 设计的有限状态机有多种形式：从有限状态机的信号输出方式上分，有 Mealy
型和 Moore 型两种有限状态机；从结构上分，有单进程有限状态机和多进程有限状态机；
从状态表达方式上分，有符号化有限状态机和确定状态编码的有限状态机；从编码方式上
分，有顺序编码有限状态机、一位热码编码有限状态机或其他编码方式的有限状态机。

　　无论有限状态机属于何种类型，其结构均可分为状态说明、主控时序进程、主控组合
进程和辅助进程几个部分。

8.2.1 状态说明

状态说明用于说明有限状态机可能的所有状态。根据有限状态机状态的编码方式的不同，有两种状态说明结构：一种是自动状态编码，这种编码方式不指定编码的具体顺序和方式，只是说明编码的个数以及名称，由综合器自动进行二进制编码，这种方式的 VHDL 描述比较简洁；另一种是指定状态编码，由设计者分别指定各个状态的二进制编码，采用这种编码方式后，可根据需要设置各个状态的编码，但状态说明的描述过程比较繁琐。

采用自动状态编码方式的状态说明部分的核心是用 TYPE 语句定义的新的描述状态的枚举数据类型，其元素都用状态机的状态名来定义。用来存储状态编码的状态变量应定义为信号，便于信息传递；并将状态变量的数据类型定义为含有既定状态元素的新定义的数据类型。说明部分一般放在结构体的 ARCHITECTURE 和 BEGIN 之间。例 8.1 所示就是一个典型的状态说明部分。

[例 8.1]

```
ARCHITECTURE   …IS
TYPE FSM_ST IS(A1，A2);
SIGNAL cur_st，next_st：FSM_ST;
```

例 8.1 中新定义的数据类型名是"FSM_ST"，其类型的元素分别为 A1、A2，使其恰好表达有限状态机的 2 个状态。定义信号 SIGNAL 的状态变量为 cur_st 和 next_st，它们的数据类型被定义为 FSM_ST，因此状态变量 cur_st 和 next_st 的取值范围在数据类型 FSM_ST 所限定的 2 个元素中。由于状态变量的取值是文字符号，因此以上语句定义的状态机属于符号化状态机。

采用指定状态编码方法的状态说明部分就比较繁琐，需要使用关键词"CONSTANT"——列出指定的状态的二进制编码，用来存储状态编码的状态变量也应定义为信号，且类型必须与状态编码的类型相同。例 8.2 所示就是一个采用指定状态编码方式的有限状态机的状态说明部分。

[例 8.2]

```
ARCHITECTURE   …IS
CONSTANT   A1：STD_LOGIC:= '1';
CONSTANT   A2：STD_LOGIC:= '0';
SIGNAL   cur_st，next_st：STD_LOGIC;
```

例 8.2 中定义的状态只有两个，分别是 A1 和 A2，用 1 位就可以对这两个状态进行编码，用"1"代表状态 A1，用"0"代表状态 A2。

8.2.2 主控时序进程

主控时序进程是负责有限状态机状态转化的进程。有限状态机是随外部时钟信号以同步时序方式工作的。主控时序进程就是保证状态的跳变与时钟信号同步，即保证在时钟发生有效跳变时，有限状态机的状态才发生变化。一般地，主控时序进程负责系统的初始和复位的状态设置，不负责下一状态的具体状态取值。当复位信号到来时，主控时序进程将同步或异步复位状态；当时钟的有效跳变到来时，时序进程只是机械地将代表次态的信号

next_st 中的内容送入到现态的信号 cur_st 中，而信号 next_st 中的内容完全由其他的进程根据实际情况来决定。主控时序进程的设计比较固定、单一和简单。例 8.3 所示就是一个典型的主控时序进程的示例。

[例 8.3]

```
PROCESS (reset,clk)
BEGIN
    IF  (reset ='1' )   THEN
            cur_st <= st1;
    ELSIF  (clk='1'  AND clk'event )  THEN
            cur_st <= next_st;
    END  IF;
END  PROCESS;
```

8.2.3　主控组合进程

主控组合进程用于实现有限状态机的状态选择和信号输出。主控组合进程根据当前状态信号 cur_st 的值确定进行相应的操作，处理有限状态机的输入、输出信号，同时确定下一个状态，即 next_st 的取值。主控组合进程的设计往往需要参考有限状态机的转移图，这类似于编写程序流程图一样。在主控组合进程中，通常使用 CASE 语句或者 IF 语句实现根据当前状态进行顺序语句的转移。

例 8.4 所示为根据图 8.1 所示的转移图设计的主控组合进程，其输入信号为 input，输出信号为 output。

[例 8.4]

```
PROCESS(current_state,   input)
    BEGIN
        CASE   cur_st   IS
        WHEN A1 =>IF (inputs=1)THEN
                    output<=0;
                    next_st<=A1;
                ELSE
                    output<=1;
                    next_st<=A2;
                END  IF;
        WHEN A2=> IF ( inputs=1)THEN
                    output<=1;
                    next_st<=A2;
                ELSE
                    output<=0;
                    next_st<=A1;
                END  IF;
```

```
        END   CASE;
    END   PROCESS;
```

8.2.4 辅助进程

辅助进程指用于配合有限状态机工作的其他组合进程或时序进程，例如为了完成某种算法的进程或者是为了稳定输出设置的数据锁存器等。

例 8.5 为图 8.2 所示的有限状态机转移图的 VHDL 描述。

[例 8.5]

```
    LIBRARY   IEEE;
    USE   IEEE.STD_LOGIC_l164.ALL;
    ENTITY   samp   IS
        PORT   ( clk, reset：IN STD_LOGIC;
                input：IN STD_LOGIC;
                output：OUT STD_LOGIC);
    END   samp;
    ARCHITECTURE   behav   OF   samp   IS
        TYPE   FSM_ST   IS   (A1, A2);
        SIGNAL   cur_st,   next_st: FSM_ST;
        BEGIN
            PROCESS (reset,clk)
                BEGIN
                    IF   (reset ='1')   THEN
                        cur_st <= A1;
                    ELSIF   (clk'event   AND clk='1')   THEN
                        cur_st <= next_state;
                    END   IF;
            END   PROCESS;
            PROCESS(cur_st, input)
            BEGIN
                CASE   cur_st   IS
                WHEN A1 =>
                    outputs<='1';
                    IF   (inputs ='1')   THEN
                        next_st<=A1;
                    ELSE
                        next_st<=A2;
                    END   IF;
                WHEN A2 =>
                    outputs<='0';
```

```
        IF   (inputs ='1')   THEN
            next_st<=A1；
          ELSE
              next_st<=A2；
          END   IF；
      END   CASE；
    END   PROCESS；
END   behav；
```

8.3　有限状态机编码

本节将具体介绍有限状态机设计过程中的状态编码问题。在有限状态机的设计中，用文字符号定义的各状态变量称为符号化状态编码，如前面几节中介绍的例子就采用的是符号化状态编码，这些状态变量的具体编码由 VHDL 综合器根据具体情况来确定。有限状态机的状态编码方式有多种，这要根据需要设计的有限状态机的实际情况来确定。为了简化有限状态机，节约器件资源，在某些情况下，设计者采用可由有限状态机直接输出的状态编码或非符号化编码定义方式等状态机编码方式。

8.3.1　状态位直接输出型编码

状态位直接输出型编码方式是指有限状态机的状态位码可以直接用于输出的编码方式。这种编码方式要求状态位码的编制具有一定特殊的规律，最典型的应用实例就是计数器。

例 8.6 所示就是一个使用状态位直接输出型编码设计的格雷码计数器。

[例 8.6]

```
LIBRARY   IEEE；
USE   IEEE.STD_LOGIC_1164.ALL；
USE   IEEE.STD_LOGIC_ARITH.ALL；
USE   IEEE.STD_LOGIC_UNSIGNED.ALL；
ENTITY   graycnt   IS
    PORT(clk，reset：IN STD_LOGIC；
        q：OUT STD_LOGIC_VECTOR(3 DOWNTO 0))；
END   graycnt；
ARCHITECTURE   behav   OF   graycnt   IS
SIGNAL   state   STD_LOGIC_VECTOR(3 DOWNTO 0)；
CONSTANT   st0：STD_LOGIC_VECTOR(3 DOWNTO 0):= "0000"；
CONSTANT   st1：STD_LOGIC_VECTOR(3 DOWNTO 0):= "0001"；
CONSTANT   st2：STD_LOGIC_VECTOR(3 DOWNTO 0):= "0011"；
CONSTANT   st3：STD_LOGIC_VECTOR(3 DOWNTO 0):= "0111"；
CONSTANT   st4：STD_LOGIC_VECTOR(3 DOWNTO 0):= "1111"；
```

```vhdl
CONSTANT   st5：STD_LOGIC_VECTOR(3 DOWNTO 0):= "1110";
CONSTANT   st6：STD_LOGIC_VECTOR(3 DOWNTO 0):= "1100";
CONSTANT   st7：STD_LOGIC_VECTOR(3 DOWNTO 0):= "1000";
SIGNAL   cur_st: STD_LOGIC_VECTOR(3 DOWNTO 0);
SIGNAL   next_st: STD_LOGIC_VECTOR(3 DOWNTO 0);
BEGIN
  PROCESS(clk，reset)
  BEGIN
    IF   (reset='1')   THEN
        cur_st=st0;
    ELSIF   (clk 'event AND clk='l')   THEN
          cur_st<=next_st;
    END   IF;
  END   PROCESS;
  PROCESS(cur_st,clk)
  BEGIN
      IF   (clk'event AND clk='1')   THEN
      CASE   cur_st   IS
          WHEN st0 =>
              next_st<=st1;
          WHEN st1 =>
              next_st<=st2;
          WHEN st2=>
              next_st<=st3;
          WHEN st3=>
              next_st<=st4;
          WHEN st4 =>
              next_st<=st5;
          WHEN st5 =>
              next_st<=st6;
          WHEN st6 =>
              next_st<=st7;
          WHEN s7 =>
              next_st< =st0;
          WHEN   OTHERS=>n<= st0;
      END   CASE;
  END   PROCESS;
    q<= cur_st;
END   behav;
```

在例 8.6 所示的格雷码计数器的 VHDL 描述中，用于编码的 cur_st 最后用于输出计数值，从而减少了编码、解码的过程，节约了器件的资源。

8.3.2　顺序编码

顺序编码就是采用自然数的方式对有限状态机的状态进行编码，st0 对应于 0，st1 对应于 1，···，st12 对应于 12 等。采用这种编码方式最为简单，且使用的触发器数量最少，剩余的非法状态最少，容错技术最为简单。例 8.7 所示为一个采用顺序编码的有限状态机的状态说明部分。

[例 8.7]

```
SIGNAL    cur_st , next_st: STD_LOGIC_VECTOR(2 DOWNTO 0 );
CONSTANT   st0: STD_LOGIC_VECTOR(2 DOWNTO 0):="000";
CONSTANT   st1: STD_LOGIC_VECTOR(2 DOWNTO 0):="001";
CONSTANT   st2: STD_LOGIC_VECTOR(2 DOWNTO 0):="010";
CONSTANT   st3: STD_LOGIC_VECTOR(2 DOWNTO 0):="011";
CONSTANT   st4: STD_LOGIC_VECTOR (2 DOWNTO 0):="100";
```

采用顺序编码方式的缺点是，虽然节省了触发器，但却增加了从一种状态向另一种状态转换的译码组合逻辑，这对于在触发器资源丰富而组合逻辑资源相对较少的 FPGA 器件中实现是不利的。

8.3.3　一位热码编码(One Hot Encoding)

一位热码编码方式就是用 n 个触发器来实现具有 n 个状态的有限状态机，有限状态机中的每一个状态都由其中一个触发器的状态来表示。即当处于该状态时，对应的触发器为"1"，其余的触发器都置"0"。例如，8 个状态的有限状态机需由 8 位表达，其对应状态编码如例 8.8 所示。

[例 8.8]

```
SIGNAL    cur_st , next_st: STD_LOGIC_VECTOR(7 DOWNTO 0 );
CONSTANT   st0: STD_LOGIC_VECTOR(2 DOWNTO 0):= "00000001";
CONSTANT   st1: STD_LOGIC_VECTOR(2 DOWNTO 0):= "00000010";
CONSTANT   st2: STD_LOGIC_VECTOR(2 DOWNTO 0):= "00000100";
CONSTANT   st3: STD_LOGIC_VECTOR(2 DOWNTO 0):= "00001000";
CONSTANT   st4: STD_LOGIC_VECTOR(2 DOWNTO 0):= "00010000";
CONSTANT   st5: STD_LOGIC_VECTOR(2 DOWNTO 0):= "00100000";
CONSTANT   st6: STD_LOGIC_VECTOR(2 DOWNTO 0):= "01000000";
CONSTANT   st7: STD_LOGIC_VECTOR(2 DOWNTO 0):= "10000000";
```

一位热码编码方式尽管用了较多的触发器，但其简单的编码方式大为简化了状态译码逻辑，提高了状态转换速度，这对于含有较多的时序逻辑资源、较少的组合逻辑资源的 FPGA 器件是较好的解决方案。此外，许多面向 FPGA/CPLD 设计的 VHDL 综合器都有将符号化状态机自动优化设置成为一位热码编码状态的功能。

8.4　有限状态机剩余状态码的处理

在有限状态机设计中，由于有限状态机的状态不可能总是 2^n 个，或者在使用枚举类型或直接指定状态编码的程序中，特别是使用了一位热码编码方式后，不可避免地会出现大量未被定义的编码组合，这些状态在有限状态机的正常运行中是不需要出现的，通常称之为非法状态。在器件上电的随机启动过程中，或者在外界不确定的干扰或内部电路产生的毛刺作用下，有限状态机的状态变量的取值可能是那些未定义的非法编码，从而使有限状态机进入不可预测的非法状态，其后果或是对外界出现短暂失控，或是因完全无法摆脱非法状态而失去正常的功能，除非对有限状态机进行复位操作。因此，有限状态机的剩余状态的处理(即有限状态机系统容错技术的应用)是设计者必须慎重考虑的问题。

剩余状态的处理要不同程度地耗用器件的资源，这就要求设计者在选用有限状态机结构、状态编码方式、容错技术及系统的工作速度与资源利用率方面作权衡比较，以适应自己的设计要求。

如果要使有限状态机有可靠的工作性能，则必须设法使系统落入这些非法状态后还能迅速返回正常的状态转移路径中。解决的方法是在枚举类型定义中就将所有的状态(包括多余状态)都作出定义，并在以后的语句中加以处理。处理的方法有以下两种：

(1) 在语句中对每一个非法状态都作出明确的状态转换指示，当状态变量落入非法状态时，自动设置状态复位操作。

(2) 使用"OTHERS"关键词对未定义的状态作统一处理，其语句如下：

　　　　WHEN OTHERS 　=> next_st<= st0;

其中 next_st 是编码变量，st0 是初始状态编码。

这种方式适用于采用符号编码的有限状态机。

对于有限状态机的非法状态的处理，常用的方法是将状态变量改变为初始状态，自动复位，也可以将状态变量导向专门用于处理出错恢复的状态中。需要注意的是，对于不同的综合器，OTHERS 语句的功能也并非一致，不少综合器并不会如 OTHERS 语句指示的那样，将所有剩余状态都转向初始态。

使用一位热码编码方式的有限状态机中的非法状态较其他编码方式的有限状态机要多得多。一位热码编码方式所带来的非法状态的数量与有效状态数量呈 2 的指数关系。例如对于 8 个状态的一位热码编码使用的是 8 位编码变量，非法的编码数量为 2^8-8，即有 248 个非法编码，这种情况下，如果采用以上的非法状态处理方式，将会耗用大量的器件资源，这违背了使用一位热码编码方式的初衷，此时可根据编码的特点，判断非法状态，进行处理。

由于一位热码编码方式产生的状态编码中均只有一位为"1"，其余位为"0"的特点，因此可以根据编码变量中"1"的数量判断编码是否为合法编码。

8.5　有限状态机设计实例

本节将通过控制 ADC0809 进行 AD 采样的有限状态机的实例设计完整地介绍有限状态

机的设计过程。

ADC0809 是 CMOS 的 8 位 A/D 转换器，片内有 8 路模拟开关，可控制 8 个模拟量中的一个进入转换器中。ADC0809 的精度为 8 位，转换时间约 100 μs，含锁存控制的 8 路多路开关，输出由三态缓冲器控制，单 5 V 电源供电。

ADC0809 的转换过程时序如图 8.4 所示。

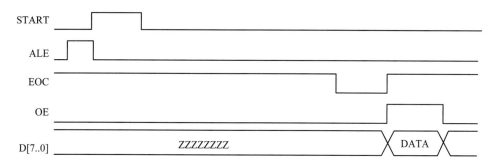

图 8.4 ADC0809 的转换过程时序

图 8.5 中，START 是转换启动信号，高电平有效；ALE 是 3 位通道选择地址(ADDC、ADDB、ADDA)信号的锁存信号，当模拟量送至某一输入端(如 IN1 或 IN2 等)后，由 3 位地址信号选择，而地址信号由 ALE 锁存；EOC 是转换情况状态信号，当启动转换约 100 μs 后，EOC 产生一个负脉冲，以示转换结束；在 EOC 的上升沿后，若使输出使能信号 OE 为高电平，则控制打开三态缓冲器，把转换好的 8 位数据结果输送至数据总线。至此，ADC0809 的一次转换结束。

根据 ADC0809 的转换时序，控制 ADC0809 的状态机中共设置了 7 个状态，计为"st0～st6"，这 7 个状态在时序图中的位置如图 8.5 所示。

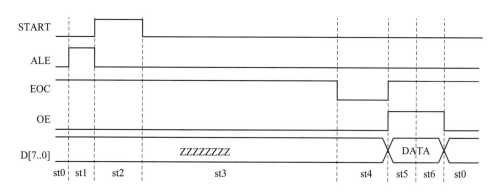

图 8.5 有限状态机的 7 个状态在时序图中的位置

根据转换时序，控制 A/D 转换的有限状态机中仅有一个输入信号"EOC"，有四个输出信号，分别是"ale"、"start"、"oe"和"lock_data"，其中"lock_data"是输出数据锁存信号。这些输出信号的值仅与状态机所处的状态有关，故采用 Moore 型有限状态机，绘制如图 8.6 所示的状态转移图。由于输出的信号不止一位，因此在有限状态机的转移图中按照"start"、"ale"、"oe"和"lock"的次序列出每个状态的输出。

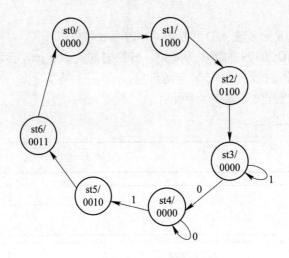

图 8.6　状态转移图

根据图 8.7 所示的状态转移图即可编制例 8.9 所示的 VHDL 程序。

[例 8.9]

```
    LIBRARY   IEEE；
    USE   IEEE.STD_LOGIC_1164.ALL；
    ENTITY   ADCcont   IS
        PORT（ D: IN   STD_LOGIC_VECTOR(7 DOWNTO 0)；
              CLK，eoc: IN STD_LOGIC；
              lock_data, ale,   start,   oe,   ADDA: OUT   STD_LOGIC；
              Q: OUT   STD_LOGIC_VECTOR(7 DOWNTO 0) )；
    END   ADCcont；
    ARCHITECTURE   behav   OF   ADCcont   IS
    TYPE   TMS_ST   IS （st0, stl, st2, st3, st4, st5, st6)；
          SIGNAL   cur_st, next_st: TMS_ST:=st0；
          SIGNAL   regl: STD_LOGIC_VECTOR(7 DOWNTO 0)；
          SIGNAL   lock: STD_LOGIC；
    BEGIN
          ADDA <= '1'；   lock_data<=lock；
          PROCESS(cur_st , eoc)                          --主控组合进程
          BEGIN
            CASE   cur_st   IS
              WHEN st0 =>
                  ale<='0'；
                  start<='0'；
                  oe<='0'；
                  lock <='0'；
```

```
            next_st <= stl;
    WHEN stl =>
        ale<='1';
        start<='0';
        oe<='0';
        lock <='0';
        next_st <= st2;
    WHEN st2 =>
            ale<='0';
            start<='1';
            oe<='0';
            lock <='0';
            next_st <= st3;
    WHEN st3 =>
            ale<='0';
            start<='0';
            oe<='0';
            lock <='0';
            IF   (eoc='1')   THEN
                next_st<= st3;
            ELSE
              next_st<= St4;
            END   IF;
    WHEN st4=>
            ale<='0';
            start<='0';
            oe<='0';
            lock <='0';
            IF   (eoc='0')   THEN
                next_st<= st4;
            ELSE
                next_st<= st5;
            END   IF;
    WHEN st5=>
            ale<='0';
            start<='0';
            oe<='1';
            lock_data<='0';
            next_st<= st6;
```

```
                    WHEN st6=>
                            ale<='0';
                            start<='0';
                            oe<='1';
                            lock <='1';
                            next_st<= st0;
                    WHEN OTHERS =>
                            ale<='0';
                            start<='0';
                            oe<='0';
                            lock_data<='0';
                            next st<= st0;
            END   CASE;
        END   PROCESS;
        PROCESS (CLK)                           --主控时序进程
        BEGIN
          IF   (CLK'event   AND   CLK='1')   THEN
              current_st<= next_st;
            END   IF;
        END   PROCESS;
        PROCESS   (lock)                        --锁存进程
        BEGIN
          IF   (lock'event   AND   lock='1')   THEN
                    regl <=D;
            END   IF;
        END   PROCESS;
        Q <= regl;
    END   behav;
```

第9章　VHDL 设计实例

本章将通过几个 VHDL 设计实例来加深读者对 EDA 技术的理解。

9.1　SPI 接口的 VHDL 实现

SPI(Serial Peripheral Interface)即串行外围接口，由 Motorola 公司提出。目前 SPI 接口主要应用在 EEPROM、Flash、实时时钟、A/D 转换器、数字信号处理器和数字信号解码芯片上，作为与 CPU 之间进行同步串行数据传输的接口，速度可达到 Mb/s 级别。在 FPGA 器件上实现了 SPI 接口后，就可以代替 CPU，直接控制这些外围器件。

9.1.1　SPI 接口介绍

SPI 接口是以主从方式工作的，这种模式通常有一个主控器件和一个或多个从属器件，其接口包括以下 4 种信号：

(1) MOSI：主控器件数据输出，从属器件数据输入；

(2) MISO：主控器件数据输入，从属器件数据输出；

(3) SCLK：时钟信号，由主控器件产生；

(4) $\overline{SS}$：从属器件使能信号，由主控器件控制。

点对点的通信连接关系如图 9.1 所示。在点对点的通信中，SPI 接口不需要进行寻址操作，且为全双工通信。

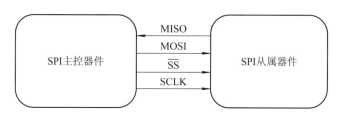

图 9.1　点对点的通信连接关系

多个从属器件的系统如图 9.2 所示。在多个从属器件的系统中，每个从属器件需要独立地使能信号，硬件上比点对点的系统要稍微复杂一些。

SPI 接口的核心是两个移位寄存器，传输的数据为 8 位，在主控器件产生的从属器件使能信号 $\overline{SS}$ 和移位时钟脉冲 SCLK 的作用下，按位传输，数据的高位在前，低位在后。如图 9.3 所示，在 SCLK 的下降沿上数据改变，同时一位数据被存入移位寄存器。

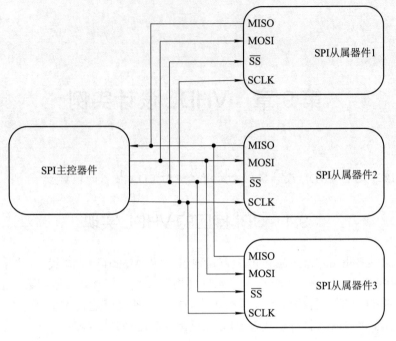

图 9.2　一主多从的 SPI 接口

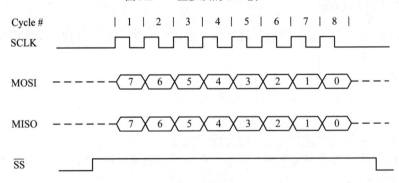

图 9.3　SPI 接口通信时序

SPI 接口内部核心硬件结构如图 9.4 所示。

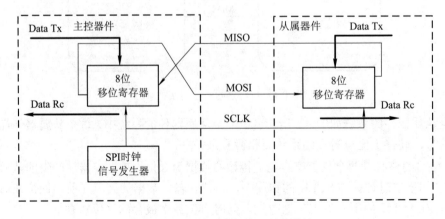

图 9.4　SPI 接口内部核心硬件结构

9.1.2　移位寄存器编程

SPI 接口的核心是一个 8 位的同步移位寄存器。为了实现全双工的 SPI 接口，在移位寄存器向外发送数据时，同时也在接收数据。移位寄存器的 VHDL 描述如下：

```
LIBRARY   IEEE;
USE   IEEE.STD_LOGIC_1164.ALL;
USE   IEEE.NUMERIC_STD.ALL;
ENTITY   shift_r   IS   ----------------------------ENTITY--------------------
    PORT(
        clk：IN   STD_LOGIC;                          --系统时钟输入
        rst：IN   STD_LOGIC;                          --复位信号输入
        sclk：IN   STD_LOGIC;                         --移位寄存器移位时钟输入
        shift_reload：IN   STD_LOGIC;                 --移位寄存器发送数据加载信号
        shift_in：IN   STD_LOGIC;                     --移位寄存器输入
        shift_out：OUT   STD_LOGIC;                   --移位寄存器输出
        datain：IN   STD_LOGIC_VECTOR(7 DOWNTO 0);    --移位寄存器发送参数接口
        dataout：OUT   STD_LOGIC_VECTOR(7 DOWNTO 0)   --移位寄存器接收数据接口
        );
END   shift_r;
ARCHITECTURE behv   OF   shift_r   IS
        SIGNAL   shift_clk：STD_LOGIC;
        SIGNAL   sck_r1：STD_LOGIC;
        SIGNAL   sck_r2：STD_LOGIC;
        SIGNAL   sck_r3：STD_LOGIC;
        SIGNAL   shift_reg：STD_LOGIC_VECTOR(7 DOWNTO 0);
BEGIN
        shift_clk <= NOT sck_r1 AND sck_r2;
    flop_proc：PROCESS(clk) -------------Shift register----------------
        BEGIN
            IF   (clk'event AND clk='1')   THEN
                sck_r2 <= sck_r1;                --移位寄存器时钟信号同步
                sck_r1 <= sclk;
            END   IF;
        END   PROCESS;

    sr_proc：PROCESS(clk)
        BEGIN
            IF   (clk'event AND clk='1')   THEN
                IF   (rst='0')   THEN
```

```
        shift_reg <= "00000000";                --同步复位
    ELSE
        IF   (Shift_reload ='1')   THEN          --运行时不加载
            shift_reg <= datain;                 --加载从 CPU 发送的数据
        ELSIF   (shift_finish = '1')   THEN
            dataout <= shift_reg;
        ELSIF   (shift_clk='1')   THEN
            shift_reg <= shift_reg(6 DOWNTO 0) & shift_in;
        END   IF;
        END   IF;
      END   IF;
    END   PROCESS;
    shift_out <=shift_reg(7);
    END   behv;
```

在移位寄存器的 VHDL 描述中，利用了 PROCESS 过程中的信号赋值特点，第一次使用信号 sck_r1 和 sck_r2，生成了如图 9.5 所示的三级寄存器结构。

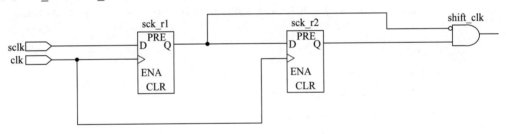

图 9.5　生成的三级寄存器结构

使用第一级寄存器将输入信号 sclk 与 clk 同步，使用第二级寄存器和第三级寄存器产生一个 clk 周期的信号的延迟，通过对寄存器输出信号进行取反和相与操作，得到宽度为一个 clk 信号周期的脉冲信号 shift_clk。shift_clk 信号发生波形图如图 9.6 所示。

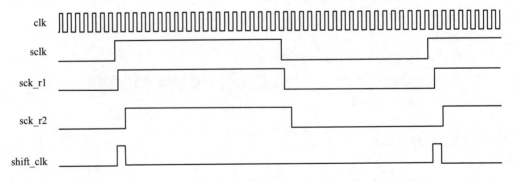

图 9.6　shift_clk 信号发生波形图

实体 shift_r 的仿真波形如图 9.7 所示。

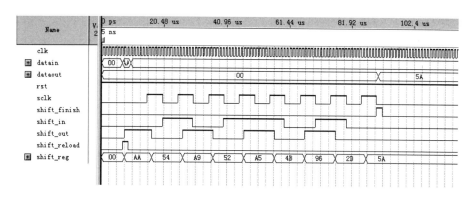

图 9.7　实体 shift_r 的仿真波形

通过仿真波形可知，由 datain 端口输入需要发送的 8 位数据 "AA"，在 shift_reload 信号为高时，该数据导入移位寄存器 shift_reg 中，并在 sclk 的每个上升沿将 "AA" 信号以从高到低的顺序一位一位地移到 shift_out 端口，同时将 shift_in 端口的信号移入移位寄存器 shift_reg 中，当移位结束时，在 shift_finish 信号的作用下，将 shift_reg 中的数据通过 dataout 接口输出。

仔细研究仿真波形后可以发现，shift_out 信号的有效信号在 sclk 信号的上升沿后两个系统时钟周期内就发生了变化，当 sclk 信号频率比较低时，shift_out 信号的保持时间将不足以满足稳定传输信号的要求，不符合 SPI 接口的时序规范，所以需要添加输出信号保持模块。带信号输出保持的移位寄存器 VHDL 描述如下：

```vhdl
LIBRARY   IEEE;
USE   IEEE.STD_LOGIC_1164.ALL;
USE   IEEE.NUMERIC_STD.ALL;
ENTITY   shift_r   IS
    PORT(
        clk: IN   STD_LOGIC;                    --系统时钟输入
        rst: IN   STD_LOGIC;                    --复位信号输入
        sclk: IN   STD_LOGIC;                   --移位寄存器移位时钟输入
        shift_reload: IN   STD_LOGIC;           --移位寄存器发送数据加载信号
        shift_finish: IN   STD_LOGIC;           --移位寄存器数据发送完毕信号
        shift_in: IN   STD_LOGIC;               --移位寄存器输入
        shift_out: OUT   STD_LOGIC;             --移位寄存器输出
        datain: IN   STD_LOGIC_VECTOR(7 DOWNTO 0);      --移位寄存器发送参数接口
        dataout: OUT   STD_LOGIC_VECTOR(7 DOWNTO 0)     --移位寄存器接收数据接口
        );
END   shift_r;
ARCHITECTURE   behv   OF   shift_r   IS
SIGNAL   shift_clk: STD_LOGIC;
SIGNAL   shift_clk_neg: STD_LOGIC;
```

```
SIGNAL   sck_r1: STD_LOGIC;
SIGNAL   sck_r2: STD_LOGIC;
SIGNAL   shift_reg: STD_LOGIC_VECTOR(7 DOWNTO 0);
BEGIN
   shift_clk <= NOT sck_r2 AND sck_r1;
   shift_clk_neg <= NOT sck_r1 AND sck_r2;
  flop_proc: PROCESS(clk)
   BEGIN
     IF  (clk'event AND clk='1')  THEN
         sck_r2 <= sck_r1;                      --移位寄存器时钟信号同步
         sck_r1 <= sclk;
     END  IF;
   END  PROCESS;


   sr_proc: PROCESS(clk)
   BEGIN
     IF  (clk'event AND clk='1')  THEN
       IF  (rst='0')  THEN
         shift_reg <= "00000000";               --同步复位
       ELSE
         IF  (shift_reload ='1')  THEN
           shift_reg <= datain;                 --加载数据
         ELSIF  (shift_finish = '1')  THEN
           dataout <= shift_reg;
         ELSIF  (shift_clk='1')  THEN
           shift_reg <= shift_reg(6 DOWNTO 0) & shift_in;
         END  IF;
       END  IF;
     END  IF;
   END  PROCESS;
   sig_hold: PROCESS(clk)
    BEGIN
     IF  (clk'event AND clk='1')  THEN
       IF  (rst='0')  THEN
        shift_out <='0';
       ELSE
        IF (shift_reload ='1')  OR  (shift_clk_neg='1')  THEN
          shift_out <= shift_reg(7);
        END  IF;
```

```
          END   IF;
        END   IF;
      END   PROCESS;
    END   behv;
```

该模块的仿真波形如图 9.8 所示。

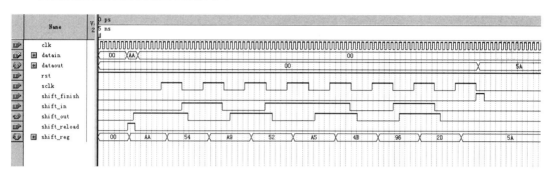

图 9.8　带信号保持的移位寄存器的仿真波形

由仿真结果可知，带信号保持的移位寄存器的输出信号在 sclk 引脚信号的下降沿才进行跳变，符合 SPI 接口标准的要求。

实体 shift_r 实现了 SPI 接口的基本收/发功能，但是还无法作为一个完整的 SPI 接口使用，需要添加大量的控制逻辑功能，例如 SPI 主从选择、SCLK 信号发生、SCLK 信号相位选择和发送/接收中断信号发生等重要的功能。

9.1.3　SPI 主从选择模块编程

根据 SPI 接口的规范，SPI 主机的接口引脚 MISO 为串行数据输入引脚，而 SPI 从机的接口引脚 MISO 为串行数据输出引脚，同样 MOSI 引脚在 SPI 主机和从机上的功能也是不同的。SCLK 引脚在主机和从机上的功能虽然相同，但是信号的方向却不同，SPI 主机的 SCLK 引脚输出同步时钟信号，而 SPI 从机的 SCLK 引脚输入同步时钟信号。为了让 SPI 接口能实现主机和从机的选择功能，需要一个主从选择模块，该模块将使用到三态门，其 VHDL 描述如下：

```
    LIBRARY   IEEE;
    USE   IEEE.STD_LOGIC_1164.ALL;
    USE   IEEE.NUMERIC_STD.ALL;
    ENTITY   m_s_sel   IS   ----------------------------ENTITY---------------------
      PORT(
          mosi: INOUT   STD_LOGIC;          --主出从入
          miso: INOUT   STD_LOGIC;          --主入从出
          sclk: INOUT   STD_LOGIC;          --SPI 时钟
          master_sel: IN   STD_LOGIC;       --主从选择位
          shift_in: OUT   STD_LOGIC;        --移位寄存器输入信号
          shift_out: IN   STD_LOGIC;        --移位寄存器输出信号
```

```
          shift_clk: OUT  STD_LOGIC;          --移位寄存器时钟
          sclk_gen: IN  STD_LOGIC;           --SPI 时钟发生模块输出的时钟信号
          );
END  m_s_sel;
ARCHITECTURE  behv  OF  m_s_sel  IS
BEGIN
PROCESS(master_sel,shift_out,miso,mosi,sclk_gen,sclk)      --注意需要填入所有输入信号,
                                                          --以避免出现不必要的锁存器
BEGIN
   IF  ( master_sel = '1')  THEN
      shift_in <= miso;
      miso <='Z';
      mosi <= shift_out;
      shift_clk <= sclk_gen;
      sclk <= sclk_gen;
   ELSE
      shift_in <= mosi;
      mosi <= 'Z';
      miso <= shift_out;
      shift_clk <= sclk;
      sclk <= 'Z';
   END  IF;
  END  PROCESS;
  END  behv;
```

编译综合后，生成的 RTL 图如图 9.9 所示。

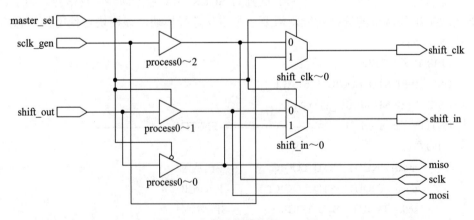

图 9.9　主从选择模块的 RTL 图

在该模块中共使用了三个三态门，在 VHDL 描述中，通过向 inout 端口置 "Z" 就可以添加一个三态门。对主从选择模块进行仿真，波形图如图 9.10 所示。

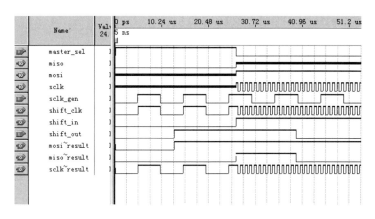

图 9.10　主从选择模块仿真结果

从主从选择模块仿真波形图中可以看出，当 master_sel 端口被置为 "1" 时，处于 SPI 主机模式，sclk 端口输出信号和移位寄存器的时钟引脚 shift_clk 的信号由本机内部时钟信号发生器的输出引脚 sclk_gen 提供，移位寄存器的输入引脚 shift_in 的信号由 miso 引脚提供，移位寄存器输出引脚 shift_out 的信号通过 mosi 引脚输出。

当 master_sel 端口被置为 "0" 时，处于 SPI 从机模式，移位寄存器的时钟引脚 shift_clk 的信号由 sclk 引脚提供，移位寄存器的输入引脚 shift_in 的信号由 mosi 引脚提供，移位寄存器输出引脚 shift_out 的信号通过 miso 输出。

9.1.4　时钟信号发生模块

当 SPI 端口处于主机模式时，需要根据发送数据的速度要求，由 SCLK 端口向从机输出频率可选的时钟信号，时钟发生模块的功能就在于此。依据以上功能要求，时钟信号发生模块的 VHDL 描述如下：

```
LIBRARY   IEEE;
USE   IEEE.STD_LOGIC_1164.ALL;
USE   IEEE.NUMERIC_STD.ALL;
ENTITY  sclk_generate  IS    ----------------------------ENTITY--------------------
   PORT(
       clk：IN   STD_LOGIC;                        --系统时钟输入端口
       sclk_set：IN   STD_LOGIC_VECTOR (1 DOWNTO 0);    --时钟选择位输入端口
       sclk_gen：OUT   STD_LOGIC;                   --SPI 同步时钟输出端口
       sclk_en：IN   STD_LOGIC;                      --同步时钟使能信号输入端口
       sclk_pol：IN   STD_LOGIC                      --空闲时，SPI 时钟的输出信号状态
       );
END   sclk_generate;
ARCHITECTURE behv  OF   sclk_generate  IS
    SIGNAL   clk_count：STD_LOGIC_VECTOR (4 DOWNTO 0);
    SIGNAL   sclk_dvd2：STD_LOGIC;
```

```
BEGIN
PROCESS (clk)
BEGIN
    IF   (clk'event AND clk='1')   THEN
        IF   (sclk_en = '0')   THEN
            clk_count <= "00000";
            sclk_dvd2 <= sclk_pol;
        ELSE
            IF   (clk_count ="00000")   THEN
                IF   (sclk_set="00")   THEN
                    clk_count <="00011";
                ELSIF   (sclk_set="01")   THEN
                    clk_count <="00111";
                ELSIF   (sclk_set="10")   THEN
                    clk_count <="01111";
                ELSIF   (sclk_set="11")   THEN
                    clk_count <="11111";
                END   IF;
                sclk_dvd2 <= NOT sclk_dvd2;
            ELSE
                clk_count <=STD_LOGIC_VECTOR(unsigned(clk_count)−1);
            END   IF;
        END   IF;
        sclk_gen <= sclk_dvd2;
    END   IF;
END   PROCESS;
END   behv;
```

时钟信号发生模块的仿真波形如图 9.11 所示。

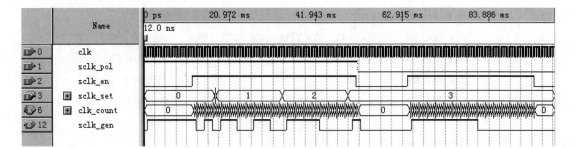

图 9.11　时钟信号发生模块的仿真波形

由图 9.11 可知，当 sclk_en 信号为低时，输出信号 sclk_gen 保持为低；当 sclk_en 信号为高时，时钟信号发生模块根据 sclk_set 端口的设置，对 clk 信号进行分频，由 sclk_gen 端口输出不同频率的时钟信号。sclk_set 端口设置与分频比之间的关系如表 9.1 所示。

表 9.1　sclk_set 端口设置与分频比之间的关系

sclk_set	分　频　比
"00"	8：1
"01"	16：1
"10"	32：1
"11"	64：1

9.1.5　SPI 接口控制管理模块

完整的 SPI 接口除了内核之外，还需要有实现内部数据交流和设置的寄存器控制管理模块，以确定 SPI 接口工作模式。本例中使用 4 个 8 位的寄存器，其地址和功能如表 9.2 所示。

表 9.2　SPI 接口寄存器功能分配

名　　称	地址/位数	0	1	2	3	4	5	6	7
Data_reg	0	Data_reg							
CTL	1	TX_ON	MSTEN	0	CLKPOL	Phase	CLK_Sel		IRQEN
STATUS	2	SLVSEL	TXRUN	0	0	0	0	OverRun	IRQ
SEL	3	SSEL				BIT_CTR			

(1) Data_reg 寄存器——寄存器地址为"0"的 8 位寄存器，用于存储 SPI 接收的或需要发送的数据内容，硬件实现中实际上由两个不同的 8 位数据寄存器组成，当外部芯片读取地址 0 的数据时，读出的是 SPI 接口器件收到的数据内容，外部芯片也可向地址 0 写入数据，写入的数据将通过 SPI 接口发送出去。

(2) CTL 寄存器——寄存器地址为"1"的 8 位寄存器，用于存储 SPI 接口的控制参数，其中包含以下 6 个控制参数位。

① TX_ON 位：位地址是"0"，用于设置作为主设备时，启动 SPI 发送过程。当 TX_ON 位被置为"1"时，启动 SPI 发送时序，发送过程结束后，该位被自动清零。

② MSTEN 位：位地址是"1"，用于设置 SPI 接口的主从模式。当 MSTEN 位被置为"1"时，当前 SPI 接口工作于主模式；当 MSTEN 位被置为"0"时，当前 SPI 接口工作于从模式。

③ CLKPOL 位：位地址是"3"，用于设置作为主设备时，时钟同步信号 SCLK 的默认状态。当 CLKPOL 位被置为"1"时，SCLK 默认状态下为高；当 CLKPOL 位被置为"0"时，SCLK 默认状态下为低。

④ Phase 位：位地址是"4"，用于设置时钟同步信号作用的相位。当 Phase 位被置为"1"时，SPI 接口在 SCLK 下降沿读取数据；当 Phase 位被置为"0"时，SPI 接口在 SCLK 上升

沿读取数据。

⑤ CLK_Sel 位：该控制寄存器包含两位，位地址为"6"和"5"，"6"为高位，"5"为低位，用于设置 SPI 的时钟分频器，分频比与时钟发生模块的相同。

⑥ IRQEN 位：位地址是"7"，中断信号允许位。当 IRQEN 位被置为"1"时，允许 SPI 接口在接收/发送完数据后发出中断控制信号；当 IRQEN 位被置为"0"时，屏蔽中断信号。

(3) STATUS 寄存器——寄存器的地址为"2"，用于保存 SPI 接口的运行状态。该寄存器包含以下 4 个状态寄存器。

① SLVSEL 位：位地址为"0"，该位只读，用于标示 SPI 模块的主从状态。当 SLVSEL 位被置为"1"时，表示 SPI 工作于从属状态；当 SLVSEL 位被置为"0"时，表示 SPI 工作于主机状态。

② TXRUN 位：位地址为"1"，该位只读。当 SPI 模块处于主机模式时，TXRUN 位如果被置为"1"，则表示 SPI 模块正处于接收或发送过程中。

③ OverRun 位：位地址为"6"，该位可读/写。当 SPI 接口正在发送数据时，如果用户向传输寄存器 DOUT 写数据，则 OverRun 位将被置为"1"，表示发生传输过载错误，发生错误后，需要从内部总线手动复位。

④ IRQ 位：位地址为"7"，为中断激活位，可读/写。作为主模块时当发送完成后，或者作为从模块时接收到一个字节后，IRQ 位将被置为"1"，中断位置 1 后，需要由内部总线手动置零。

(4) SEL 寄存器——寄存器的地址为"3"，用于保存从接口选择位和传输位宽选择位。

① SSEL 位：位地址为"0～4"，用于在作为 SPI 组模块时，选择与之通信的从模块。

② BIT_CTR 位：位地址为"5～7"，用于设置 SPI 传输字的位宽，"000"表示 8 位，"001"～"111"表示 1～7 位。

SPI 接口模块的另一侧采用并行接口，通过 CLK 信号进行同步，使用 CHIP_SEL 引脚作为片选，"WRITE"引脚作为写使能信号，对寄存器进行写入。

SPI 控制管理模块的 VHDL 描述如下：

```
LIBRARY   IEEE;
USE   IEEE.STD_LOGIC_1164.ALL;                    --使用 IEEE 标准中的 1164 逻辑类型
USE   IEEE.NUMERIC_STD.ALL;
USE   IEEE.STD_LOGIC_UNSIGNED.ALL ;       --使用 + 和 − 操作


ENTITY   Controller   IS   ----------------------------ENTITY--------------------
  PORT(
        clk: IN   STD_LOGIC;                                --系统时钟输入
        data_in: IN   STD_LOGIC_VECTOR(7 DOWNTO 0);    --系统 8 位数据输入接口
        shift_clk_in: IN   STD_LOGIC;                 --移位寄存器时钟信号输入端口
        shift_clk_out: OUT   STD_LOGIC;               --移位寄存器时钟信号输出端口
        shift_reg_in: OUT   STD_LOGIC_VECTOR(7 DOWNTO 0);   --移位寄存器待发送数据
                                                       --输入接口
```

```
        shift_reg_out：IN    STD_LOGIC_VECTOR(7 DOWNTO 0);      --移位寄存器接收数据
                                                                --输出接口
        shift_reg_load：OUT    STD_LOGIC;       --移位寄存器待发送数据导入信号引脚
        mst_sel：OUT    STD_LOGIC;              --器件主从选择引脚
        wr：IN STD_LOGIC;                       --写寄存器信号引脚
        RD：IN    STD_LOGIC;                    --读寄存器信号引脚
        addr：IN    STD_LOGIC_VECTOR(1 DOWNTO 0);        --寄存器读/写地址输入端口
        data_out：OUT    STD_LOGIC_VECTOR(7 DOWNTO 0); --数据输出信号
        TX_Finish：OUT    STD_LOGIC;            --数据发送完毕信号输出端口
        SCLK_gen_en：OUT    STD_LOGIC;          --同步时钟信号发生使能控制信号输出端口
        SCLK_POL：OUT    STD_LOGIC;             --同步时钟相位控制信号输出端口
        sclk_set：OUT    STD_LOGIC_VECTOR(1 DOWNTO 0); --同步时钟频率控制信号输出
                                                        --端口
        SSEL：OUT    STD_LOGIC_VECTOR(4 DOWNTO 0)    --作为主机时，从机选择输出位
        );
END    Controller;
ARCHITECTURE    behv    OF    Controller    IS
        SIGNAL    Msten：STD_LOGIC;
        SIGNAL    shift_done：STD_LOGIC;
        SIGNAL    slvsel：STD_LOGIC;
        SIGNAL    shift_run：STD_LOGIC;
        SIGNAL    data_reg：STD_LOGIC_VECTOR(7 DOWNTO 0);
        SIGNAL    TX_ON：STD_LOGIC;
        SIGNAL    TX_ON_reg：STD_LOGIC;
        SIGNAL    TX_Start：STD_LOGIC;
        SIGNAL    TXRUN：STD_LOGIC;
        SIGNAL    Phase：STD_LOGIC;
        SIGNAL    BIT_count：STD_LOGIC_VECTOR(3 DOWNTO 0);
        SIGNAL    CLKpol：STD_LOGIC;
        SIGNAL    clk_sel：STD_LOGIC_VECTOR(1 DOWNTO 0);
        SIGNAL    overrun：STD_LOGIC;
        SIGNAL    IRQEN：STD_LOGIC;
        SIGNAL    IRQ：STD_LOGIC;
        SIGNAL    BIT_ctr：STD_LOGIC_VECTOR(2 DOWNTO 0);
        SIGNAL    SCLK_out：STD_LOGIC;
        SIGNAL    SCLK_out_reg：STD_LOGIC;
        SIGNAL    IRQ_clr：STD_LOGIC;
        SIGNAL    shift_finish：STD_LOGIC;
    BEGIN
```

```
    SCLK_CTRL：process(TXRUN,Msten)
    BEGIN
    IF   (Msten='1')   THEN
      SCLK_gen_en<=TXRUN;
    ELSE
      SCLK_gen_en<='0';
    END   IF;
    END   PROCESS;

  PROCESS(clk)
  BEGIN
  IF   (clk'event AND clk='1')   THEN
  shift_clk_out<=sclk_out;
   IF   (Phase='1')   THEN
    SCLK_out <= shift_clk_in;
   ELSE
    SCLK_out <= NOT shift_clk_in;
   END   IF;
  END   IF;
  END   PROCESS;

  PROCESS(clk)
  BEGIN
  IF   (clk'event AND clk='1')   THEN
      mst_sel<=Msten;
      slvsel<=NOT Msten;
      sclk_set<=CLK_sel;
      SCLK_POL<=CLKpol;
      IRQ<=shift_done AND IRQEN;
  END   IF;
  END   PROCESS;

  PROCESS(clk)
  BEGIN
  IF   (clk'event AND clk='1')   THEN
      IF   (IRQ_clr='0')   THEN
        shift_done<='0';
      ELSIF   (shift_finish='1')   THEN
```

```
        shift_done<='1';
     END   IF;
   END   IF;
END   PROCESS;


PROCESS(clk)
BEGIN
IF (clk'event AND clk='1')   THEN
  IF   (wr='1')   THEN
  IF   (addr="00")   THEN
   IF   (shift_run ='1')   THEN
     overrun<='1';
   ELSE
     shift_reg_in <=data_in;
     TX_Start<='1';
   END   IF;
   IRQ_clr<='1';
  ELSIF (addr="01")   THEN
   TX_Start<='0';
   Msten <=data_in(1);
   CLkpol <=data_in(3);
   Phase <=data_in(4);
   CLK_sel<=data_in(6 DOWNTO 5);
   IRQEN <=data_in(7);
   IRQ_clr<='1';
  ELSIF   (addr="10")   THEN
   TX_Start<='0';
   overrun<=data_in(6);
   IRQ_clr<=data_in(7);
  ELSIF   (addr="11")   THEN
   TX_Start<='0';
   IRQ_clr<='1';
   SSEL<=data_in(4 DOWNTO 0);
   BIT_ctr<=data_in(7 DOWNTO 5);
  ELSE
   TX_Start<='0';
   TX_Start<='0';
   IRQ_clr<='1';
```

```vhdl
        END   IF;
      ELSE
        TX_Start<='0';
      END   IF;
    END   IF;
shift_reg_load<=TX_Start;
END   PROCESS;


PROCESS(CLK)
  BEGIN
    IF   (clk'event AND clk='1')   THEN
     IF   (RD='1')   THEN                --读取控制寄存器值
       IF   (addr="00")   THEN
        data_out<= shift_reg_out;
       ELSIF   (addr="01")   THEN
        data_out<=IRQEN & CLK_sel & Phase & CLKpol & '0'& Msten & TX_ON;
       ELSIF   (addr="10")   THEN
        data_out<=IRQ & overrun &"0000"& TXRUN & slvsel;
       ELSIF   (addr="11")   THEN
        data_out<=BIT_CTR & SSEL;
       END   IF;
      END   IF;
    END   IF;
END   PROCESS;


PROCESS(clk)
  BEGIN
   IF   (clk'event AND clk='1')   THEN
     IF   (Msten='1')   THEN            --主设备
      IF (TX_Start='1' AND TXRUN='0' AND BIT_count="0000")   THEN
        IF   (BIT_ctr="000")   THEN
         BIT_count(3)<='1';
        ELSE
         BIT_count(3)<='0';
        END   IF;
        shift_finish<='0';
        BIT_count(2 DOWNTO 0)<=BIT_ctr;
        TXRUN<='1';
```

```
        ELSIF   (SCLK_out='1' AND SCLK_out_reg='0' AND BIT_count /= "0000")   THEN
          BIT_count <= BIT_count – "0001";
        ELSIF   (TXRUN='1' AND BIT_count="0000")   THEN
          TXRUN<='0';
          shift_finish<='1';
        END   IF;
      ELSE                              --从设备
        IF   (BIT_count="0000" AND TXRUN='0')   THEN
        IF   (BIT_ctr="000")   THEN
          BIT_count(3)<='1';
         ELSE
          BIT_count(3)<='0';
         END   IF;
        BIT_count(2 DOWNTO 0)<=BIT_ctr;
          shift_finish<='0';
        TXRUN<='1';
        ELSIF   (SCLK_out='1' AND SCLK_out_reg='0' AND BIT_count/="0000")   THEN
          BIT_count<=BIT_count–'1';
        ELSIF   (TXRUN='1' AND BIT_count="0000")   THEN
          TXRUN<='0';
          shift_finish<='1';
        END   IF;
      END   IF;
     END   IF;
    END   PROCESS;
    PROCESS(clk)
    BEGIN
      IF   (clk'event AND clk='1')   THEN
      SCLK_out_reg<=SCLK_out;
      TX_ON <=data_in(0);
      END   IF;
    TX_finish<=shift_finish;
    END   PROCESS;
    END   ARCHITECTURE;
```

SPI 接口控制管理模块的仿真波形如图 9.12 所示。

由仿真结果可知，通过读/写信号、地址接口和数据输入接口可以对内部的寄存器进行操作，同时控制 shift_reg_load 引脚发出启动脉冲，触发 SPI 接口进行数据导入并进行收/发，当设置的一定位长的数据收/发完毕时，能置位 IRQ，发出中断信号。

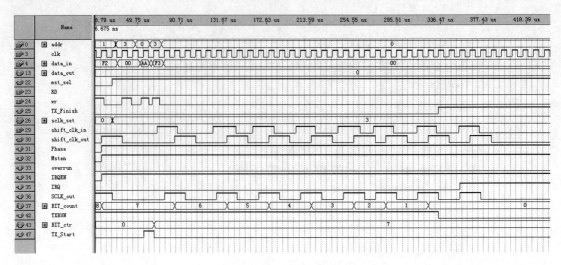

图 9.12　SPI 接口控制管理模块的仿真波形

9.1.6　顶层设计 VHDL 描述

完成了各个模块的 VHDL 描述后，接下来要使用顶层设计将这些模块连接起来，形成一个完整的 SPI 接口。顶层设计 VHDL 描述如下：

```
LIBRARY   IEEE;
USE   IEEE.STD_LOGIC_1164.ALL;                --使用 IEEE 标准中的 1164 逻辑类型
USE   IEEE.NUMERIC_STD.ALL;
USE   IEEE.STD_LOGIC_UNSIGNED.ALL ;           --使用 + 和 - 操作
USE   WORK.ALL;                               --使用 WORK 库
ENTITY   SPI_PORT   IS
  PORT(
    clk：IN   STD_LOGIC;
    reset：IN   STD_LOGIC;
    data_in：IN   STD_LOGIC_VECTOR(7 DOWNTO 0);
    data_out：OUT   STD_LOGIC_VECTOR(7 DOWNTO 0);
    wr：IN   STD_LOGIC;
    rd：IN   STD_LOGIC;
    SCLK：INOUT   STD_LOGIC;
    MISO：INOUT   STD_LOGIC;
    MOSI：INOUT   STD_LOGIC;
    );
END   SPI_PORT；
  ARCHITECTURE   behav   OF   SPI_PORT   IS
    SIGNAL   shift_data_in：STD_LOGIC_VECTOR(7 DOWNTO 0);
    SIGNAL   shift_data_out：STD_LOGIC_VECTOR(7 DOWNTO 0);
```

```
    SIGNAL    sclk_set: STD_LOGIC_VECTOR(1 DOWNTO 0);
    SIGNAL    shift_clk: STD_LOGIC;
    SIGNAL    shift_reg_load: STD_LOGIC;
    SIGNAL    shift_out: STD_LOGIC;
    SIGNAL    shift_in: STD_LOGIC;
    SIGNAL    mst_sel: STD_LOGIC;
    SIGNAL    sclk_gen: STD_LOGIC;
    SIGNAL    sclk_en: STD_LOGIC;
    SIGNAL    sclk_pol: STD_LOGIC;
    SIGNAL    shift_finish: STD_LOGIC;


COMPONENT controller
    PORT(
      clk: IN   STD_LOGIC;                              --系统时钟输入
      data_in: IN   STD_LOGIC_VECTOR(7 DOWNTO 0);   --系统 8 位数据输入接口
      shift_clk_in: IN   STD_LOGIC;                    --移位寄存器时钟信号输入端口
      shift_clk_out: OUT   STD_LOGIC;                  --移位寄存器时钟信号输出端口
      shift_reg_in: OUT   STD_LOGIC_VECTOR(7 DOWNTO 0);--移位寄存器待发送数据输入接口
      shift_reg_out: IN   STD_LOGIC_VECTOR(7 DOWNTO 0); --移位寄存器接收数据输出接口
      shift_reg_load: OUT   STD_LOGIC;                 --移位寄存器待发送数据导入信号引脚
      mst_sel: OUT   STD_LOGIC;                        --器件主从选择引脚
      wr: IN   STD_LOGIC;                              --写寄存器信号引脚
      rd: IN   STD_LOGIC;                              --读寄存器信号引脚
      addr: IN   STD_LOGIC_VECTOR(1 DOWNTO 0);         --寄存器地址信号输入端口
      data_out: OUT   STD_LOGIC_VECTOR(7 DOWNTO 0);    --数据输出端口
      TX_finish: OUT   STD_LOGIC;                      --发送完成信号输出端口
      SCLK_gen_en: OUT   STD_LOGIC;                    --同步时钟信号发生使能控制信号输出端口
      SCLK_POL: OUT   STD_LOGIC;                       --同步时钟相位控制信号输出端口
      sclk_set: OUT   STD_LOGIC_VECTOR(1 DOWNTO 0)     --同步时钟频率控制信号输出端口
      );
END   COMPONENT;
  COMPONENT   sclk_generate
    PORT(
          clk: IN   STD_LOGIC;                         --系统时钟输入端口
          sclk_set: IN   STD_LOGIC_VECTOR (1 DOWNTO 0);     --时钟选择位输入端口
          sclk_gen: OUT   STD_LOGIC;                   --SPI 同步时钟输出端口
          sclk_en: IN   STD_LOGIC;                     --同步时钟使能信号输入端口
          sclk_pol: IN   STD_LOGIC                     --空闲时，SPI 时钟的输出信号状态
      );
```

```vhdl
        END   COMPONENT;
        COMPONENT   m_s_sel
        PORT(
                mosi: INOUT   STD_LOGIC;                    --主出从入
                miso: INOUT   STD_LOGIC;                    --主入从出
                sclk: INOUT   STD_LOGIC;                    --SPI 时钟
                master_sel: IN   STD_LOGIC;                 --主从选择位
                shift_in: OUT   STD_LOGIC;                  --移位寄存器输入信号
                shift_out: IN   STD_LOGIC;                  --移位寄存器输出信号
                shift_clk: OUT   STD_LOGIC;                 --移位寄存器时钟
                sclk_gen: IN   STD_LOGIC;                   --SPI 时钟信号发生模块输出的时钟信号
            );
        END   COMPONENT;
        COMPONENT   shift_r
          PORT(
            clk: IN   STD_LOGIC;                            --系统时钟输入
            rst: IN   STD_LOGIC;                            --复位信号输入
            sclk: IN   STD_LOGIC;                           --移位寄存器移位时钟输入
            shift_reload: IN   STD_LOGIC;                   --移位寄存器发送数据加载信号
            shift_finish: IN   STD_LOGIC;                   --移位寄存器数据发送完成信号
            shift_in: IN   STD_LOGIC;                       --移位寄存器输入
            shift_out: OUT   STD_LOGIC;                     --移位寄存器输出
            datain: IN   STD_LOGIC_VECTOR(7 DOWNTO 0);      --移位寄存器发送参数接口
            dataout: OUT   STD_LOGIC_VECTOR(7 DOWNTO 0)     --移位寄存器接收数据接口
            );
        END   COMPONENT;


    BEGIN
    U1: shift_r
      PORT MAP(
                clk => clk,   rst => rst,    sclk => shift_clk_out,   shift_reload => shift_reg_load,
                shift_finish => TX_finish,   shift_in=> shift_in,   shift_out => shift_out,
                datain => shift_reg_in,   dataout=> shift_reg_out
                );
    U2: m_s_sel
      PORT MAP(
                mosi => MOSI,   miso=> MISO, sclk => SCLK,   master_sel => mst_sel,
                shift_in=>shift_in, shift_out=> shift_out, shift_clk=>shift_clk_in,
                sclk_gen =>sclk_gen
```

                    );

U3: sclk_generate

　　PORT MAP(

　　　　　　　clk=>clk, sclk_set => sclk_set, sclk_gen =>sclk_gen,

　　　　　　　sclk_en=>SCLK_gen_en, sclk_pol=> SCLK_POL

　　　　　　　);

U4:　controller

　　PORT MAP(

　　　　　　　clk =>clk,　data_in=>data_in,　shift_clk_in =>shift_clk,　shift_clk_out => clk,

　　　　　　　shift_reg_in=>datain, shift_reg_out=>dataout, shift_reg_load=> shift_reload, mst_sel

　　　　　　　=> master_sel,　wr=>wr,　rd=>rd,

　　　　　　　addr=>addr,　data_out=>data_out,　TX_finish => shift_finish，SCLK_gen_en=>sclk_en,

　　　　　　　SCLK_POL=>sclk_pol,　sclk_set => sclk_set

　　　　　　　);

　　END　ARCHITECTURE　behav;

通过顶层设计将 4 个模块连接起来，连接关系如图 9.13 所示。至此，完成了 SPI 接口的 VHDL 设计。

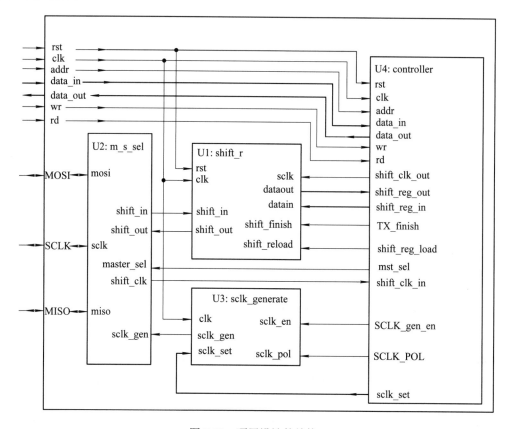

图 9.13　顶层设计的结构

9.2　URAT 接口的 VHDL 实现

9.2.1　UART 接口介绍

　　UART(Universal Asynchronous Receiver/Transmitter)即通用异步收/发传输器，工作于数据链路层。它包含了 RS-232、RS-422、RS-485 串口通信和红外(IrDA)等。UART 协议作为一种低速通信协议，广泛应用于通信领域等各种场合。

　　异步串口通信协议作为 UART 的一种，工作原理是将传输数据的每个字符一位接一位地传输。其工作时序如图 9.14 所示。

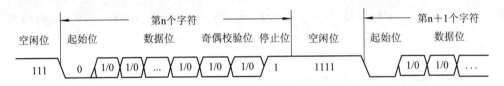

图 9.14　UART 接口工作时序

　　图 9.14 中各位的含义如下：

　　起始位：先发出一个逻辑 "0" 的信号，表示传输字符的开始。

　　数据位：是传输的内容，紧接着起始位之后。根据 UART 协议规定，数据位的个数可以是 4、5、6、7、8 等，构成一个字符。通常情况下采用 ASCII 编码。从最低位开始传送，靠自身的时钟控制定位。

　　奇偶校验位：用于校验数据位传输的正确性，所有数据位加上这一位后，使得 "1" 的位数应为偶数(偶校验)或奇数(奇校验)，以此来判断资料传送是否成功。

　　停止位：是一个字符数据的结束标志，可以是 1 位、1.5 位、2 位的高电平。

　　空闲位：处于逻辑 "1" 状态，表示当前线路上没有资料传送。

　　波特率是衡量资料传送速率的指针，表示每秒钟传送的二进制位数。例如，资料传送速率为 960 字符/秒，而每一个字符包含起始位、数据位、奇偶校验位和停止位共 10 位，则其传送的波特率为 10×960＝9600 位/秒，即波特率为 9600。在 UART 通信中，必须保证通信双方的波特率相同，否则无法正常通信。

　　本实例将采用自顶向下的方式，对 UART 接口进行设计，首先是顶层的模块划分。

9.2.2　UART 顶层的模块划分和 VHDL 描述

　　根据 UART 通信的要求，初步将 UART 接口分为 UART 接收模块、UART 发送模块和波特率控制模块。UART 接收模块负责接收 UART 输入信号，一个字节接收完毕后，将数据内容由并行输出接口输出。UART 发送模块负责向外传输 UART 串行信号，将并行数据接口输入的内容转换为符合 UART 传输规范的串行信号输出。波特率控制模块根据设置生成对应的波特率信号，指导发送和接收模块工作。

UART 接口的顶层 VHDL 描述如下：

```
LIBRARY   IEEE;
USE   IEEE.STD_LOGIC_1164.ALL;
USE   IEEE.STD_LOGIC_ARITH.ALL;
USE   IEEE.STD_LOGIC_UNSIGNED.ALL;
ENTITY   top   IS
PORT (
        clk：IN   STD_LOGIC;                              --系统时钟输入端口
        reset：IN   STD_LOGIC;                           --硬件复位信号输入端口
        rxd：IN   STD_LOGIC;                             --UART 接收信号输入端口
        xmit_cmd_p_in：IN   STD_LOGIC;                   --控制信号端口
        baud_set_wr：IN   STD_LOGIC;                     --波特率设置写控制端口
        rec_ready：OUT   STD_LOGIC;                      --接收完成信号输出端口
        txd_out：OUT   STD_LOGIC;                        --UART 发送端口
        txd_done_out：OUT   STD_LOGIC;                   --发送完成信号输出端口
        baud_set：IN   STD_LOGIC_VECTOR(7 DOWNTO 0);    --波特率设置端口
        txdbuf_in：IN   STD_LOGIC_VECTOR(7 DOWNTO 0);   --待发送数据输入端口
        rec_buf：OUT   STD_LOGIC_VECTOR(7 DOWNTO 0));   --接收数据输出端口
END   top;
ARCHITECTURE   Behav   OF   top   IS

COMPONENT   UART_Receiver                               --UART 接收模块
  PORT (
        bclkr：IN   STD_LOGIC;                           --波特率时钟输入端口
        resetr：IN   STD_LOGIC;                          --硬件复位输入端口
        rxdr：IN   STD_LOGIC;                            --UART 接收端口
        r_ready：OUT   STD_LOGIC;                        --接口完成信号输出端口
        rbuf：OUT   STD_LOGIC_VECTOR(7 DOWNTO 0)        --接收数据输出端口
        );
END   COMPONENT;

COMPONENT   UART_Transfer                               --UART 发送模块
  PORT (
        bclkt：IN   STD_LOGIC;                           --波特率时钟输入端口
        resett：IN   STD_LOGIC;                          --硬件复位输入端口
        xmit_cmd_p：IN   STD_LOGIC;                      --数据输入控制位
        txdbuf：IN   STD_LOGIC_VECTOR(7 DOWNTO 0);      --待发送数据输入接口
        txd：OUT   STD_LOGIC;                            --UART 接收端口
```

```
            txd_done：OUT   STD_LOGIC                        --发送完成信号输出端口
            );
    END   COMPONENT;

    COMPONENT   baud
      PORT (                                      --波特率控制模块
            clk: IN   STD_LOGIC;                  --系统时钟输入端口
            resetb：IN   STD_LOGIC;               --硬件复位信号输入端口
            baud_set: IN   STD_LOGIC_VECTOR(7 DOWNTO 0);   --波特率设置端口
            baud_set_wr: IN   STD_LOGIC;          --波特率设置写控制端口
            bclk：OUT   STD_LOGIC                 --波特率时钟输出端口
            );
    END   COMPONENT;

    SIGNAL   b：STD_LOGIC;
    BEGIN                                         --顶层映射
    u1：baud   PORT MAP( clk => clk,
                    resetb => reset,
                    bclk => b，
                    baud_set => baud_set，
                    baud_set_wr=> baud_set_wr
                    );
    u2：UART_Receiver   PORT MAP( bclkr => b,
                            resetr => reset,
                            rxdr => rxd,
                            r_ready => rec_ready,
                            rbuf => rec_buf
                            );
    u3：UART_Transfer   PORT MAP( bclkt => b,
                            resett => reset,
                            xmit_cmd_p => xmit_cmd_p_in,
                            txdbuf =>txdbuf_in,
                            txd => txd_out,
                            txd_done => txd_done_out
                            );
        END   Behavioral;
```

顶层 VHDL 描述对应的模块结构图如图 9.15 所示。

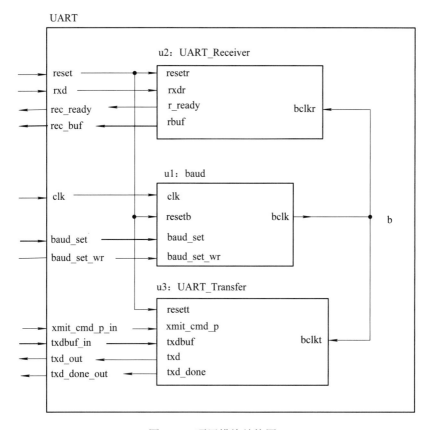

图 9.15　顶层模块结构图

9.2.3　波特率发生模块分析与 VHDL 描述

波特率发生模块是 UART 接口的重要组成部分，只有正确的波特率时钟信号才能保证 UART 通信的稳定可靠，常用的波特率有 9600、19 200、38 400、76 800 和 153 600 Hz，考虑到采样的可靠问题，在 UART 中采样时钟周期为传输波特率的 16 倍，即如果 UART 的传输波特率为 9600，则此时波特率发生模块将生成 9600×16=153 600 Hz 的时钟信号。波特率发生模块的功能就是根据 baud_set 信号，对系统时钟进行分频，输出对应的波特率时钟信号，驱动系统对时钟信号的分频系数可由 baud_set 信号在 1～255 之间连续调整。

1. 波特率发生模块的 VHDL 程序

文件名为 baud.vhd。

功能：按照 baud_set 的设置分频率将外部输入的系统信号设置为特定波特率的信号。

```
LIBRARY   IEEE;
USE   IEEE.STD_LOGIC_1164.ALL;
USE   IEEE.STD_LOGIC_ARITH.ALL;
USE   IEEE.STD_LOGIC_UNSIGNED.ALL;
ENTITY   baud   IS
 PORT (
```

```
    clk: IN   STD_LOGIC;                          --系统时钟输入端口
    resetb: IN   STD_LOGIC;                       --硬件复位信号输入端口
    baud_set: IN   STD_LOGIC_VECTOR(7 DOWNTO 0);  --波特率设置端口
    baud_set_wr: IN   STD_LOGIC;                  --波特率设置写控制端口
    bclk: OUT   STD_LOGIC                         --波特率时钟输出端口
    );
END   BAUD;
ARCHITECTURE   Behav   OF   baud   IS
BEGIN
  SIGNAL   baud_count: STD_LOGIC_VECTOR(7 DOWNTO 0);
  SIGNAL   cnt: STD_LOGIC_VECTOR(7 DOWNTO 0);
PROCESS(clk)
  IF   (clk' event   AND clk='1')   THEN
    IF   (resetb='1')   THEN                   --同步复位
      cnt <= "00000001";
      bclk <= '0';
    ELSIF   (baud_set_wr='1')   THEN            --设置分频系数
      baud_count<= baud_set;
      cnt <="00000001";
    ELSIF   (cnt=baud_count)   THEN             --加载分频系数
      cnt<="00000001";
      bclk<='1';
    ELSE
      cnt <= cnt+1;
      bclk<='0';
    END   IF;
  END   IF;
END   PROCESS;
END   Behav;
```

2. 程序仿真

波特率发生器的仿真波形如图 9.16 所示。

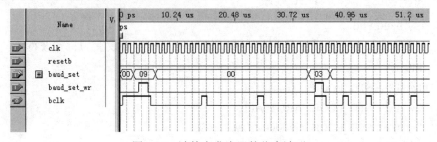

图 9.16　波特率发生器的仿真波形

根据系统时钟的不同，设置不同的分频比，即可获得合适的波特率时钟信号。例如，系统时钟为 20 MHz，设置分频比为 130，即设置 baud_set 为 "10000010" (130)即可获得 153 846 Hz 的波特率输出，与目标 9600 × 16 = 153 600 Hz 之间的误差为 0.16%，这已经能够满足通信的要求了。

9.2.4　UART 发送模块程序与仿真

根据 UART 通信的时序，本例中采用状态机的方式实现 UART 发送模块。UART 发送模块工作时有 5 个状态，分别为空闲、起始、等待、移位和结束状态，其状态机如图 9.17 所示。

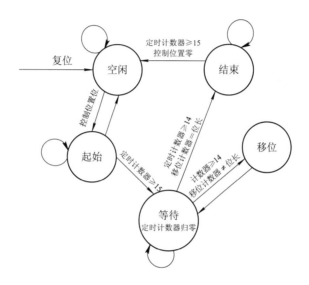

图 9.17　UART 发送模块的状态机

UART 发送模块的 VHDL 描述如下：

```
LIBRARY   IEEE;
USE   IEEE.STD_LOGIC_1164.ALL;
USE   IEEE.STD_LOGIC_ARITH.ALL;
USE   IEEE.STD_LOGIC_UNSIGNED.ALL;
ENTITY   UART_Transfer   IS
GENERIC   (framlent:integer:=8);
  PORT (
        bclkt: IN   STD_LOGIC;                          --波特率时钟输入端口
        resett: IN   STD_LOGIC;                         --同步复位信号输入端口
        cmd_p: IN   STD_LOGIC;                          --UART 发送控制信号输入端口
        txdbuf: IN   STD_LOGIC_VECTOR(7 DOWNTO 0):="11001010";
                                                        --UART 发送数据输入端口
        txd: OUT   STD_LOGIC;
        txd_done: OUT   STD_LOGIC
        );
```

```
END   UART_Transfer;
ARCHITECTURE  Behav  OF  UART_Transfer  IS
  TYPE states  IS  (s_idle,s_start,s_wait,s_shift,s_stop);
  SIGNAL   state：states :=s_idle;
  SIGNAL   tcnt：integer:=0;
  SIGNAL   xcnt16：STD_LOGIC_VECTOR(4 DOWNTO 0):="00000";
BEGIN
PROCESS(bclkt)
  VARIABLE   xbitcnt:integer:=0;
  VARIABLE   txds:STD_LOGIC;
BEGIN
  IF (bclkt'event AND bclkt='1')   THEN
    IF (resett='1')   THEN
      state<=s_idle;
      txd_done<='0';
      txds:='1';
    ELSE
      CASE   state   IS
        WHEN   s_idle=>                              --空闲状态
          IF   (cmd_p='1')   THEN                    --发送控制信号
            state<=s_start;
            txd_done<='0';
          ELSE
            state<=s_idle;
            txd_done<='1';
            txds:='1';
          END   IF;
        WHEN   s_start=>                             --起始状态，发送起始位
          IF   (xcnt16>="01111")   THEN
              txds:='0';
              state<=s_wait;
              xcnt16<="00000";
          ELSE
              xcnt16<=xcnt16+'1';
              state<=s_start;
          END   IF;
        WHEN   s_wait=>                              --延时等待
          IF (xcnt16>="01110")   THEN
              IF   (xbitcnt=framlent)   THEN
```

```
                        state<=s_stop;
                        xbitcnt:=0;
                    ELSE
                        state<=s_shift;
                    END   IF;
                    xcnt16<="00000";
                ELSE
                    xcnt16<=xcnt16+'1';
                    state<=s_wait;
                END   IF;
            WHEN   s_shift=>                        --移位传送数据
                txds:=txdbuf(xbitcnt);             --低位先传
                xbitcnt:=xbitcnt+1;
                state<=s_wait;
            WHEN   s_stop=>                         --结束位发送
                IF   (xcnt16>="01111")   THEN
                    IF   (cmd_p='0')   THEN
                        state<=s_idle;
                        xcnt16<="00000";
                    ELSE
                        xcnt16<=xcnt16;
                        state<=s_stop;
                    END   IF;
                    txd_done<='1';
                ELSE
                    xcnt16<=xcnt16+1;
                    txds:='1';
                    state<=s_stop;
                END   IF;
            WHEN   OTHERS=>state<=s_idle;          --出现其他未定义的状态返回空闲状态
            END   CASE;
        END   IF;
        txd<=txds;
        prob<=xcnt16;
    END   IF;
END   PROCESS;
END   Behav;
```

UART 发送模块的仿真波形如图 9.18 所示。

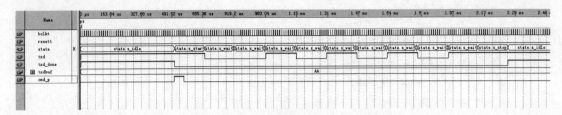

图 9.18　UART 发送模块的仿真波形

本例中的 UART 发送顺序是采用由低位到高位的顺序发送，由仿真波形可知，发送一个 8 位的数据时，状态机的状态顺序是 "s_idle" → "s_start" → "s_wait" → "s_shift" → "s_wait" → "s_shift" → "s_wait" → "s_shift" → "s_wait" → "s_shift" → "s_wait" → "s_shift" → "s_wait" → "s_shift" → "s_wait" → "s_shift" → "s_wait" → "s_shift" → "s_wait" → "s_stop" → "s_wait" → "s_idle"，由于 "s_shift" 过程持续的时间较短，因此在仿真图中无法将其状态名称显示出来。

9.2.5　UART 接收模块分析及其 VHDL 描述

与发送模块类似，UART 接收模块也采用状态机的形式，分为 "开始"、"找中"、"等待"、"采样" 和 "停止" 5 个状态，状态机如图 9.19 所示。

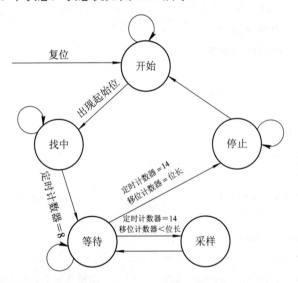

图 9.19　UART 接收模块的状态机

UART 接收模块的 VHDL 描述如下：

```
LIBRARY   IEEE;
USE   IEEE.STD_LOGIC_1164.ALL;
USE   IEEE.STD_LOGIC_ARITH.ALL;
USE   IEEE.STD_LOGIC_UNSIGNED.ALL;
ENTITY   UART_Reciever   IS
GENERIC   (framlenr：INTEGER:=8);
    PORT (
```

```
            bclkr：IN   STD_LOGIC;                    --定义输入/输出信号
            resetr：IN   STD_LOGIC;
            rxdr：IN   STD_LOGIC;
            s_ready：OUT   STD_LOGIC;
            rbuf：OUT   STD_LOGIC_VECTOR(7 DOWNTO 0)
            );
    END   UART_Receiver;
    ARCHITECTURE   Behav   OF   UART_Receiver   IS
        TYPE   states   IS   (s_start,s_center,s_wait,s_sample,s_stop);   --定义各子状态
        SIGNAL   state：states:=s_start;
        SIGNAL   rxd_sync：STD_LOGIC;
    BEGIN
     pro1：PROCESS(rxdr)                              --同步进程
        BEGIN
           IF   (rxdr='0')   THEN
              rxd_sync<='0';
           ELSE
              rxd_sync<='1';
           END   IF;
    END   PROCESS;


    pro2：PROCESS(bclkr)                              --主控时序、组合进程
    VARIABLE   count：STD_LOGIC_VECTOR(3 DOWNTO 0);    --中间变量
    VARIABLE   rcnt：INTEGER:=0;
    VARIABLE   rbufs：STD_LOGIC_VECTOR(7 DOWNTO 0);
    BEGIN
       IF   (bclkr'event AND bclkr='1')   THEN
        IF   (resetr='1')   THEN
           state<=s_start;
           count:="0000";                            --复位
        ELSE
          CASE   state   IS
           WHEN s_start=>                             --开始，等待起始位
             IF   (rxd_sync='0')   THEN
              state<=s_center;
              s_ready<='0';
              rcnt:=0;
             ELSE
              state<=s_start;
```

```
        s_ready<='0';
      END   IF;
    WHEN s_center=>                              --找中，延时到信号的中段
      IF   (rxd_sync='0')   THEN
        IF   (count="1000")   THEN
          state<=s_wait;
          count:="0000";
        ELSE
          COUNT:=count+1;
          state<=s_center;
        END   IF;
      ELSE
        state<=s_start;
      END   IF;
    WHEN s_wait=>                                --等待状态
      IF   (count>="1110")   THEN
          IF   (rcnt=framlenr)   THEN
          state<=s_stop;
        ELSE
          state<=s_sample;
        END   IF;
        count:="0000";
      ELSE
        count:=count+1;
        state<=s_wait;
      END   IF;
    WHEN s_sample=>                              --数据位采样检测
      rbufs(rcnt) :=rxd_sync;
      rcnt:=rcnt+1;
      state<=s_wait;
    WHEN s_stop=>                                --输出帧接收完毕信号
      s_ready<='1';
      rbuf<=rbufs;
      state<=s_start;
    WHEN   OTHERS=>
      state<=s_start;
    END   CASE;
  END   IF;
END   IF;
```

　　END　PROCESS;

　　END　Behav;

UART 接收模块的仿真波形如图 9.20 所示。

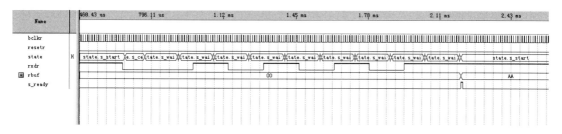

图 9.20　UART 接收模块的仿真波形

9.3　ASK 调制解调器的 VHDL 实现

ASK 是一种很简单的振幅键控调制方式,根据载波信号的幅值区别数据的"0"和"1",这样可以保证传输的可靠性。

9.3.1　ASK 调制器的 VHDL 描述

ASK 调制器的核心由一个与门构成,被调制信号和载波信号同时通过一个与门,与门输出的信号就是调制好的信号。完整的 ASK 调制器还要求能同时调整载波信号的频率。ASK 调制器的 VHDL 描述如下:

```
LIBRARY    IEEE;
USE    IEEE.STD_LOGIC_ARITH.ALL;
USE    IEEE.STD_LOGIC_1164.ALL;
USE    IEEE.STD_LOGIC_UNSIGNED.ALL;
ENTITY    ASK_coder    IS
  PORT(clk: IN    STD_LOGIC;                              --系统时钟
        reset: IN    STD_LOGIC;                           --复位信号
        Divid: IN    STD_LOGIC_VECTOR(3 DOWNTO 0);        --载波信号分频比设置
        Data_in: IN    STD_LOGIC;                         --被调制的信号
        ASK_out: OUT    STD_LOGIC);                       --调制好的信号输出
END    ASK_coder;
ARCHITECTURE    behav    OF    ASK_coder    IS
  SIGNAL    count: STD_LOGIC_VECTOR(3 DOWNTO 0);          --分频计数器
  SIGNAL    base: STD_LOGIC;                              --载波信号
BEGIN
PROCESS(clk)
  BEGIN
    IF    (clk'event AND clk='1')    THEN
```

```
  IF  (reset='0')  THEN
    ASK_out<='0';
    count<=Divid;
    base<= '0';
  ELSE
    IF  (count="0000")  THEN
      count<=Divid;
      base<= NOT base;
    ELSE
      count<=count−"0001";
    END  IF;
    ASK_out<=base AND Data_in;
  END  IF;
  END  IF;
  END  PROCESS;
  END  behav;
```

对该 VHDL 描述进行仿真，可得到如图 9.21 所示的仿真波形。由仿真图可知，该调制器可实现载波频率的实时调整，调制信号同步输出，满足设计要求。

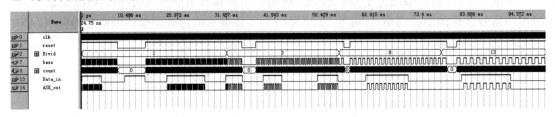

图 9.21　ASK 调制器 VHDL 程序仿真波形

9.3.2　ASK 解调器的 VHDL 描述

相比 ASK 调制器，ASK 解调器的结构要复杂些。ASK 解调器需要对时钟信号进行分频，将时间分成一个个的时间段，同时测量。若某个时间段内的 ASK 信号脉冲数量超过设置的阈值，则将下一时间段内的输出信号设置为 "1"，否则，设置为 "0"，这样得到的解调信号不可避免地会有一定的延时，对被解调的 ASK 信号的宽度也有一定的要求。

```
LIBRARY  IEEE;
USE  IEEE.STD_LOGIC_ARITH.ALL;
USE  IEEE.STD_LOGIC_1164.ALL;
USE  IEEE.STD_LOGIC_UNSIGNED.ALL;
ENTITY  ASK_decoder  IS
  PORT(clk：IN  STD_LOGIC;                    --系统时钟
      Reset：IN  STD_LOGIC;                   --复位信号
      ASK_in：IN  STD_LOGIC;                  --调制信号
```

```
                Data_out：OUT　STD_LOGIC);              --解调的信号
END　ASK_decoder;
ARCHITECTURE　behav　OF　ASK_decoder　IS
  SIGNAL　CLK_counter：STD_LOGIC_VECTOR(3 DOWNTO 0);      --时钟信号计数器
  SIGNAL　ASK_reg：STD_LOGIC;                            --ASK_in 信号寄存器
  SIGNAL　ASK_counter：STD_LOGIC_VECTOR(2 DOWNTO 0);     --ASK 脉冲计数器
  SIGNAL　data_reg：STD_LOGIC;
BEGIN
PROCESS(clk)
  BEGIN
  IF　(clk'event AND clk='1')　THEN
   ASK_reg<=ASK_in;
   IF　(Reset='0')　THEN
      CLK_counter<="0000";
    ELSIF　(CLK_counter="1011")　THEN
      CLK_counter<="0000";
    ELSE
      CLK_counter<=CLK_counter+"0001";                  --对时钟信号进行计数分频
    END　IF;
  END　IF;
END　PROCESS;
PROCESS(clk)
BEGIN
 IF　(clk'event AND clk='1')　THEN
  IF　(Reset='0')　THEN
      ASK_counter<="000";                               --复位时 ASK 信号脉冲计数归零
    ELSIF　(CLK_counter="1011")　THEN
     ASK_counter<="000";                                -- ASK 信号脉冲计数归零
     Data_out<=data_reg;
    ELSIF　(CLK_counter="1010")　THEN
    IF　(ASK_counter>="011")　THEN                       --通过判断 ASK 脉冲数的多少，获得解调信号
      data_reg<='1';
    ELSE
      data_reg<='0';
    END　IF;
   ELSIF　(ASK_reg='0' AND ASK_in='1')　THEN
      ASK_counter<=ASK_counter+'1';                     --对 ASK 信号脉冲上升沿计数
   END　IF;
 END　IF;
```

　　END　PROCESS;

　　END　behav;

　　对该 VHDL 描述进行仿真，可得到如图 9.22 所示的仿真波形。由仿真图可知，该解调器能实现解调任务，由于解调原理的限制，解调的信号与 ASK 信号之间存在一定的延迟，因此解调信号的宽度要求至少大于 11 个系统时钟周期。

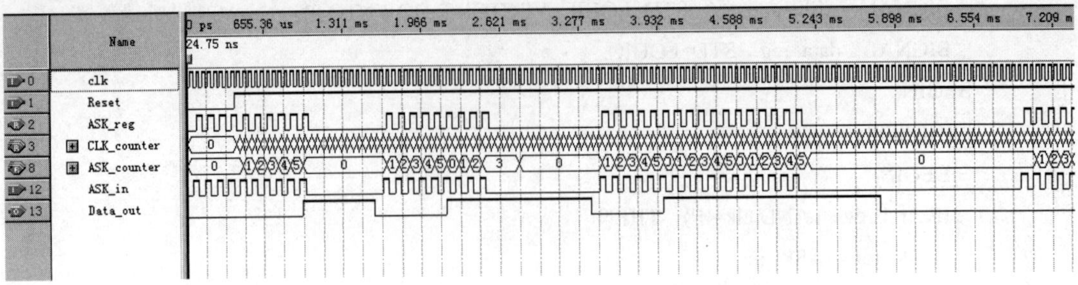

图 9.22　ASK 解调器 VHDL 描述的仿真波形

第 10 章 设计中的常见问题

在 VHDL 程序设计过程中，常常会出现一些设计者未能预料的情况，如果在设计初期就能考虑到一些会导致错误的因素，将会使设计过程更加顺利。本章将介绍那些需要在设计前或设计过程中考虑的问题。

10.1 信号毛刺的产生及消除

10.1.1 信号毛刺的产生

信号在可编程器件内部通过连线和逻辑单元时，会有一定的延时，延时的长短与信号通道上的连线长短和逻辑单元的数目有关，同时还受器件的制造工艺、工作电压、温度等条件的影响。信号的高低电平转换也需要一定的过渡时间。由于存在这两方面的因素，多路信号的电平值发生变化时，在信号变化的瞬间，组合逻辑的输出状态不确定，往往会出现一些不正确的尖峰信号，这些尖峰信号称为"毛刺"。如果一个组合逻辑电路中有"毛刺"出现，就说明该电路存在"冒险"。由于信号路径长度的不同，多级组合电路、译码器、数值比较器以及状态计数器等器件本身容易出现冒险现象，时钟端口、清零和置位端口对毛刺信号十分敏感，这些端口出现的任何毛刺都可能会使系统出错，因此判断逻辑电路中是否存在冒险以及如何避免冒险是设计人员必须要考虑的问题。

如图 10.1 所示的电路就是一个会出现冒险的电路，根据电路结构原理，3 位计数器对

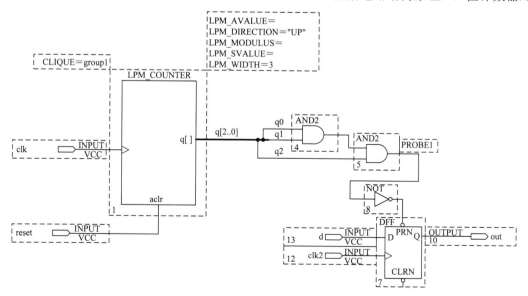

图 10.1 存在"冒险"的组合逻辑

时钟信号"clk"进行计数，计数值通过一个两级与门逻辑，控制一个 D 触发器的强制置位端，当信号"q0"、"q1"、"q2"均为"1"时，输出端"out"输出为"1"，其余时刻输出端"out"输出为"0"。

电路的期望时序如图 10.2 所示。

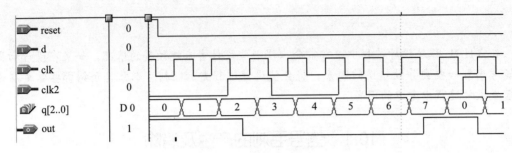

图 10.2　电路的期望时序

实际上，按照如图 10.1 所示的电路，使用 Quartus II 进行时序仿真后，获得的实际时序仿真波形如图 10.3 所示。

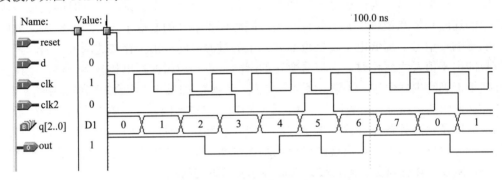

图 10.3　实际时序仿真波形

当计数器的计数值由"4"变为"5"时，"out"信号产生了意外的脉冲输出，显然此时序无法满足设计要求。对信号线"PROBE1"的时序进行分析，获得如图 10.4 所示的时序波形。

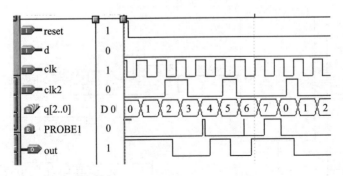

图 10.4　"PROBE1"的时序波形

当信号"q[2..0]"的值由"3"变为"4"以及由"5"变为"6"时，在信号"PROBE1"上会出现两个毛刺，从而导致了输出信号"out"的异常脉冲输出，显然毛刺是由信号"q[2..0]"

与"PROBE1"间的如图 10.5 所示的组合逻辑电路产生的。

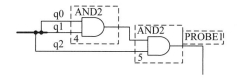

图 10.5　产生毛刺的组合逻辑电路

查看编译报告中的"Classic Timing Analyzer"模块，分析如图 10.5 所示的组合逻辑部分的延时，获得如图 10.6 所示的延时矩阵。

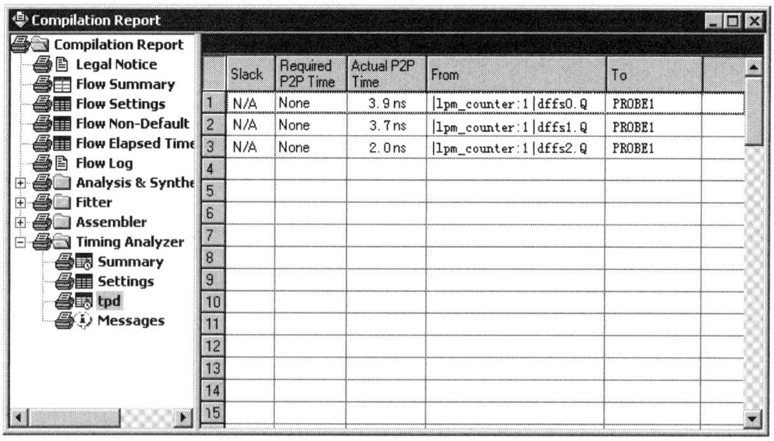

图 10.6　获得的延时矩阵

信号 q[2..0]由"000"变到"111"的过程如表 10.1 所示。当信号 q[2..0]由"011"变为"100"和由"101"变为"110"时，由于器件延时的不同，会出现在某一个时间段内信号"q2"、"q1"和"q0"同时为"1"的情况。

表 10.1　信号 q[2..0]的状态变化表

q2	q1	q0
0	0	0
0	0	1
0	1	0
0	1	1
1	0	0
1	0	1
1	1	0
1	1	1

10.1.2　信号毛刺的解决方法

常用的消除信号毛刺的方法有两种：一是通过对后续电路的改进，避免毛刺对后续电路的影响；二是在计数过程和组合逻辑中就避免毛刺的产生。

采用第一种方法，使用如图 10.7 所示的同步电路设计，在信号"PROBE1"与触发器"PRN"端之间添加一个新的 D 触发器，由"clk"信号下降沿控制触发，保证在触发的时刻组合逻辑输出的信号已经稳定，同时该触发器输出信号 Q 通过一个延迟门与"PRN"端组成正反馈回路，保证足够的脉宽。

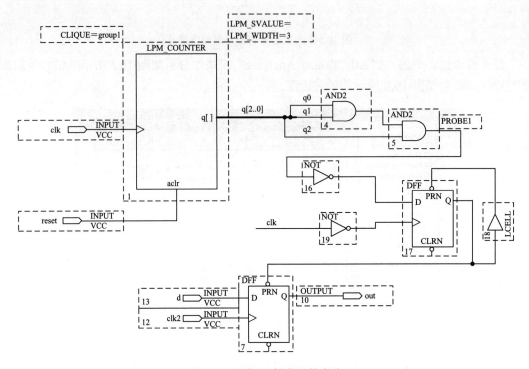

图 10.7　添加 D 触发器的电路

改进后的电路的仿真时序如图 10.8 所示。

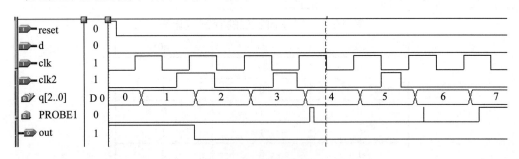

图 10.8　改进后的电路的仿真时序

在如图 10.8 所示的时序过程中，电路毛刺并没有被消除，只是通过添加触发器将毛刺对后续电路的影响消除了。

这种方法也存在不足，即增加了输出信号与时钟信号之间的延时；另外，当系统的时钟频率很高时，毛刺在时钟信号的下降沿时刻可能还没有消失，仍然会影响后续电路。

另一种能完全避免毛刺产生的方法就是使用格雷码计数器，在每次计数状态变化过程中只有一位信号发生变化，如表 10.2 所示，这样就避免了毛刺产生的可能。

表 10.2　信号 q[2..0]的状态变化表

qc	qb	qa
1	0	1
1	0	0
0	0	0
0	0	1
0	1	1
0	1	0
1	1	0
1	1	1

采用格雷码计数器后的电路如图 10.9 所示。

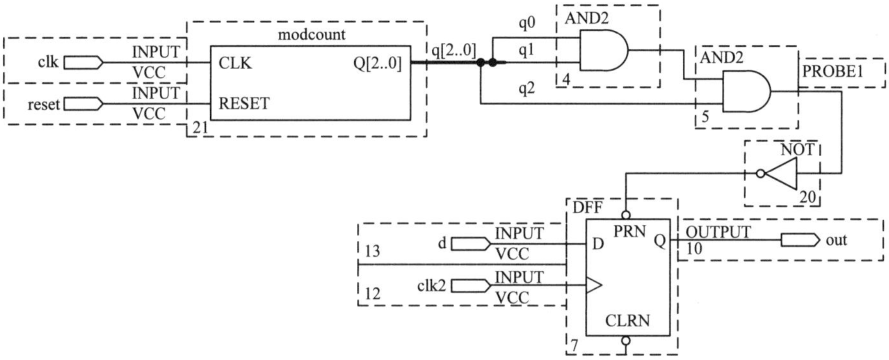

图 10.9　采用格雷码计数器后的电路

图 10.9 中的"modcount"是一个自定义的 3 位格雷码计数器模块，其描述如下：

```
LIBRARY   IEEE；
USE   IEEE.STD_LOGIC_1164.ALL；
USE   IEEE.STD_LOGIC_UNSIGNED.ALL；
ENTITY   modcount   IS
PORT(clk：IN   STD_LOGIC；
      reset：IN   STD_LOGIC；
      q：OUT   STD_LOGIC_VECTOR(2 DOWNTO 0)
     );
END   ENTITY   modcount；
ARCHITECTURE   behav   OF   modcount   IS
 SIGNAL   rr：STD_LOGIC_VECTOR(2 DOWNTO 0)；              --状态变量
    CONSTANT   st0：STD_LOGIC_VECTOR(2 DOWNTO 0):="101"；   --状态常数设置
    CONSTANT   st1：STD_LOGIC_VECTOR(2 DOWNTO 0):="100"；
    CONSTANT   st2：STD_LOGIC_VECTOR(2 DOWNTO 0):="000"；
    CONSTANT   st3：STD_LOGIC_VECTOR(2 DOWNTO 0):="001"；
```

```
            CONSTANT    st4：STD_LOGIC_VECTOR(2 DOWNTO 0):="011";
            CONSTANT    st5：STD_LOGIC_VECTOR(2 DOWNTO 0):="010";
            CONSTANT    st6：STD_LOGIC_VECTOR(2 DOWNTO 0):="110";
            CONSTANT    st7：STD_LOGIC_VECTOR(2 DOWNTO 0):="111";
        BEGIN
        PROCESS(clk)
        BEGIN
            IF    (clk'event AND clk='1')    THEN
            CASE    rr    IS
                WHEN st0 => rr<=st1；
                WHEN st1 => rr <=st2；
                WHEN st2 => rr <=st3；
                WHEN st3 => rr <=st4；
                WHEN st4 => rr <=st5；
                WHEN st5 => rr <=st6；
                WHEN st6 => rr <=st7；
                WHEN st7 => rr <=st0；
            END    CASE；
            q<= rr；
          END    PROCESS；
        END    behav；
```

使用格雷码计数器后，系统仿真时序如图 10.10 所示。

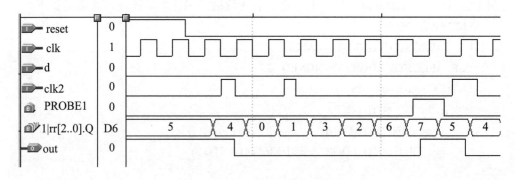

图 10.10　使用格雷码计数器后的仿真时序

在如图 10.10 所示的系统时序中，由于使用了格雷码计数器，每次只改变一位输出值的状态，因此从根本上消除了毛刺的产生，系统更为稳定。

在数字电路中，采用格雷码计数器、同步电路等可以大大减少毛刺，但它并不能完全消除所有的毛刺。毛刺并不是对所有的输入都有危害。例如 D 触发器的 D 输入端，只要毛刺不出现在时钟的上升沿并且满足数据的建立和保持时间，一般不会对系统造成危害。因此，在设计数字电路时，需要综合考虑毛刺的影响，在保证电路稳定的情况下，尽量简化设计。

10.2　时　钟　问　题

在时序电路的设计中，时钟信号常常用来对各类信号进行同步采样，以实现电路的同步，从而保证系统的稳定性。在极限温度、电压或制造工艺存在偏差的情况下，设计不良的时钟将导致系统错误的行为，因此稳定的时钟设计非常关键。在 FPGA 设计时通常采用全局时钟、门控时钟、多级逻辑时钟和波动式时钟这 4 种时钟类型。多时钟系统是这 4 种时钟类型的任意组合。

10.2.1　信号的建立和保持时间

在设计时钟前，设计者需要考虑的第一件事就是信号的建立和保持时间。所谓信号的"建立时间"，是指在时钟的上升沿或下降沿之前数据必须保持稳定(无跳变)的时间。"保持时间"是指在时钟跳变后数据必须保持稳定的时间。建立时间与保持时间的关系如图 10.11 所示。为了保证在时钟信号翻转时采集数据的正确性，一般在数据信号发生时间的中间段进行采集，这就要求有足够的信号建立和保持时间，所有采用时钟和数据输入的同步数字电路都要求提供这两个时间参数。

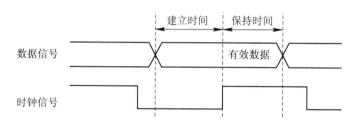

图 10.11　建立时间与保持时间的关系

要求数据稳定接收就必须满足建立和保持时间的要求，否则在时钟上升沿或下降沿读取的数据就可能有错误，从而使电路变得不稳定。在 FPGA 设计中，应该尽量避免在数据建立时间内或其附近读取数据。对于级联的功能模块或者数字逻辑器件，后一模块或器件的工作时钟一般取前一模块或器件工作时钟的反相信号，这样就可以保证时钟的边沿位于数据的保持时间内。

10.2.2　全局时钟

在一个数字系统中，如果每一个顺序逻辑单元(Sequential Logic Element)都是用同一个参考时钟脉冲来驱动的，则可称该系统为同步系统，驱动同步系统的参考时钟就是全局时钟。全局时钟驱动的同步系统可以小到一个简单的逻辑芯片，大到一个多插槽式模组，其包含的顺序逻辑单元可以是寄存器(Register)、先进先出(FIFO)缓冲器、同步内存(Memory) 等。

对于一个设计项目来说，全局时钟是最简单和最可预测的时钟。在 FPGA 设计中，最好的时钟方案是：由专用的全局时钟输入引脚驱动单个主时钟去控制设计项目中的每一个触发器。FPGA 芯片一般都具有专用的全局时钟引脚，在设计项目时应尽量采用全局时钟，它能够提供器件中最短的时钟到输出的延时。

图 10.12 所示的是全局时钟的一个典型实例。

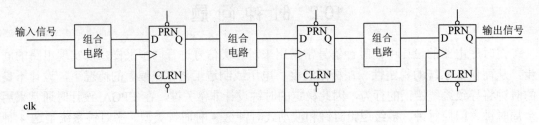

图 10.12　全局时钟实例

图 10.12 中的全局时钟控制三级组合电路的运行，每次得到的结果被全局时钟控制的 D 触发器锁存，使运行过程与全局时钟同步。

10.2.3　门控时钟

在许多应用中，整个设计项目都采用外部的全局时钟是不可能的，所以通常用阵列时钟构成门控时钟。门控时钟常常同微处理器接口有关，例如用地址线去控制写脉冲。每当用组合逻辑来控制触发器时，通常都存在着门控时钟。在使用门控时钟时，应仔细分析时钟函数，以避免毛刺的影响。如果设计满足下述两个条件，则可以保证时钟信号不出现危险的毛刺，门控时钟就可以像全局时钟一样可靠工作：

(1) 直接驱动时钟的逻辑中只允许包含一个"与门"或一个"或门"，如果采用其他的附加逻辑，就会在某些工作状态下出现由于逻辑竞争而产生的毛刺。

(2) 逻辑门的一个输入作为实际的时钟，而该逻辑门的所有其他输入必须当成地址或控制线，它们遵守相对于时钟的建立和保持时间的约束。

图 10.13 所示为一个使用与门的门控时钟电路。

将门控时钟与全局时钟同步能改善设计项目的可靠性。使用带有使能端的 D 触发器可以实现门控时钟与全局时钟的同步。带有使能端的 D 触发器的符号如图 10.14 所示。

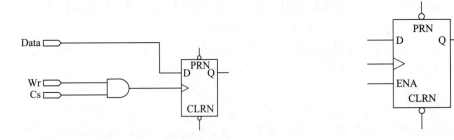

图 10.13　使用与门的门控时钟电路　　　　图 10.14　带有使能端的 D 触发器的符号

使用时，将门控时钟接 D 触发器的使能端，全局时钟接 D 触发器的时钟输入端，这样就能保持门控时钟与全局时钟的同步。

当产生门控时钟的组合逻辑超过一级，即超过单个的"与门"或"或门"时，该设计项目的可靠性将变得很差。在这种情况下，即使样机或仿真结果没有显示出静态险象，但实际上仍然可能存在危险，所以我们不应该用多级组合逻辑去作为触发器的时钟端。多级逻辑的险象可以通过插入"冗余逻辑"到设计项目中去除，但是 FPGA 编译器在逻辑综合时会去掉这些冗余逻辑，这就使得验证险象是否真正被去除变得十分困难。为此，设计人员应寻求其他方法来实现电路的功能，尽量避免使用多级门控时钟。

10.2.4　多时钟系统

在设计中常常会碰到多时钟系统，即在一个系统中存在多个时钟信号，例如异步通信接口或者两个不同时钟信号驱动的微处理器之间的接口。由于两个时钟信号之间要求一定的建立和保持时间，因此上述应用引进了附加的定时约束条件，要求接口系统将某些异步信号同步化。

如图 10.15 所示即为一个双时钟系统的实例。该系统有两路彼此独立的时钟信号：clk_a 信号为 3 MHz，用于驱动触发器 A；clk_b 信号为 6 MHz，用于驱动触发器 B。两个触发器的输出信号要进行逻辑与操作，这样就要求两路触发器输出的信号能够同步，以保证两信号在进行与操作之前均处于稳定状态，避免出现不可预料的毛刺。由于 clk_a 和 clk_b 是相互独立的，分别由这两路时钟信号驱动的 data_a 和 data_b 信号的建立时间和保持时间的要求不能得到稳定的保证，因此必须添加如图 10.16 所示的同步电路来实现两路信号的同步化。

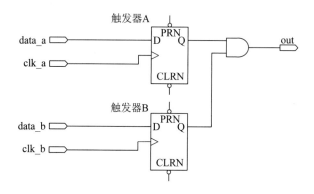

图 10.15　双时钟系统

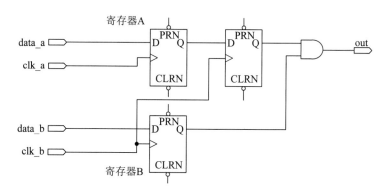

图 10.16　添加同步电路后的双时钟系统

图 10.16 所示的电路是在图 10.15 的基础上增加了一个新的触发器，它由 clk_b 控制，从而保证了经过触发器处理后的 data_a 信号符合 data_b 信号的建立时间要求。

　　以上的例子中，两个时钟信号的频率之间是整数倍关系，即 clk_b 的频率是 clk_a 频率的两倍，两者之间可以很容易地实现同步。在许多应用场合，异步信号间的频率并不是整数倍关系，数据的建立和保持时间很难得到保证，设计人员将面临复杂的时间分析问题。最好的方法是将所有非同源时钟同步化。使用 FPGA 内部的锁相环(PLL)是一个效果很好的方法，但并不是所有的 FPGA 都带有 PLL，而且带有 PLL 功能的芯片大多价格昂贵，所以除非有特殊要求，一般场合不建议使用带 PLL 的 PLD。这时就需要使用带使能端的 D 触发器，并引入一个高频时钟来实现信号的同步化。图 10.17 所示的就是使用外部时钟 clk_c 来保证时钟 clk_a 和时钟 clk_b 同步的例子，要求 clk_c 的频率要远高于 clk_a 和 clk_b 的频率。

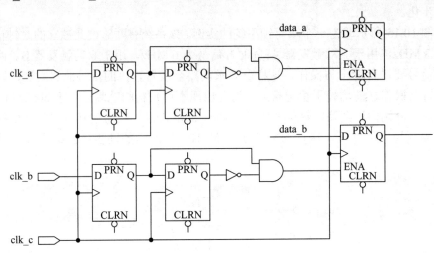

图 10.17　引入高频时钟来实现信号的同步化

10.3　复位和清零信号

　　复位和清零信号对毛刺是非常敏感的，最好的复位和清零信号是从器件的输入引脚直接引入。给数字逻辑电路设置一个主复位"RESET"引脚是常用的好方法，该方法是通过主复位引脚给电路中每个功能单元馈送清零或置位信号。与全局时钟引脚类似，几乎所有的 FPGA 器件都有专门的全局清零引脚和全局置位引脚。如果必须从器件内产生清零或置位信号，则要按照"门控时钟"的设计原则去建立这些信号，以确保输入信号中不会出现毛刺信号。

　　若采用门控复位或者门控清零，则应将单个引脚或者触发器作为复位或清零的信号源，而将其他信号作为地址或控制线。在复位或清零的有效期间，地址或控制线必须保持稳定，决不能用多级逻辑或包含竞争状态的单级逻辑产生清零或置位信号。

第 11 章　FPGA/CPLD 器件的硬件连接

　　用户在设计具体电路时，可以先将 FPGA/CPLD 器件焊接在电路板上，在设计调试时，可以通过器件配置操作，改变器件内部的逻辑功能和引脚分配，从而在不改变电路板结构的前提下，实现不同的电路功能，使得电路调试过程更加灵活。本章将介绍 FPGA/CPLD 器件配置的硬件设置。

11.1　编程工艺及方式介绍

　　目前常见的 CPLD/FPGA 器件有 3 种编程工艺，分别是基于电可擦除的 EEPROM、FLASH 等非易失存储器技术以及基于 SRAM 的查找表单元和基于反熔丝技术的编程工艺。

　　(1) 基于电可擦除的 EEPROM、FLASH 等非易失存储器技术的编程工艺常用于 CPLD 器件，通过编程下载后，改变电可擦除存储器的内容。采用这种编程工艺的器件掉电后能保持配置信息，下次使用不需要重新配置，但是编程的速度比较慢，编程次数有限。

　　(2) 基于 SRAM 的查找表单元的编程工艺常用于 FPGA 器件，这类器件的配置信息保存在器件的 SRAM 中。由于 SRAM 内的信息在掉电后立即消失，下次上电后，还需要用户重新配置，通常用专门的内含非易失存储器的配置芯片或者单片机系统在每次上电后自动对器件进行配置。因为基于这种技术的 FPGA 器件的配置信息无法进行加密，所以保密性稍差。

　　(3) 基于反熔丝技术的编程工艺主要是针对 Actel 公司的 FPGA 器件，器件编程后，功能就确定了，无法再进行更改。

　　Altera 公司的 CPLD 器件编程和 FPGA 器件配置的方式主要分为两大类：主动方式和被动方式。主动方式由 FPGA 器件引导操作过程，它控制外部存储器的数据传输以及初始化过程，这种方式需要一个串行存储器，用来存储配置信息。基于 SRAM 编程方式的 FPGA 器件多采用主动方式配置，每次重新上电后，FPGA 器件可以控制专用的串行配置存储器对其进行配置。被动方式由外部计算机或控制器控制配置过程，CPLD 器件以及为 FPGA 器件提供配置信息的专用配置器件通常采用这种编程方法。根据数据线的多少又可以将 CPLD 器件编程或 FPGA 器件配置方式分为并行和串行配置两类。将前述方式进行不同组合可得到 5 种配置方式：主动串行(AS)、被动串行(PS)、被动并行同步(PPS)、被动并行异步(PPA) 和边界扫描(JTAG)方式。

11.2　ByteBlaster 下载电缆

　　CPLD 编程和 FPGA 配置可以使用专用的编程下载电缆。如 Altera 公司的 ByteBlaster

并口下载电缆，连接 PC 的并行打印口和需要编程或配置的器件，并将其与 Quartus II 配合可以对 Altera 公司的多种 CPLD、FPGA 进行多种方式的配置或编程。

国内购买的 ByteBlaster 下载电缆外观如图 11.1 所示。

图 11.1　ByteBlaster 下载电缆外观

ByteBlaster 下载电缆可自制，其核心元件仅为一片 74LS244，成本非常低。ByteBlaster 下载电缆原理图如图 11.2 所示，图中所有的电阻均为 33 Ω。

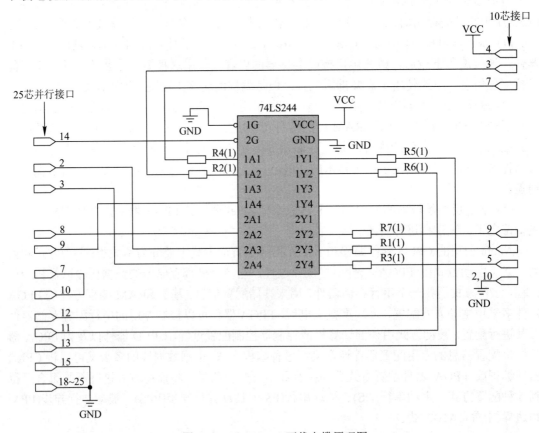

图 11.2　ByteBlaster 下载电缆原理图

ByteBlaster 下载电缆支持边界扫描(JTAG)方式和被动串行(PS)方式对 CPLD/FPGA 器件进行配置，其配置过程的连接方式如图 11.3 所示。

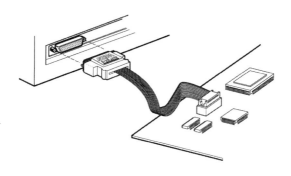

图 11.3　使用 ByteBlaster 下载电缆对 FPGA 器件进行配置

图 11.3 中，ByteBlaster 下载电缆一端与计算机的并行数据口相连，另一端与焊有 Altera 公司的 FPGA 或 CPLD 器件的电路板连接，接口为 10 芯的接口，该接口与器件连接的对应引脚的关系如图 11.4 所示。

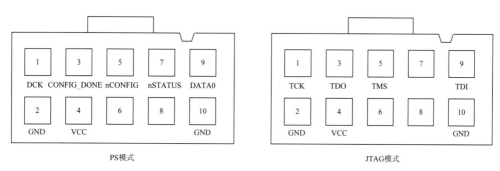

图 11.4　ByteBlaster 下载与器件的接口

11.3　JTAG 方式编程和配置

边界扫描(JTAG)是由联合测试行动组(Joint Test Action Group，JTAG)开发的。Altera 公司的 CPLD/FPGA 器件支持采用 JTAG 接口的在线编程或在线配置，器件接通电源后，通过下载电缆对器件进行编程或配置，然后自动转入正常工作状态。本节将介绍使用 JTAG 接口进行在线编程或配置的方法。

标准 JTAG 接口共有 5 个引脚，分别是 TDI、TDO、TMS、TCK 和 TRST。这 5 个引脚的功能如下：

(1) TDI(Test Data Input)即测试数据输入引脚，该引脚是测试数据或编程指令的串行输入引脚，串行数据在时钟的上升沿逐位移入。

(2) TDO(Test Data Output)即测试数据输出引脚，该引脚是测试数据或编程数据的串行输出引脚，数据在时钟下降沿输出，如果数据尚未移出，则为高阻状态。

(3) TMS(Test Mode Select)即测试模式选择引脚，该引脚用于输入控制信号，负责 TAP 控制器的转换。TMS 必须在 TCK 的上升沿到来之前处于稳定状态。

(4) TCK (Test Clock Input)即时钟输入引脚，该引脚是边界扫描或在线编程的时钟输入引脚。

(5) TRST(Test Reset Input)即测试复位引脚,该引脚是边界扫描的异步复位引脚,在使用 JTAG 接口进行在线编程或配置时,不用连接此引脚。

在使用 JTAG 接口对单个 Altera 公司的 CPLD 器件进行在线编程时,需要使用 CPLD 器件上的 4 个 JTAG 接口,其电路原理图如图 11.5 所示。

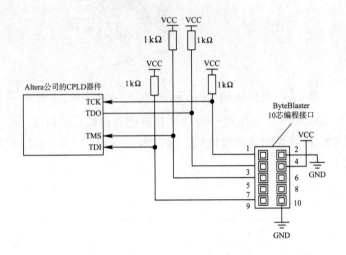

图 11.5　CPLD 器件编程电路原理图

当需要对多个器件同时进行 JTAG 方式编程时,可以使用 JTAG 链将多个 CPLD 器件串联起来,电路原理图如图 11.6 所示。

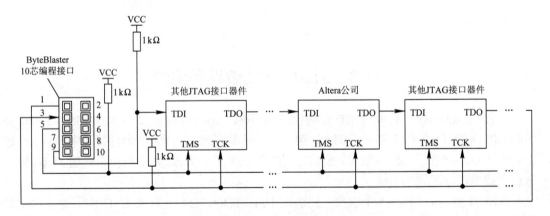

图 11.6　多 CPLD 芯片在线编程的电路原理图

采用边界扫描(JTAG)方式为单个 FPGA 器件编程时,器件与编程接口之间连接的电路原理图如图 11.7 所示。

当使用 ByteBlaster 下载电缆对 FPGA 进行在线配置后,器件就可以按照设计进行工作了,但是一旦器件的电源被关闭,就需要重新进行配置。

当需要对多个 FPGA 使用 JTAG 进行在线配置时,也可以使用 JTAG 链,电路接法与 CPLD 器件相同,每个 FPGA 器件的 TRST、nSTATUS 和 CONF_DONE 引脚接高电平,MSEL0 和 MSEL1 引脚接地。

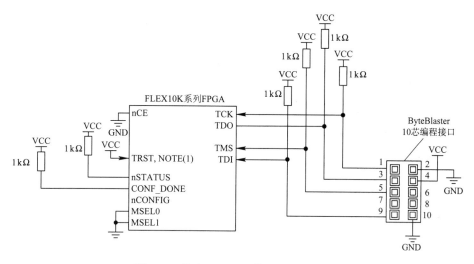

图 11.7　单个 FPGA 器件配置电路原理图

当电路焊接完成后，接上 ByteBlaster 下载线，使用 Quartus II 软件中的 Programmer 模块，就可以对芯片进行配置和编程了。

11.4　PS 配置方式

FLEX10K 系列、FLEX8000 系列和 FLEX6000 系列的 FPGA 器件支持被动串行(PS)配置方式，按照 PS 配置方式连接 ByteBlaster 下载电缆和 FPGA 器件后，使用 Quartus II，就可以对器件进行在线配置了。用户也可以按照 PS 配置方式连接单片机系统与 FPGA 器件，在单片机控制下使用 PS 方式对 FPGA 器件进行在线配置。

本节将介绍使用 ByteBlaster 下载电缆配置的方法。

使用 ByteBlaster 下载电缆，按照 PS 配置方式对单个 FLEX10K 系列 FPGA 器件进行配置的电路原理图如图 11.8 所示。

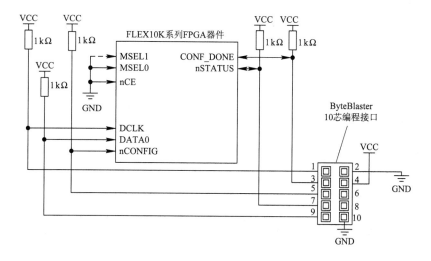

图 11.8　单个 FLEX10K 系列 FPGA 器件配置的电路原理图

使用 ByteBlaster 下载电缆，按照 PS 配置方式对单个 FLEX8000 系列 FPGA 器件进行配置的电路原理图如图 11.9 所示。

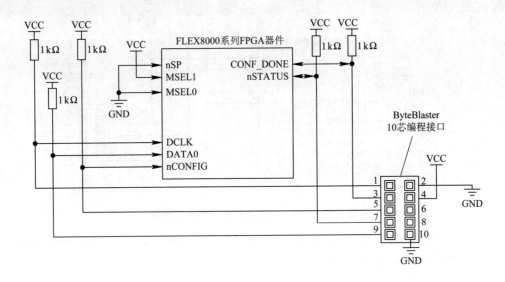

图 11.9　单个 FLEX8000 系列 FPGA 器件配置的电路原理图

使用 ByteBlaster 下载电缆，按照 PS 配置方式对单个 FLEX6000 系列 FPGA 器件进行配置的电路原理图如图 11.10 所示。

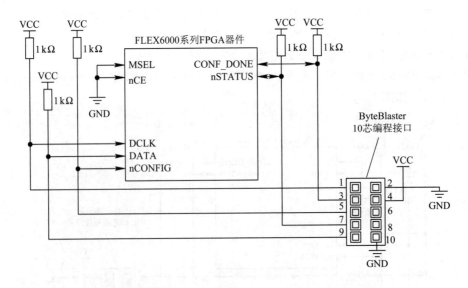

图 11.10　单个 FLEX6000 系列 FPGA 器件配置的电路原理图

当有多个 FLEX10K 系列的 FPGA 器件需要同时配置时，可采用如图 11.11 所示的电路连接方式。

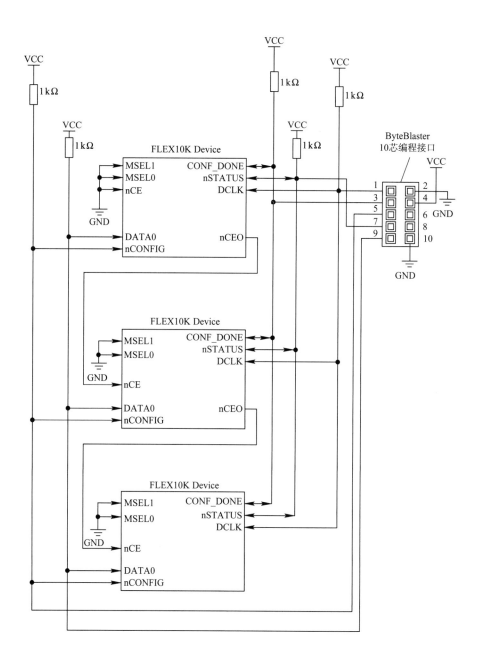

图 11.11　多个 FLEX10K 系列 FPGA 器件配置的电路原理图

当有多个 FLEX8000 系列的 FPGA 器件需要同时配置时，可采用如图 11.12 所示的电路连接方式。

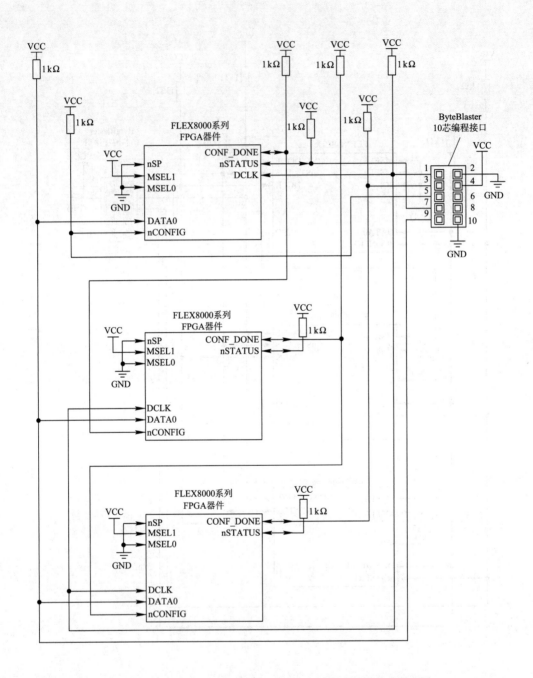

图 11.12　多个 FLEX8000 系列 FPGA 器件配置的电路原理图

当有多个 FLEX6000 系列的 FPGA 器件需要同时配置时，可采用如图 11.13 所示的电路连接方式。

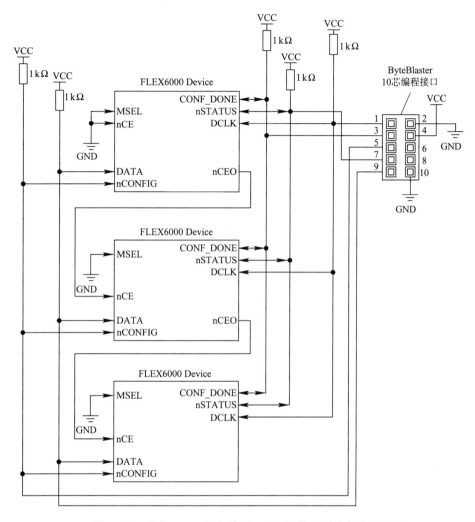

图 11.13　多个 FLEX6000 系列 FPGA 器件配置的电路原理图

当按照如图 11.11～图 11.13 所示的多器件配置电路原理图完成硬件连接后，只需要在 QuartusⅡ中设置支持多器件下载，并设置每个器件的下载程序即可。

11.5　使用专用配置器件配置 FPGA

使用计算机和下载电缆对 FPGA 器件进行配置十分方便，常用于电路的调试，但在系统正式使用的时候，使用计算机和下载电缆对 FPGA 器件进行配置就非常不方便了。Altera 公司提供了一系列的 FPGA 器件专用配置芯片，在硬件电路上连接这种专用配置芯片后，电路就可以在系统上电时自动配置 FPGA 器件。本节将介绍使用专用配置器件配置 FPGA 的方法。

Altera 公司提供的用于 FPGA 器件配置的专用串行配置器件如表 11.1 所示。

表 11.1　Altera 公司提供的专用配置器件

器件型号	容量/b	存储介质类型	工作电压/V
EPC1	1 046 496	EPROM	5.0 或 3.3
EPC2	1 695 680	FLASH	5.0 或 3.3
EPC8	8 000 000	FLASH	3.3
EPC16	16 000 000	FLASH	3.3
EPC1064	65 536	EPROM	5.0
EPC1064V	65 536	EPROM	3.3
EPC1213	212 942	EPROM	5.0
EPC1441	440 800	EPROM	5.0 或 3.3

使用 FLASH 存储介质的配置器件具有可重复擦写的功能，使用 EPROM 的配置器件不具备重复擦写的功能。用户可根据 FPGA 器件容量选择一片或多片专用配置器件。

对于单个的 FPGA 器件，可采取如图 11.14 所示的电路进行配置。

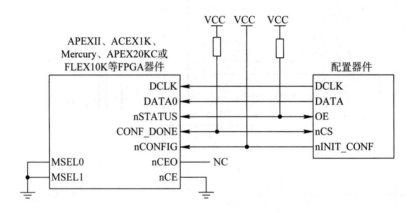

图 11.14　单个 FPGA 器件的配置电路

对于专用配置器件可采用 JTAG 方式进行下载，系统上电后，专用芯片会自动完成 FPGA 器件的配置工作。

参 考 文 献

[1] 辛春艳. VHDL 硬件描述语言. 北京：国防工业出版社，2002.

[2] 刘伟. VHDL 电路设计技术. 北京：国防工业出版社，2004.

[3] 潘松, 黄继业. EDA 技术实用教程. 北京：科学出版社，2002.

[4] 杨恒, 李爱国, 王辉, 等. FPGA/CPLD 最新实用技术指南. 北京：清华大学出版社，2005.

[5] 刘皖. FPGA 设计与应用. 北京：清华大学出版社，2006.

[6] [美] WayneWolf. 基于 FPGA 的系统设计. 北京：机械工业出版社，2005.

[7] 徐欣, 于红旗, 易凡, 等. 基于 FPGA 的嵌入式系统设计. 北京：机械工业出版社，2005.